河冰过程与冰凌洪水预报

（加）卡尔－埃里希·林登施密特　著

刘吉峰　郭卫宁　芦璐　张献志　译

中国水利水电出版社
www.waterpub.com.cn

·北京·

First published in English under the title

River Ice Processes and Ice Flood Forecasting：A Guide for Practitioners and Students by Karl－Erich Lindenschmidt，edition：1

Copyright ⓒ Springer Nature Switzerlad AG，2020

This edition has been translated and published under licence from Springer Nature Switzerland AG.

Springer Nature Switzerland AG takes no responsibility and shall not be made liable for the accuracy of the translation.

本书中文简体字专用翻译出版权由 Springer Nature Switzerland AG 授予中国水利水电出版社有限公司。

Springer Nature Switzerland AG 对此中文翻译版本的准确性不承担任何责任。

北京市版权局著作权合同登记号：图字 01－2024－5745

审图号：GS 京（2024）2174 号

图书在版编目（CIP）数据

河冰过程与冰凌洪水预报 ／（加）卡尔-埃里希·林登施密特著 ； 刘吉峰等译. -- 北京 ： 中国水利水电出版社，2024. 11. -- ISBN 978-7-5226-2988-9

Ⅰ．P332.8

中国国家版本馆CIP数据核字第2024XX7601号

书 名	**河冰过程与冰凌洪水预报** HEBING GUOCHENG YU BINGLING HONGSHUI YUBAO	
外 文 书 名	River Ice Processes and Ice Flood Forecasting： A Guide for Practitioners and Students	
原 著 编 者	［加］卡尔-埃里希·林登施密特　著	
译 者	刘吉峰　郭卫宁　芦璐　张献志　译	
出 版 发 行	中国水利水电出版社 （北京市海淀区玉渊潭南路1号D座　100038） 网址：www.waterpub.com.cn E-mail：sales@mwr.gov.cn 电话：（010）68545888（营销中心）	
经 售	北京科水图书销售有限公司 电话：（010）68545874、63202643 全国各地新华书店和相关出版物销售网点	
排 版	中国水利水电出版社微机排版中心	
印 刷	天津嘉恒印务有限公司	
规 格	184mm×260mm　16开本　13.25印张　322千字	
版 次	2024年11月第1版　2024年11月第1次印刷	
印 数	0001—1000册	
定 价	**79.00元**	

前　言

2009 年 3 月，我开始在马尼托巴水务署地表水科担任水文研究工程师时，第一次了解到河流冰情（以下简称"河冰"）这门科学和工程学科。我当时是在一个负责运营红河泄洪道的团队里，红河泄洪道从温尼伯市附近的红河中转移洪水，以减少该城市的洪水危害和风险。2009 年是水情预报和洪水调度特别困难的一年，因为红河上的冰层在开河季节一直保持完好无损，冰层的结构和强度维持了格外长的时间，这导致冰层最终破裂时发生了严重的机械破碎，其造成了沿河大量冰塞，增加了洪水危害。泄洪道通常在温尼伯市红河的冰层清除之后才开始使用，但在 2009 年的那个春天，冰层还在河流中的时候就需要启用泄洪道了。在冰层破碎之后，马尼托巴省政府决定投入额外的资源和人员专门研究马尼托巴河冰的治理问题。我很高兴地主动承担了这项任务，在随后的 3 年里，在许多同事的帮助下，我开发了一个红河冰情监测和计算机模拟程序。该程序主要是为红河冰塞洪水预报和调度而开发的，但在 2011 年，马尼托巴南部经过一年的大规模、持续性的洪水，程序也在 2011—2012 年冬季对多芬河进行了模拟试验。

2012 年 2 月，我被任命为萨斯喀彻温大学（以下简称"萨省大学"）副教授，主要从事地表水模拟领域的教学和研究工作。教学的一部分内容是继续研究红河的河流冰情，同时转向研究其他河流，如亚伯达省的皮斯河和阿萨巴斯卡河、西北部的努河、不列颠哥伦比亚省的西米尔卡梅恩河以及萨斯喀彻温省河系的北、南和主河段；并相继对其他河流进行研究，包括萨斯喀彻温省的卡佩勒河、纽芬兰的开拓河和拉布拉多的丘吉尔河。每条河流在河流冰情上都有独特的特点和特性，这些河流的多样性为我在河冰过程研究中提供了广阔的视角。

在萨省大学环境与可持续学院的教学过程中，我向研究生展示了我的大部分研究。除了提供河冰过程的理论背景外，我还利用常用的电子表格和地理信息系统软件，与学生们一起进行了许多与河冰有关的练习。学生们总是非常感激能够接受这种实践训练，因为这种训练给他们提供了学习如何利用这些软件程序高级功能的机会，并帮助巩固他们所学到的关于河冰的概念。我还将自己的教学活动扩展到咨询公司和政府水务部门的工程师、水务管理人员以及河冰从业人员，开设了一系列为期 2 天的课程，内容涉及河冰过程、河冰工程、流量调度和运行对地表水冰情的影响、河冰对鱼类栖息地的影响。在这里，我还与课程参加者进行了一系列练习，帮助他们加强对洪水预报、河流管理和水生生态系统调解中河冰过程的理解。课程评价往往包含对这些练习有用性和适用性的赞赏性评论和反馈。因此，在编写本书时，我认为必须保持同样的风格，通过补充理论背景材料和实际练习来传达关于河冰过程的信息。我希望读者也能发现这种学习河冰的方式是有效的。

　　我撰写这本书的主要目的是介绍一种冰塞洪水预报的方法论。由于冰塞形成的混沌性及其对河流水力学状态的影响，冰塞洪水水位的预报是一项十分困难的任务。然而，通过用随机建模方法模拟阻塞的混沌性质，我相信在增强预报冰塞洪水水位和范围的能力之后可以取得一些进展。该方法的初步工作是在与亚伯达省 Stantec 咨询公司的合作下于皮斯河沿岸的皮斯河镇开展的，用于量化冰塞洪水风险。通过与亚伯达省环境公园和伍德布法罗自治地区（其主要办公室位于亚伯达省的麦克穆雷堡）的合作，在对阿萨巴斯卡河的冰塞洪水进行预报的过程中对该方法进行了细化。并与纽芬兰省政府和拉布拉多省政府的水资源管理司、C‐Core 以及加拿大航天局合作，对开拓河封冻阻塞进行了进一步的研究。目前正在拉布拉多的丘吉尔河下游对该方法进行合作实施，合作的单位有总部设在温尼伯的工程咨询公司 KGS 集团、总部设在多伦多的测绘技术公司 4DM 以及萨斯喀彻温大学全球水安全研究所。该方法也被纳入了由萨省大学牵头的"全球水未来"研究项目，并应用于红河下游的马尼托巴基础设施。

卡尔-埃里希·林登施密特

加拿大萨斯喀彻温省萨斯卡通港

致　谢

作者十分感谢 KGS 集团的 Rick Carson 和加拿大环境与气候变化组织的 Maurice Sydor 为应用河冰模型 RIVICE 提供培训。此外，还向来自加拿大自然资源公司的 Joost van der Sanden、Hugo Drouin 和 Thomas Geldsetzer 表示感谢，因为他们转交了从河冰层中提取的冰芯及相关的冰晶体学分析。

特别感谢来自伍德布法罗自治地区的 Oscar Gonzalez 对第 7 章所述研究的部分资助。感谢西北水利咨询公司的 Gary van der Vinne 提供了清水河的断面数据，并感谢 Fay Hicks 提供了阿萨巴斯卡河的断面数据。作者还感谢纽芬兰省政府和拉布拉多省政府水资源管理司的 Ali Khan 为第 9 章所做研究提供的资金。感谢 MDA 联合公司的 Gordon Staples 授权使用雷达卫星 RADARSAT -1 的影像用于第 5 章所述的地理信息系统工作。

作者感谢博士后研究员 Zhaoqin Li 和 Thuan Chu 对第 5 章的审阅，并感谢他们授权作者使用其在萨斯喀彻温大学的研究生课程 ENVS 825 "寒冷地区水资源管理" 中由他们为遥感部分准备的资料。感谢 Luis Morales - Marín 为绘制壅水位剖面集合提供 Python 脚本。还感谢研究助理 Brandon Williams 校对和测试试验的准确性和清晰度。作者非常感谢河流专家 Brian Burrell、Wei Sun，以及书稿编辑 Lynda Marie Lindenschmidt（作者的妻子）和 Erich Christian Lindenschmidt（作者的儿子）等对本书部分内容进行校对。

免 责 声 明

　　本书中的练习和模型以及随附的文件须在用户自己承担风险的情况下使用。作者不对练习和模型的操作、输出、解释或使用负责。

　　这些练习和模型以及相应软件的创作者已经尽了最大努力去准备，但不能保证是绝对无误的。作者和程序员不作任何明示或暗示的保证，包括但不限于保证适销性或适合任何特定目的。对于任何损害，包括偶然或间接性损害、利润损失、丢失数据或编程材料的损失，或与练习、模型和软件使用有关的或由此产生的损失，不承担任何责任。

目　　录

第1章 绪　　言

本书的目的是介绍一种新的冰塞洪水预报方法，并对实施这种方法所需要的河冰过程提供一个基本认识。该方法基于随机建模框架，反映了河流冰塞的混沌特性及其后续的洪水潜力。就冰塞和洪水的状况而言，堵塞物的水力和冰情的微小变化会造成截然不同的结果。然而，在混沌系统（Prigogine et al.，1984）中可以发现有序性，通过随机建模框架，多个模型模拟的壅水水位集合的频率分布能够将潜在的洪水置于概率背景下。

1.1　河冰过程和冰塞洪水

图 1.1 所示为从一个地势较高的位置完整拍摄下来的冰塞；图片显示了导致洪水的冰塞的许多特征。参照图 1.1，堵塞开始于冰层前，此时冰已经在完整的冰层上堵塞沉积。堵塞是由冰塞前部向上游延伸的冰屑堆积而成的。冰屑起源于已破碎的上游冰片。当浮冰向下游漂浮时，桥墩可能起到了减缓冰流的作用，其足以使冰停止前行并与完整的冰层形成碰撞，而不必穿透和碰碎完整冰层。堆积冰层顶部粗糙，表明底部也同样粗糙。冰塞底部的粗糙状态会造成水流的附加阻力，降低水流在堆积冰层下的速度；因此，水流回水顶托，造成冰塞上游的水位抬升。回水能越过河岸和堤防，淹没沿河的低洼地区。冰塞往往沿着一条河流延伸数千米，造成了比照片所显示更高的壅水水位。

图 1.1　加拿大西北地区大水牛河上的冰塞

无冰水流和冰塞洪水的流量与水位的关系不同。对于无冰洪水，水位一般随流量增大而增大，可以用确定性函数合理、一致地描述，如图 1.2 中的皮斯河所示，冰塞洪水流量与水位没有直接关系，如图 1.2 所示。例如，该图显示了 1992 年和 1997 年冰塞洪水相似的水位；然而，相同水位下，1992 年洪水的流量仅为 1997 年洪水的一半。与冰塞相关的洪水水位取决于冰塞的位置和特性，包括冰塞的位置、长度、冰量和粗糙度；因此，不同形态的冰塞可能具有不同或相似的水位，使得确定冰塞洪水水位发生概率的任务比无冰洪水更具挑战性。

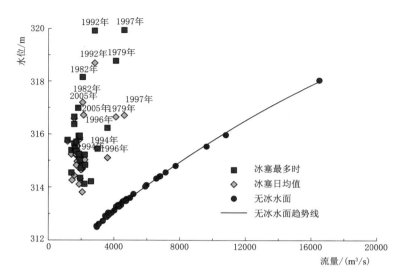

图 1.2 加拿大阿尔伯塔皮斯河沿岸皮斯河镇的流量-水位
（对于开河条件，以多项式曲线的形式表现出明显的确定性关系；
在有冰的情况下，流量-水位关系在性质上是随机的）

1.2 水位-频率和洪水-频率分布

当数据以水位-频率分布的形式呈现时，可以得到冰塞灾害随机发生的某种顺序，如图 1.3 所示，皮斯河小镇的流量-水位数据如图 1.2 所示。建立水位-频率或水位-概率曲线是洪水风险评估十分重要的第一步。目前，与冰有关的洪水-频率分析没有公认的标准。传统上，要么采用历史数据，要么应用流量估算来预报水位（Stanley et al.，1992）。在数据不充分的情况下（年最大洪峰期的记录太短，或记录中可能漏掉高峰期洪水事件），常应用合成的洪水-频率关系（Beltaos，2010、2011；White et al.，2008）。合成水位-频率分析是一种基于经验观测或统计与数学分析建立的水位-频率关系的间接方法。如果数据不足，则可采用理论方法或冰水力学模型来合成冰塞水位（White et al.，2008）。该方法已被许多北方地区广泛使用（Tuthill et al.，1996；USACE，2011；Ahopelto et al.，2015）。也有人提出了一种新的分布函数方法来生成冰塞洪水水位的合成概率分布（Beltaos，2011；Lindenschmidt et al.，2016）。Burrell 等（2015）、Kovachis 等（2017）和 Lindenschmidt 等（2018）提供了更全面的评价。

在本书中，采用常规的水位-频率关系来量化冰塞事件发生的概率。"常规分析通常是指跨越 25 年（FEMA，2003）至 30 年（Beltaos et al.，2012）、至少有 3 次可确认的冰塞洪水事件（FEMA，2003）的数据集中推导出受冰影响的水位-频率分布。进行常规分析的步骤是：①对数据集进行评价；②选择作图公式；③绘制受冰影响的水位-频率分布图；④提取冰塞洪水概率分布。传统分析的主要优点是数据驱动，比其他方法所需假设更少"（NRCan，2019）。

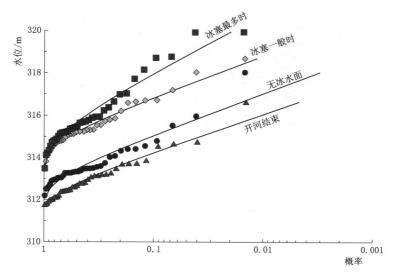

图 1.3 阿尔伯塔皮斯河镇皮斯河在不同冰情条件下的水位-频率分布
(经许可改编自 Lindenschmidt et al.，2015)

从这些分布中随机选取的输入参数和边界条件值，可作为蒙特卡罗体系框架内河冰水力学模型的输入，模型仿真重复数百次甚至数千次，可得到概率背景下的壅水水位值。这样的水位概率分布允许一个重现期与一定的洪水水位相关联。此外，成千上万次的模拟可能会在某河段产生受冰塞影响下的最大水位，理论上更极端的壅水水位是不可能的，因为堵塞非常不稳定且容易崩溃。因此，运用多种模拟方法可以得到冰塞所能维持的最大水位，称为可能的最大洪水水位（PMF_{ice}）。

1.3 冰塞洪水预报

本书介绍了一种可操作使用的冰塞洪水预报新方法。White（2003，2008）提供了较早的预报河流冰情的工具，如经验方法，这些工具建立了水文气象变量与开河、冰塞等冰现象发生日期的相关关系。变量和日期的阈值往往被定义为提供"是/否"答案或分类的危害等级，例如，发生的概率高/中/低。图 1.4 给出了 2018 年春季开河期加拿大拉布拉多省丘吉尔河下游洪水灾害图示。该工具纳入了河流流量增长率、高流量阈值和开河期间的日历日期，作为提供早期洪水预警的标准，分为增加、更高和严重的危险级别。对预报区域的说明如下：

（1）"递增"在图中代表没有记录到冰塞的区域，因此，它们的发生概率被认为很低。

（2）"更高"在图中代表以前曾观察和记录过冰塞但并不常发生的区域。

（3）"严重"在图中代表通常形成冰塞的区域，一般是因为在冬季末尾有较大的径流量或较厚的冰层。

许多预报河流冰情的经验方法都是在特定地点使用的，很难应用到其他河流环境。为了克服这些缺点，统计方法被引入，如逻辑回归、判别函数分析（White，2008）和多元

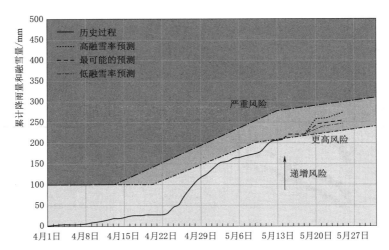

图 1.4　由 Hatch 咨询公司开发的基于经验的冰凌洪水预报系统
（图中粗的、黑色实线显示了冰凌危害的历史进程；粗的、黑色点划线显示了预报的过程；
最可能发生的区域是位于两条虚线之间的区间，取决于融雪率是高还是低）

（资料来源：https://www.mae.gov.nl.ca/waterres/flooding/radar_images/2017_18/Ice％20Jam％20
Forecast％20-％2014-May-2018.pdf；2019 年 5 月 19 日经纳尔科公司通信部门授权使用）

线性回归（Mahabir et al.，2006）。统计方法提供了一种定义置信区间的方法，可以将预报置于概率背景下，并提供关于假阴性（冰塞确实发生在无冰塞预报发布之后）或假阳性（预报的冰塞终究没有发生）概率的额外信息。

经验方法和统计方法的预报能力和预报成功率往往太低，无法在实际预报中得到充分的应用，它们通常更多地用于确定河流冰情的可能结果（Shaw et al.，2013）。引入了更先进的方法来提升对开河日期和流量的预报，如 k 近邻算法（Sun et al.，2017）、决策树模型（Sun，2018）、神经网络（Mahabir et al.，2008；Wang et al.，2008；Guo et al.，2018）和模糊逻辑模型（Zhao et al.，2015；Sun et al.，2015）。这些模型大多都将输入（如水文、水力和气象变量）与某一特定结果（如开河期、洪水位等）联系起来，通过互连的方式，连接结构循环的分支传递信息，在这些分支中就信息作出决定（例如，流量是否超过某一阈值？）。其结果是对河流冰情状态或条件所寻求的可能预报。同时还运行了几个模型，并对它们的组合结果进行加权，得到了更好的预报结果（Sun，2018；Sun et al.，2018a、b）。

虽然这些方法使冰情模拟结果可以通过对水文-水力和冰情输入变量等组合进行分析而得到，但对于输入对结果造成影响的物理过程并没有描述。这种因果关系需要冰情演变的确定性模型。在预报范围内使用这些模型的例子是应用 River2D（Brayall et al.，2012）和 HEC-RAS（Beltaos et al.，2012）预报冰塞事件的洪水水位。利用嵌入在基于物理的半分布式水文模型中的一维河流温度模型，还预报了阿萨巴斯卡河流域整个河网的封河和开河日期（Morales-Marín et al.，2019）。除了使用确定性河冰水力学模型之外，凌汛预报系统还包括水文模型的径流预报及监测活动的冰层状况和程度报告（Lindenschmidt et al.，2019）。洪水管理和减灾可以基于洪水预报，在编制后续预报时，应考虑这些活动对流量和冰塞稳定性的影响。

本书提出了一种新的冰塞洪水预报方法。在随机建模的基础上，将确定性模型置于蒙特卡罗分析框架中，将模型结果设置为概率情境。确定性模型保留了许多基于物理的冰塞形成和壅水位过程的描述。蒙特卡罗模拟被用于确定不同潜在结果的发生概率。蒙特卡罗分析建模环境允许进行多次模拟，每次模拟都有不同的参数设置和从频率分布的一系列值中得出的边界条件。由此产生的模拟集合允许定义洪水位和范围阈值的超越概率。

将潜在的洪水结果表示为超越概率，为其他洪水管理应用领域提供了很多参考。概率定义了洪水危害（Lindenschmidt et al.，2015），是洪水风险评估的重要依据（Lindenschmidt et al.，2016），其可以定量化预估易发生冰塞洪水灾害社区的年损失。基于概率的预报也可用于成本效益分析，以便更好地区分具有成本效益的洪水管理和减灾措施（Lindenschmidt et al.，2014）。以概率的方式表达专业意见可以减少顾问的责任，也可以让客户作出更好的管理决策来进行洪水预报和减灾。例如，超过 20% 的洪水水位阈值可能会将人员和资源集中在防洪措施上，而超过 90% 的洪水预报可能需要将这些资源用于执行洪水管理计划的疏散协议。

1.4　本书的目标读者和布局

从事北方地区河流研究的科学家、工程师和水资源管理人员将发现这本书对了解河冰过程和冰塞洪水预报是十分有价值的，准备开始水资源领域职业生涯的学生们对这本书也会非常感兴趣，这本书的读者对无冰水面水力学应有一些初步的了解。

接下来的 3 章分别沿着北方地区典型冬季过程中河冰层形成、发展和破裂的循环过程展开：第 2 章描述冻结过程，第 3 章介绍可用于监测冬季冰层变化特征的方法，第 4 章描述冰层破裂和冰塞过程。第 5 章着重讨论了星载遥感问题，由于遥感在监测和描述河冰过程方面的有用性和广泛适用性，所以专门针对这一主题单独编写一章。

计算机建模已成为研究河流冰塞过程不可或缺的工具，特别是在冰塞洪水预报方面，因此，第 6 章是对 RIVICE 一维模型的描述，读者可以下载使用。第 7 章给出了 RIVICE 的一个应用实例，帮助读者了解建模过程，从数据采集到模型建立和执行再到仿真结果分析。第 8 章论述了该书的最终目标——介绍冰塞洪水预报的随机建模框架。该框架应用的副产品包括确定可能的最大冰塞洪水（第 9 章）。

每一章都以理论背景部分开始，并包括几个练习，以帮助加强理论部分中所阐述的概念。这些练习旨在为读者提供工具，以便应用于他们自己的河冰问题。这些工具包括估算冰层冻结程度、冰层监测，以及计算冰层厚度和冰塞壅水水位。本书中练习的最终目标是使读者熟悉蒙特卡罗分析的概念，帮助其习惯随机的河冰模拟过程，帮助预报冰塞洪水过程和冰塞中可能出现的最大水位。

希望读者熟悉常用的电子表格和地理信息系统（GIS）软件的使用。对于 Microsoft Excel 和 Esri ArcGIS 的新手，建议在尝试练习前先针对这些程序的使用进行一些培训，LinkedIn Learning 对读者来说可能是一个很好的选择。所有电子表格练习均使用 Microsoft Excel 2013 进行开发，并在后期的 2016 版本和 365 版本中进行测试。地理信息系统练习是通过 ArcGIS 10.4 开发的，并在后期的 10.5 版本和 10.6 版本中进行了测试。

1.5 如何使用本书

每一章都以手头材料的理论背景开始，并以一个或多个练习结束，旨在鼓励读者通过练习来巩固从理论部分获得的知识。所有练习都有模板文件，读者可以下载这些文件来逐步完成练习。其他文件也可用作答案解析。分步式视频可作为额外的资源，用于在练习中提供指导。

在下载章节文件之前，读者须首先在网站 http：//giws. usask. ca/rivice_book/上登记自己对计算机模型 RIVICE 的使用情况。登录信息随后将由作者发送给读者。将通过电子邮件提供包含模型文件的压缩 zip 文件的密码。所有练习都是通过文件夹形式进行组织的补充材料，与文件所引用的章节相对应。

通过在模型网站 http：//giws. usask. ca/rivice/进行登记，并确认同意以下免责声明，可以访问完整的 RIVICE 模型，而无须下载本书的练习和补充文件：

RIVICE 软件已经开发出来，并进行了尽可能全面的测试。但是，对于代码所有可能出现的故障，特别是可能由于软件的使用方式或对于与测试案例不同的河流场景而导致的故障，是无法完全避免的。用户必须自行承担使用本软件的风险。

然后可通过电子邮件获取对 RIVICE 模型文件的访问权限以及登录信息。

本章参考文献

Ahopelto，L.，Huokuna，M.，Aaltonen，J.，& Koskela，J.J. (2015，August 18 - 20). *Flood frequencies in places prone to ice jams，case city of Tornio*. CGU HS Committee on River Ice Processes and the Environment，18th workshop on the Hydraulics of Ice Covered Rivers，Quebec City，QC，Canada. http：//www. cripe. ca/docs/proceedings/18/22_Ahopelto_et_al_2015. pdf

Beltaos，S. (2010，June 14 - 18). *Assessing ice - jam flood risk：Methodology and limitations*. 20th IAHR international symposium on Ice，Lahti，Finland. http：//riverice. civil. ualberta. ca/IAHR% 20Proc/20th％20Ice％20Symp％20Lahti％202010/Papers/036_Beltaos. pdf

Beltaos，S. (2011，September 18 - 22). *Alternative method for synthetic frequency analysis of breakup jam floods*. CGU HS Committee on River Ice Processes and the Environment，16th workshop on River Ice Winnipeg，Manitoba，pp. 291 - 302. http：//www. cripe. ca/docs/proceedings/16/Beltaos - 2011. pdf

Beltaos，S.，Tang，P.，& Rowsell，R. (2012). Ice jam modelling and field data collection for flood forecasting in the Saint John River，Canada. *Hydrological Processes*，26，2535 - 2545.

Brayall，M.，& Hicks，F. E. (2012). Applicability of 2 - D modelling for forecasting ice jam flood levels in the Hay River Delta，Canada. *Canadian Journal of Civil Engineering*，39，701 - 712.

Burrell，B. C.，Huokuna，M.，Beltaos，S.，Kovachis，N.，Turcotte，B.，& Jasek，M. (2015). *Flood hazard and risk delineation of ice -related floods：present status and outlook*. 18th Workshop on the Hydraulics of Ice Covered Rivers，Quebec City，CGU - HS CRIPE.

FEMA. (2003). *Guidelines and specifications for flood hazard mapping partners - Appendix F：Guidance for ice - jam analyses and mapping*. Federal Emergency Management Agency，United States Government. https：//

www. fema. gov/media – library – data/1387817214470 – 330037e96d0354fe43929ce041c5916e/Guidelines ＋ and＋Specifications＋for＋Flood＋Haza rd＋Mapping＋Partners＋Appendix＋F – Guidance＋for＋Ice – Jam＋Analyses＋and＋Mapping＋（Apr＋2003）. pdf

Guo，X. ，Wang，T. ，Fu，H. ，Guo，Y. ，＆Li，J. （2018）. Ice – jam forecasting during river break- up based on neural network theory. *Journal of Cold Regions Engineering*，32（3），04018010.

Kovachis，N. ，Burrell，B. C. ，Huokuna，M. ，Beltaos，S. ，Turcotte，B. ，＆Jasek，M. （2017）. Ice – jam flood delineation：Challenges and research needs. *Canadian Water Resources Journal*，42（3），258 – 268.

Lindenschmidt，K. – E. ，＆Sereda，J. （2014）. The impact of macrophytes on winter flows along the Upper Qu'Appelle River. *Canadian Water Resources Journal*，39（3），342 – 355. https：//doi. org/ 10. 1080/07011784. 2014. 942165.

Lindenschmidt，K. – E. ，Das，A. ，Rokaya，P. ，Chun，K. P. ，＆Chu，T. （2015，August 18 – 20）. *Ice jam flood hazard assessment and mapping of the Peace River at the town of Peace River*. CRIPE 18th workshop on the Hydraulics of Ice Covered Rivers，Quebec City，QC，Canada. http：//cripe. ca/ docs/proceedings/18/23_Lindenschmidt_et_al_2015. pdf

Lindenschmidt，K. – E. ，Das，A. ，Rokaya，P. ，＆Chu，T. （2016）. Ice jam flood risk assessment and mapping. *Hydrological Processes*，30，3754 – 3769. https：//doi. org/10. 1002/hyp. 10853.

Lindenschmidt，K. – E. ，Huokuna，M. ，Burrell，B. C. ，＆Beltaos，S. （2018）. Lessons learned from past ice – jam floods concerning the challenges of flood mapping. *International Journal of River Basin Management*，16（4），457 – 468. https：//doi. org/10. 1080/15715124. 2018. 1439496.

Lindenschmidt，K. – E. ，Carstensen，D. ，Fröhlich，W. ，Hentschel，B. ，Iwicki，S. ，Kögel，K. ，Kubicki，M. ，Kundzewicz，Z. W. ，Lauschke，C. ，Łazarów，A. ，Łoś，H. ，Marszelewski，W. ，Niedzielski，T. ，Nowak，M. ，Pawłowski，B. ，Roers，M. ，Schlaffer，S. ，＆Weintrit，B. （2019）. Development of an ice – jam flood forecasting system for the lower Oder River – Requirements for real – time Predictions of water，ice and sediment transport. *Water*，11，95. https：//doi. org/ 10. 3390/w11010095.

Mahabir，C. ，Hicks，F. ，Robichaud，C. ，＆Fayek，A. R. （2006）. Forecasting breakup water levels at Fort McMurray，Alberta，using multiple linear regression. *Canadian Journal of Civil Engineering*，33（9），1227 – 1238.

Mahabir，C. ，Robichaud，C. ，Hicks，F. ，＆Fayek，A. R. （2008）. Regression and fuzzy logic based ice jam flood forecasting. In M. Woo（Ed. ），*Cold region atmospheric and hydrologic studies. The Mackenzie GEWEX experience. Volume 2：Hydrologic processes*（pp. 307 – 325）. Berlin，Heidelberg：Springer Verlag. https：//doi. org/10. 1007/978 – 3 – 540 – 75136 – 6.

Morales – Marín，L. A. ，Sanyal，P. R. ，Kadowaki，H. ，Li，Z. ，Rokaya，P. ，＆Lindenschmidt，K. – E. （2019）. A hydrological and water temperature modelling framework to simulate the timing of river freeze – up and ice – cover breakup in large – scale catchments. *Environmental Modeling and Software*，114，49 – 63.

NRCan. （2019）. Federal hydrologic and hydraulic procedures for flood hazard delineation（version 1. 0） Natural Resources Canada. http：//ftp. maps. canada. ca/pub/nrcan_rncan/publications/ess_sst/299/ 299808/gip_113_en. pdf

Prigogine，I. ，＆Stengers，I. （1984）. *Order out of chaos – Man's new dialogue with nature*. Toronto/ New York：Bantam Books.

Shaw，J. K. E. ，Lavender，S. T. ，Stephen，D. ，＆Jamieson，K. （2013，July 21 – 24）. *Ice jam flood risk forecasting at the Kashechewan FN community on the North Albany River*. CGU HS Committee on

River Ice Processes and the Environment, 17th workshop on River Ice Edmonton, Alberta, pp. 395 – 414. http: //cripe. ca/docs/proceedings/17/Shaw – et – al – 2013. pdf

Stanley, S. , & Gerard, R. (1992) . Probability analysis of historical ice jam flood data for a complex reach: A case study. *Canadian Journal of Civil Engineering*, 19 (5), 875 – 885.

Sun, W. (2018) . River ice breakup timing prediction through stacking multi – type model trees. *Science of the Total Environment*, 644, 1190 – 1200.

Sun, W. , & Trevor, B. (2015) . *A comparison of fuzzy logic models for breakup forecasting of the Athabasca River*. CGU HS Committee on River Ice Processes and the Environment, 18th workshop on the Hydraulics of Ice Covered Rivers, Quebec City, QC, Canada.

Sun, W. , & Trevor, B. (2017) . Combining k – nearest – neighbor models for annual peak breakup flow forecasting. *Cold Regions Science and Technology*, 143, 59 – 69.

Sun, W. , & Trevor, B. (2018a) . Multiple model combination methods for annual maximum water level prediction during river ice breakup. *Hydrological Processes*, 32, 421 – 435.

Sun, W. , & Trevor, B. (2018b) . A stacking ensemble learning framework for annual river ice breakup dates. *Journal of Hydrology*, 561, 636 – 650.

Tuthill, A. M. , Wuebben, J. L. , Daly, S. F. , & White, K. (1996) . Probability distributions for peak stage on rivers affected by ice jams. *Journal of Cold Regions Engineering*, 10 (1), 36 – 57.

USACE. (2011) . *Ice –affected stage frequency* (Technical Letter No. 1110 – 2 – 576) . U. S. Army Corps of Engineers. https: //www. publications. usace. army. mil/Portals/76/Publications/EngineerTechnical-Letters/ETL_1110 – 2 – 576. pdf

Wang, T. , Yang, K. L. , & Guo, Y. X. (2008) . Application of artificial neural networks to forecasting ice conditions of the Yellow River in the Inner Mongolia reach. *Journal of Hydrological Engineering*, 13 (9), 811 – 816.

White, K. D. (2003) . Review of prediction methods for breakup ice jams. *Canadian Journal of Civil Engineering*, 30 (1), 89 – 100.

White, K. D. (2008) . Breakup ice jam forecasting (Chapter 10) . In S. Beltaos (Ed.), *River Ice Breakup* (pp. 327 – 348) . Highlands Ranch: Water Resources Publications, LLC.

White, K. , & Beltaos, S. (2008) . Development of ice – affected stage frequency curves (Chapter 9) . In S. Beltaos (Ed.), *River ice breakup*. Highlands Ranch: Water Resources Publications, LLC.

Zhao, L. , Hicks, F. E. , & Robinson Fayek, A. (2015) . Long lead forecasting of spring peak runoff using Mamdani – type fuzzy logic systems at Hay River, NWT. *Canadian Journal of Civil Engineering*, 42, 665 – 674.

第 2 章 封 冻

本章内容安排遵循冬季天气变化的顺序，从封冻过程开始，首先是封冻，然后是隆冬冰盖发展，最后进入开河期。在冰塞洪水预报中，了解冰盖形成的过程和封冻期间形成的冰的类型非常重要，因为不同类型的冰具有不同的特性，特别是它们的强度特性，将在接下来的春季开河期影响冰塞的发展。此外，封冻期也可能发生冰塞和冰塞洪水，这取决于封冻过程中盛行的水力和气象条件。封冻过程受天气条件、河流流量和河道特征（如断面形态和坡度）的影响。封冻期间冰的类型包括初生冰、岸冰、水内冰、薄饼状冰、固结浮冰和片状冰。

2.1 岸冰

河流或湖泊中冰的最初形式之一是初生冰（非常薄的片状冰）。一旦水面温度达到0℃且空气温度低于冰点，水面上就会形成一层浮冰。浮冰通常在河岸或湖岸附近缓慢流动的水中开始形成，并向外延伸到远离河岸和湖岸的水体中心。初生冰通常是透明的，因为形成初生冰的冰晶相对较大，而且是单向的簇状排列。

图2.1显示了不同类型的岸冰形态。随着降温过程的进行，沿河岸的初生冰会通过热力作用增厚，成为岸冰（图2.1中的［1］），并进一步延伸至河道。从上游河岸或其他冰盖上脱落的岸冰将作为冰排向下游输送，这些冰盖可以楔入河岸和河心滩之间（图2.1中的［2］），或者附着在现有岸冰上，以扩大岸冰覆盖范围（图2.1中的［3］）。岸冰也可以通过水内冰（下文讨论）或其他类型的浮冰（图2.1中的［4］）的堆积而生长。岸冰也可以从这类冰进一步延伸到水体中（图2.1中的［5］）。岸冰通常在湍流较小的区域形成，如上游河心滩或冰盖的下游（图2.1中的［6］），以及河道的回水区和河湾（图2.1中的［7］）。

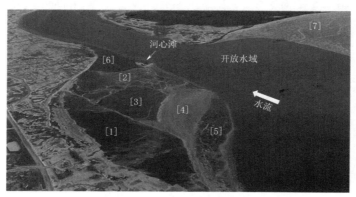

图2.1 岸冰的不同形态

2.2 水内冰的形成与薄饼状冰

如图 2.2 所示，当空气温度低于冰点时，河流中流动的水将冷却，直到水温 T_w 达到 0℃。这里将水温降至 0℃所需的流动距离称为冷却距离。在 0℃以下的额外冷却使河水过冷却至 0～−0.5℃，导致被称为水内冰的小冰晶形成。水内冰的晶体很小，足以悬浮在湍急的水流中。这些晶体可以相互黏附并结合形成更大的冰絮体（絮状冰）。随着絮体尺寸的增大，它们变得更具浮力并浮上水面。絮体的堆积可以在水面上形成一个冰花簇。

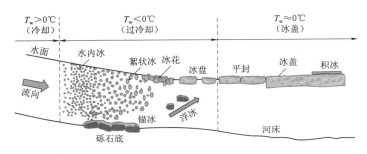

图 2.2　形成平整初生冰层的过程

持续的冷冻使冰花凝固成冰盘，冰盘可以粘在一起形成更大的冰盘或薄饼状冰。图 2.3 显示了薄饼状冰的特写照片，由许多较小的冰盘冻结在一起组成。由于冰盘在水面上漂浮时相互碰撞，薄饼状冰通常表现为外缘向上弯曲。冰盘也可以附着在现有的岸冰上（图 2.4），成为岸冰冰盖的一部分（图 2.5）。如图 2.6 所示，密密麻麻的冰盘和薄饼状冰之间的水会冻结形成一个完整的冰盖。从图 2.7 中可以看到河流受到调节的迹象，水位的下降在河岸留下了一条碎冰带和一个搁浅的冰盘。沿岸的湿锋显示了水位的间歇性上升和下降。

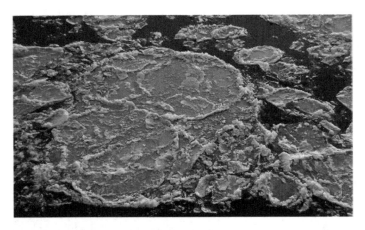

图 2.3　许多较小的冰盘冻结在一起形成较大的薄饼状冰

（Edmund Perkins 摄，经许可使用）

图 2.4 薄饼状冰可以附着在现有岸冰冰盖上并成为其一部分
（水流方向为从左到右）

（Edmund Perkins 摄，经许可使用）

图 2.5 由于冰花盘黏附在初始岸冰冰盖上而导致的岸冰延伸
（水流方向为自下而上）

（Kent Keller 摄，经许可使用）

图 2.6 冰盘之间的水冻结形成完整的冰盖

（Edmund Perkins 摄，经许可使用）

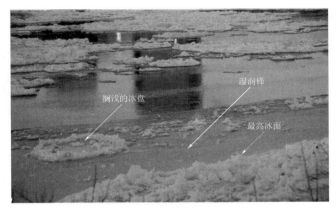

图 2.7　水位下降留下残存的屑冰和冰盘（水流方向为从左到右）

（Edmund Perkins 摄，经许可使用）

2.3　冰盖的形成

絮状冰、冰花和冰盘被输送到下游，直到它们的流动被以下情况所阻止：①现有完整冰盖；②障碍物，如桥墩或河心滩；③河流宽度缩窄，其影响因河流弯道弯曲而加剧。当冰从上游到达时，浮冰层向上游方向延伸，这个过程称为平封。积冰的上游边缘称为冰锋。卡住的冰盘之间的水将冰盘和冰块冻结在一起，从而将冰盖固结成完整的冰盖。冰盖形成一个额外的摩擦表面，阻挡了水流，导致水位上升，平均流速下降。

完整的冰盖现在可以在垂直方向上通过热力作用增厚，从冰盖的底部向下进入到水体中，通常伴有大的单向冰晶。因为冰是透明的，所以它通常被称为黑冰（从顶部向下看）或蓝冰（从侧面看从冰盖中取出的冰块）。热力冰和柱状冰也是常用的术语，因为当热量通过冰从水中转移到大气中时，会形成大的单向晶体。在图 2.8 所示的热力冰盖中，透明性尤为明显，其中穿过冰层的裂缝横跨河流。

图 2.8　2013 年 2 月，热力作用形成的冰层中一条

垂直延伸并穿过卡佩勒河的裂缝

（证明了此类冰的透明性）

由于冰在冰盖底部堆积，或冰盘挤压冰盖前沿使冰盖变厚而导致冰沿下游方向压缩，可能导致冰盖加厚，从而产生封冻冰塞。冰盖的额外增厚增加了水流阻力和壅水水位（回水顶托）。如果除平封外，冰絮和冰盘可以淹没在冰盖前沿下方，沿冰盖底部输送并沉积（图 2.9），特别是在狭窄的河道中，则冰塞被称为窄河型冰塞。冰盖的额外加厚增加了水流阻力和壅水水位，被称为窄冰塞。如果积聚的冰盘一起挤压在冰盖前沿和冰盖上，在下游方向压缩冰盖，使冰盖变厚并形成宽冰塞，则冰塞被称为宽河型冰塞。这一过程也被称为二次固结，可使冰盖大幅加厚，并可能导致比窄冰塞更严重的壅水水位。大多数冰塞都是宽冰塞，导致壅水水位比窄冰塞高，因为宽冰塞往往比窄冰塞更厚（Beltaos，1995，第 80 页）。

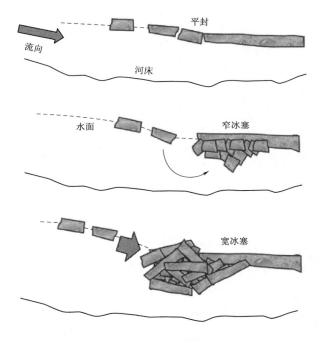

图 2.9　冰盖前沿的冰盖形成机理

宽冰盖和窄冰盖之间的区别不仅取决于宽度，还涉及其他参数，因此，一条河流可能在一组水力和冰情条件下显得"宽"，而在另一组条件下则显得"窄"（Beltaos，1995，第 79～80 页）。通过式（2.1）可以得到一个有效指标来将河流划分为宽或窄：

$$NorW = \frac{v^2 C^2}{B} \tag{2.1}$$

式中：v 为堆冰上游的平均流速，m/s；C 为谢才系数，$\mathrm{m}^{1/2}/\mathrm{s}$；$B$ 为河流宽度，m（Acres，1984；引自 EC，1989，第 20 页）。

当 $NorW < 24$ 时，通常会发生宽河冰塞，反之则发生窄河冰塞（EC，1989，第 20 页；Lindenschmidt，2014，第 48 页）。

2.4　多芬河实例

多芬河，起源于圣马丁湖，注入温尼伯湖，本节通过多芬河来阐明封冻过程。沿多芬河形成的岸冰如图 2.10 所示。图 2.11 显示了冰花盘沿多芬河的输送情况。在封冻期，高于正常水位的水流导致整个水体产生更多的湍流，从而产生更多的冰花。流速会影响冰花的输送，多芬河右岸由于水流停滞，冰花较少。图 2.12 中可以看到相反的效果，在河流辫状河段的左侧河道，冰凌的表面密度较高。最终，冰花和冰盘将抵达某个障碍物，如图 2.13 所示的现有冰盖，并在冰盖前沿累积使其向上游延伸。

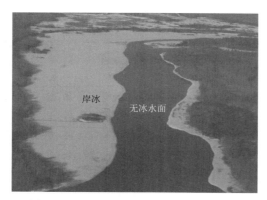

图 2.10　沿多芬河形成的岸冰（2011 年 11 月 21 日，水流方向为自下而上）

图 2.11　多芬河沿岸的冰花盘（2012 年 12 月 6 日，水流方向为自下而上）

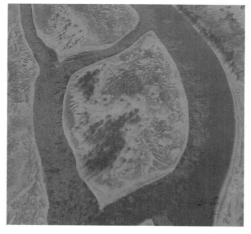

图 2.12　通过多芬河辫状河段的冰凌输送（2012 年 12 月 6 日，水流方向为自下而上）

图 2.13　冰盖前沿的冰凌堆积（水流方向为自下而上）

2.5　锚冰与积冰

图 2.2 所示的另外两种冰的构成为锚冰和积冰。锚冰是当水体中形成的水内冰附着在

河床上，特别是由砾石和/或鹅卵石构成的河床上时形成的。锚冰通常在夜间发生极端冰冻时形成。锚冰通常会留在河底直到次日。在阳光照射的时间里，太阳辐射可以穿透水体向下到达河床，导致冰床界面部分融化，从而使锚冰得以释放并浮到水面。这可以成为一个重要的补充冰源，可能在冰盖前沿堆积，并加剧已经非常严重的壅水情况（Jasek et al.，2015）。

在河底沉积物上形成锚冰的水内冰可以通过将沉积物浮到水面，并沉积在已形成冰盖的底面上的方式来移动沉积物，这一过程称为漂浮（概念性描绘如图 2.2 所示）（另见 Kalke et al.，2015；Kempema et al.，2011）。如图 2.14 所示，从红河提取的冰芯中，冰盖中的沉积物很明显。关于冰芯的更多细节将在第 3 章的 3.5 节"冰芯与结晶学"中展开讲述。

图 2.14　2011 年 1 月从塞尔扣克（左）和糖岛（右）附近的红河中提取的
冰芯内的沉积物（冰芯内布满了水内冰和漂浮锚冰的沉积物）

积冰（Aufeis）来自德语，字面意思是"冰上"，是指在现有冰上形成的冰（参见图 2.2 中的描绘）。水在冰层顶部流动并结冰，使冰面变厚。如图 2.15 所示，从地下水中渗漏出来的水在冰盖顶部流动并结冰；变为棕色是由于溶质随地下径流而迁移，解冻时可能在河水中产生额外的物质负载。这显示了一个过程，在此过程中，物质可以被浓缩，以延缓可能导致河流水质恶化的大量负载的激增。

在某些情况下，锚冰和积冰这两种冰的生成，共同形成对水流的障碍，通常被称为冰坝。据报道，圣丹斯险滩就是这样一个例子，其位于马尼托巴省北部纳尔逊河莱姆斯通水电站的下游（Malenchak，2012），如图 2.16 所示，险滩（湍流）本身由于其附加糙率而表现出额外的流动阻力（抗流动性），并表现为尾水的一些壅水（图 2.16 的上幅）。在封

图 2.15 从河岸、池塘中涌出的水冻结在河流的冰盖上形成积冰

冻过程中，当发电站尾水中产生水内冰时，河床和险滩基岩上会形成锚冰，使回水增加，水位提高（图 2.16 的中幅）。在水力调峰周期的低流量期间，一些流过险滩锚冰层的浅水可冻结形成积冰，进一步增厚和凝固险滩上的冰层，形成冰坝。水力调峰还会导致尾水渠中的岸冰断裂，并沿冰坝堆积，从而提高尾水水位（Girling et al., 1999）。冰坝造成的尾水水位上升可能足以使水力发电收入明显下降。图 2.17 通过延时摄影展示了 1999—2000 年冬季冰坝形成的顺序。

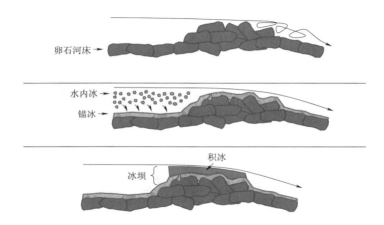

图 2.16 一组险滩（上幅）由于锚冰（中幅）和积冰（下幅）的形成而加剧了壅水

（a）1999 年 12 月 4 日

（b）2000 年 1 月 16 日

图 2.17（一） 1999—2000 年冬季圣丹斯险滩（马尼托巴省纳尔逊河）典型冰坝形成顺序
（前景中的树木为观测壅水水位上升提供了参考点）
（照片由 Jarrod Malenchak 提供，经许可使用）

（c）2000年2月15日　　　　　　　　　　　　　　（d）2000年3月17日

图2.17（二）　1999—2000年冬季圣丹斯险滩（马尼托巴省纳尔逊河）典型冰坝形成顺序
（前景中的树木为观测壅水水位上升提供了参考点）
（照片由Jarrod Malenchak提供，经许可使用）

2.6　湖泊出入口对结冰的影响

由于水面比降的减小和河水进入湖泊所代表的更大水体时分布范围的扩大，从河流流入湖泊的水流速度将急剧降低。参考图2.18中的概念图，封冻期间沿河产生的水内冰在河流中流动时可能处于悬浮状态，但在进入湖水时会变得有浮力。水内冰沉积在湖面冰盖的下面，并在入湖口靠近河口处堆积，形成一个悬挂式冰坝。这些堆积物可能有几十米厚，通常会对河流和湖底造成冲刷。由于冰块向上推压冰盖并使其破裂的浮力，悬挂式冰坝上方的冰盖向上凸起。

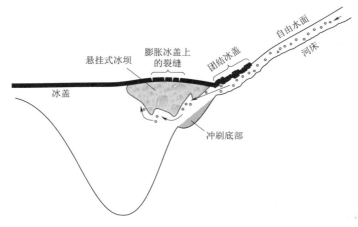

图2.18　河流入湖口附近悬挂式冰坝的形成

图2.19显示了进入温尼伯湖的多芬河下游区域的RADARSAT－2图像。沿河的冰盖已经在河口上游发展了大约5～6km。在冰盖形成之前，水内冰从河流流入湖泊，并沉积在湖泊冰盖下方，形成一个悬挂式冰坝。与周围黑色的热力湖冰相比，冰坝呈现出白色，

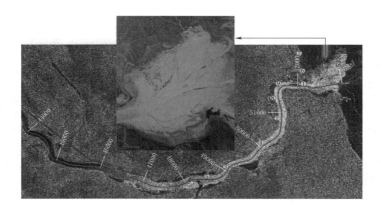

图 2.19 多芬河下游进入温尼伯湖的 RADARSAT-2 图像（从图中可见在该湖河流入口处有一个悬挂冰坝，其中插图是作者拍摄的悬挂冰坝表面的特写照片）

这是由于悬挂式冰坝上方膨胀、破裂的冰盖散射造成的（关于卫星图像解译的更多细节见第 5 章）。

许多湖泊和水库足够深，可以分层成不同温度的层。由于空气温度降低，接近表层的水在结冰之前冷却，密度增大，导致下沉。参照图 2.20，淡水在大约 4℃时的密度最大；因此，4℃的水会向湖底下沉。随着温度继续从 4℃降至 0℃，较冷、密度较低的水层将位于较暖、密度较高的水层之上。一旦最顶层的温度降至 0℃，就会形成一个密度低于液态水的冰盖，并漂浮在湖面上。有了冰盖，湖出口处的水流可以将更深、更温暖的水从湖底层吸引到河流中，使出口在冬季的较长时间内不结冰。图 2.21 显示了圣马丁湖的出口区域，这里的湖水温度高于形成冰盖所需的 0℃，湖水流入多芬河的入口处。对于较浅的湖泊，湖面和湖底之间的温差可能很小，因此，浅湖的冰盖在其出口处比深湖的出口处增厚得更快，从而使浅湖更快封冻。在湖出口附近的冰上行驶时应小心，因为在水从湖口流入河流的地方冰可能较薄，或者在某些区域可能是未封冻的。积雪可以掩盖自由水面或较薄的冰层。

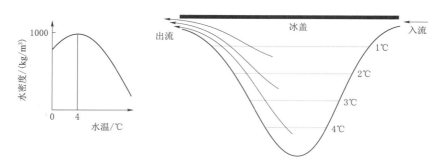

图 2.20 左幅显示约 4℃时水的密度最大；右幅显示来自封冻湖泊底层温暖的水通过湖泊的出口，那里的冰仍然较薄或没有封冻

图 2.21 圣马丁湖出口的多芬河源头（湖面被冰覆盖，
但河流大部分是自由水面）

（作者摄于 2011 年 12 月 6 日）

2.7 电子表格练习：冻结温度下的河段冷却长度

在本练习中，将计算河段的冷却长度，以确定水温降至 0℃ 之前水流所需的距离。该练习展示了一种快速且易于实现的方法，用于提供冷却长度的初始估算。另外，也有更复杂的方法，这些方法可能具有较少的不确定性，但是需要更多的时间和精力来建立和执行。

计算也将在蒙特卡罗环境下进行，以使读者熟悉此类分析的概念。在蒙特卡罗框架中，计算要执行数百次或数千次（本练习中为 1000 组计算），每次计算都有一组不同的参数设置值和边界条件值。这些值是从频率分布中随机选择的，例如，从一个均匀分布中以相等的概率从最小值和最大值之间的范围随机选择值。其他分布将有其他统计参数，例如，正态分布的均值和标准差。

本次练习将以卡佩勒河上游为研究地点。它全长约 100km，从加拿大萨斯喀彻温省南部的迪芬贝克湖延伸至布法罗庞德湖（图 2.22）。图 2.23 显示了这条河深泓线的纵剖面。Lindenschmidt（2014）、Lindenschmidt 等（2014）对该河冬季状况的描述更为详细。

2012 年 11 月的第一周，该地区气温相对温和，在 0℃ 左右徘徊。天气预报预计，在接下来的周末，即 2012 年 11 月 10—12 日，将连续两晚出现低于 -20℃ 的极低冰冻温度。在布法罗庞德湖入湖口上游约 10km 处的马奎斯大桥处，正在沿着河流进行工程施工（图 2.23），水利部门提出了一个问题，即在寒冷的天气期间，冰盖是否会从布法罗庞德湖延伸至大桥。在这种情况下，需要在冰冻事件发生前拆除设备，直到第二年春天冰盖破裂后，工程才能恢复。

为了解决这个问题，需要测量河水当前的水温。从沿河上游的桥梁上进行了 3 次测量，沿河里程的温度值如图 2.24 所示。本书将只专注于河流下游 70km 的部分，从距离

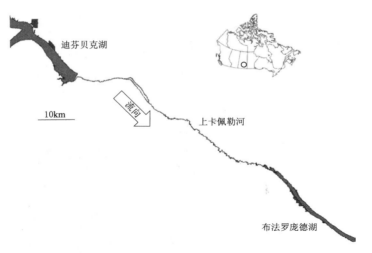

图 2.22　加拿大萨斯喀彻温省南部的卡佩勒河上游

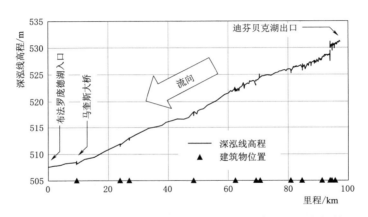

图 2.23　从迪芬贝克湖出口延伸至布法罗庞德湖入口的卡佩勒河
上游深泓线高程纵剖面图

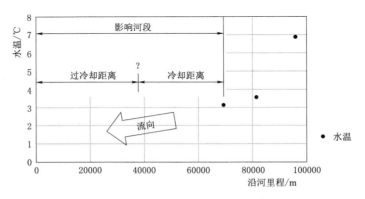

图 2.24　沿卡佩勒河上游测得的水温
（图中还显示了影响河段，以及水冷却和过冷却的河段）

布法罗庞德湖入口处里程距离为 0km 到里程距离为 70km。从水温测量的模式来看，该河段的水温大约不到 3.2℃。在这个练习中，将首先确定沿河的冷却距离，即水温从当前的 3.2℃（河流的约 70km 处）下降到 0℃ 的河流距离，在河流 70km 与布法罗庞德湖入口之间的某处。当水温为 0℃ 时，剩余的距离被称为过冷却距离，是水内冰产生并从布法罗庞德湖入口向上游形成平封冰盖的一段河段（下一个练习）。

同样重要的是，要确定是否会从布法罗庞德湖入口向上游形成冰盖，方法是证实湖面上已经形成冰盖，而事实就是如此。水内冰的流动需要在湖的冰盖处停滞，以便浮冰向上游堆积和并置，形成沿河的冰盖。卡佩勒河上游流量计划在封冻前增加到 4m³/s，以准备用此流量进行冬季流量试验。同样重要的是，要检验在此流量下是否会有初生冰、水内冰或固结冰在河流上形成。流速 v 是一个很好的指标，可以用阈值确定可能形成的冰的类型（另见表 3.1），如初生冰（0m/s$<v<$0.4m/s）、水内冰（0.4m/s$<v<$0.7m/s）和固结冰（0.7m/s$<v<$1.5m/s）。可利用卡佩勒河上游的 HEC-RAS 模型计算出无冰水面流量为 4m³/s 时的水面高程、平均流速、最大水深和水面宽度，如图 2.25 所示。图 2.25（b）显示，下游 70km 河段大多平均流速在 0.4～0.7m/s 之间；因此，预计在该流量下的封冻期间会产生水内冰。

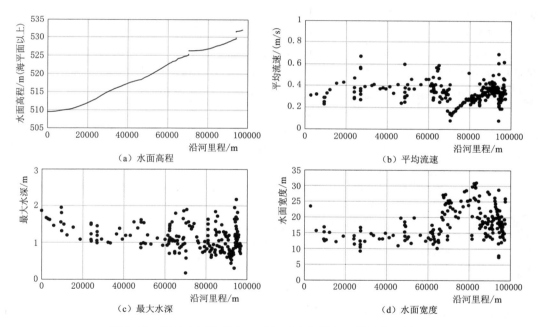

图 2.25 无冰水面流量为 4m³/s 时卡佩勒河上游的物理特征

下面的公式将用于计算从 3.2℃ 到 0℃ 的冷却距离。对于某一平均流速，水温从初始温度降至 0℃ 所需的时间为（Beltaos，2013）

$$t = \frac{x}{U} = -\frac{\rho_{\mathrm{w}} c_{\mathrm{pw}} D}{H_{\mathrm{wa}}} \ln\left(\frac{T_{\mathrm{w}} - T_{\mathrm{a}}}{T_{\mathrm{wi}} - T_{\mathrm{a}}}\right) \tag{2.2}$$

式中：ρ_{w} 为水的质量密度，1000kg/m³；c_{pw} 为水的比热容，4220J/(kg·℃)；D 为水深，m；H_{wa} 为水到空气的传热系数，约 15～25W/(m²·℃)；U 为平均流速；T_{a} 为气

21

温，℃）；T_w 为水温，℃；t 为水温下降到 0℃ 的时间；x 为水温从初始温度 T_{wi} 下降到 0℃ 的流动距离。对于水温下降到 0℃ 所需的时间和距离，$T_w = 0$℃，则式（2.2）变为

$$t = \frac{x}{U} = -\frac{\rho_w c_{pw} D}{H_{wa}} \ln\left(\frac{-T_a}{T_{w,t=0} - T_a}\right) \tag{2.3}$$

从本书网站（链接见本书第 1.5 节）的"第 2 章"子文件夹中下载文件到计算机。打开"cooling length_QuAppelle_data.xlsx"文件，点击进入"random"工作表。列 A、C、E、G 和 I 的标题对应式（2.3）中的变量。每一列中的值都是使用 Excel 函数"RANDBETWEEN"随机生成的。该函数从最小（Bottom）至最大（Top）的均匀分布值范围内提取随机整数。对于单元格 A2 中的第一个水温值，可以通过"RANDBETWEEN"窗口设置函数［选择菜单项：FORMULAS（公式）→Math & Trig（数学和三角函数）→RANDBETWEEN］，如图 2.26 所示。将光标移到相应的文本框中，选择单元格 B2 作为水温范围的"Bottom"（最小）值，选择单元格 C2 作为水温范围的"Top"（最大）值。在每个选定单元格的行和列引用前插入"$"符号，以保持对列 A 中所有值的绝对引用。由于 RANDBETWEEN 函数只能选择整数，因此这些值必须增大 10^m 倍，其中 m 是所需的小数位分辨率。例如，如果水温值在 2.500 和 3.200 之间，精度为小数点后 3 位，则"Bottom"值和"Top"值需要乘以 1000。请记住，单击"确定"关闭窗口后，将公式除以 1000，以保持与水温值相同的数量级。单元格 A2 中的公式变成"=RANDBETWEEN（B2*1000，B3*1000）/1000"，并通过拖动将其应用于下面其他 999 个值。每次在 Excel 工作表中执行操作或计算时，随机化都会重新计算。

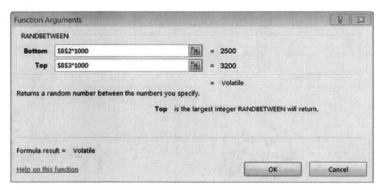

图 2.26　RANDBETWEEN 函数窗口

从图 2.24 所示的卡佩勒河上游部分的水温下降模式来看，河流下游部分的初始水温下降到 2.5℃（单元格 B2 中的最小值）似乎是可行的。传热系数 H_{wa} 的范围通常为 15～25W/（m² · ℃）（C 列和 D 列），如图 2.25（c）所示，0～70km 之间河流的最大水深为 0.6～2.0m（E 列和 F 列）。据预报，两个极度寒冷的夜晚的最低气温为 -22℃，因此假定在 -15～-22℃ 范围内考虑夜间气温的变化。流速范围（I 列和 J 列）如图 2.25（b）所示，在 0.2～0.6m/s 之间。

点击"values"工作表，注意前 5 列的值分别与"random"工作表中 A 列、C 列、E 列、G 列和 I 列中的值相对应。在"values"工作表中继续操作，F 列和 G 列各自具有相

同的值，$c_{pw}=4220\mathrm{J/kg/℃}$ 和 $\rho_w=1000\mathrm{kg/m^3}$。这些物理性质保持恒定。将光标放在单元格 H2 中，插入公式"$=-\mathrm{G2*F2*C2*LN(-D2/(A2-D2))/B}$"，对应于式（2.3），在 Excel 工作表中复制为图片，以便参考。通过选中单元格 H2 时双击光标框的右下角（仅限 Microsoft®Windows®选项；参见图 3.38），或者选择该列从单元格 H2 到单元格 H1001（数据的最后一行）的所有单元格，然后在"Home"菜单功能区下选择"Fill"→"Down"（选择"Crtl＋D"作为快捷键选项），将单元格 H2 中插入的公式填充到该列下面所有单元格。将式（2.3）重新整理为

$$x=tU \tag{2.4}$$

单元格 I2 中的冷却距离用公式表示为"$=\mathrm{H2}*\mathrm{E2}/1000$"。除以 1000 是将距离从米转换为千米。下面其余的 999 个单元格用同样的公式填充。单击"I"以选择整个列 I。如果"最小"和"最大"值未出现在最底部的状态栏上（Excel 2013 和 Excel 2016 中为绿色，Excel 365 中为灰色），右键单击该栏并选择"最小值"和"最大值"。最小值和最大值有助于确定间距的范围，以便接下来创建直方图来查看冷却距离的频率分布。通过在 J 列第 2～24 行中插入值 2、4、6、…、46，可以在 2～46km 之间以 2km 的增量划分间距（图 2.27）。为了创建直方图，必须通过选择菜单序列来添加分析工具加载项，即：文件→选项→加载项→分析工具库→"转到"按钮→选中"分析工具库"→确定。现在可以使用菜单序列调用直方图函数：数据→数据分析→直方图→确定。如图 2.27 所示，在"输入区域"文本框中插入单元格范围 I2：I1001（或在光标位于框内时选择所有相应的单元格），并在"接收区域"文本框中插入单元格范围 J2：J24。在单击"确定"之前，确保选中了"累积频率"和"图表输出"。直方图绘制在一个新的工作表上，如图 2.28（a）所示。

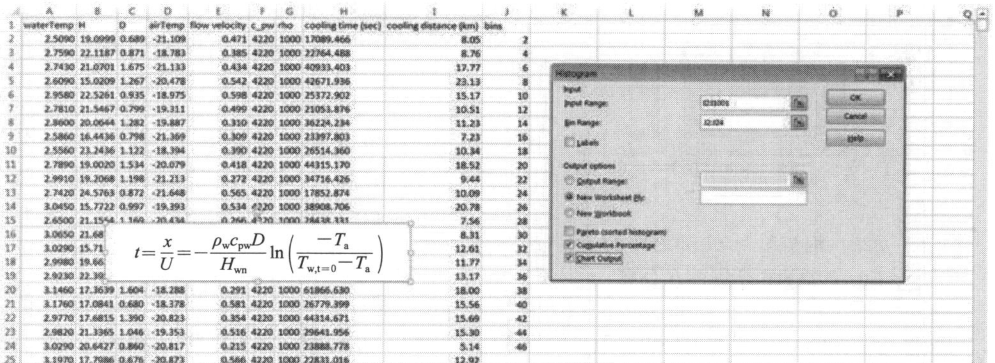

图 2.27　创建冷却距离直方图的函数窗口

直方图显示，冷却距离在 10～22km 之间的频率较高（累积频率在 20%～80% 之间），即是在河流的 48km（＝70－22）到 60km（＝70－10）之间（如图 2.24 所示，本书研究的河段始于河流的 70km 处，并向下游延伸至 0km）。这允许在原始参数的最小值和最大值范围内进行一些细化。例如，河道深度范围被认为是在 0.6～2m 之间。从图 2.25（c）可以看出，在 48～60km 的河流之间，深度范围可以限定在 0.8～1.8m 之间。

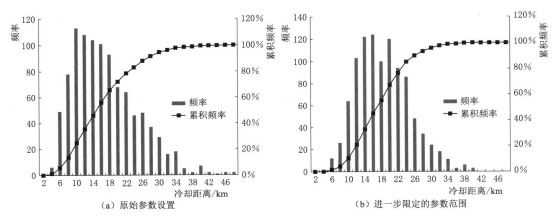

（a）原始参数设置　　　　　　　　　（b）进一步限定的参数范围

图 2.28　冷却距离直方图

这些值可以在"随机"工作表中的单元格 F2 和 F3 中更新。此外，由于冷却距离仅为影响河段的较短距离，初始水温的范围也可以进一步限定在 2.9～3.1℃ 之间，这可以在

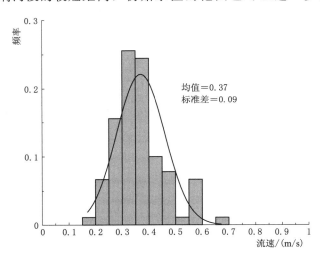

图 2.29　河流 0～70km 之间的流速-频率
分布近似正态分布

"随机"工作表中的单元格 B2 和 B3 中更新。如果在封冻过程期间预报到有微风，则传热系数的范围也可以限定在 $15～20W/(m^2 \cdot ℃)$ 之间，对应于单元格 D2 和 D3。下游 70km 河段的流速更趋于正态分布，而非均匀分布（图 2.29）；因此，可以通过将单元格 I2 中的公式替换为 "= NORMINV（RAND（），J \$ 2，J \$ 3）"，并将 J2 和 J3 分别替换为平均值（= 0.37）和标准差（= 0.09）来限制流速。单元格 J1 中的标题也可以从"范围"更改为"平均值/标准差"。第 I 列中的所有其他数据单元都用相同的公式填充。除直方图外，工作表中的所有值和计算都会自动更新。创建直方图的步骤必须重复，以形成一个新的、受约束的频率分布，如图 2.28（b）所示。生成的 Excel 文件是"冷却长度_卡佩勒河_答案.xlsx"。

2.8　电子表格练习：封冻期形成的冰盖长度

这项练习是前一个练习的延续，目的是确定过冷流程长度可以形成的水内冰总量。影响河段同样是卡佩勒河上游往下游延伸 70km 的河段。在上一个练习中进行冷却长度计算后，相应的过冷长度可以表示如下：

$$过冷长度（m）＝70000－冷却长度（m） \tag{2.5}$$

过冷河段产生的冰量为（Calkinset al. , 1982）：

$$V_i = \frac{\int_{t_0}^{t} H_{wi} A (T_w - T_a) \mathrm{d}t}{\rho_i \lambda} \tag{2.6}$$

式中：ρ_i 为冰的密度，$920 \mathrm{kg/m^3}$；λ 为熔化热，$80 \mathrm{kcal/kg}$（$334944 \mathrm{J/kg}$）；H_{wi} 为产冰传热系数，$15 \sim 25 \mathrm{W/(m^2 \cdot ℃)}$；$A$ 为开放水域过冷面积，过冷长度×过冷河段的平均宽度；T_a 为气温，$℃$；T_w 为水温，$℃$；t 为冻结时间。

这项练习采用了快速估算的方法，其中时间是极其重要的，因此，离散形式的方程变成：

$$V_i = \frac{H_{wi} A (T_w - T_a) \Delta t}{\rho_i \lambda} \tag{2.7}$$

式中：Δt 为总冻结时间。

将 T_w 设置为 $0℃$，并简化方程式，进一步得到：

$$V_i = \frac{-T_a H_{wi} A \Delta t}{\rho_i \lambda} \tag{2.8}$$

打开 Excel 文件"冰盖长度_卡佩勒河_开始.xlsx"后，请注意"随机"工作表中的额外变量，这些变量也将生成随机数。其中包括开阔河道的水面宽度（K 列和 L 列）、冻结时间（M 列和 N 列）以及封冻期的冰厚（O 列和 P 列）。根据图 2.25（d），影响河段范围的水面宽度在 $10 \sim 20 \mathrm{m}$ 之间。在极度寒冷期间，冰形成所需的时间难以估计，可能需要借鉴研究地点以往冰冻条件的经验。在本次练习中，冰的生成时间被设定为每晚 7h，从黄昏到黎明，届时气温预计将低于 $-15℃$。因此，两个晚上冰的产生时间范围假定为 $13 \sim 15 \mathrm{h}$。白天，由于气温升高和太阳辐射进入水体，冰的产生会减少。此外，对于浅的河流，当冻结气温高于 $-10℃$ 时，来自河床的余热和地下水渗出可减少水内冰的生成。冰的厚度值也是不确定的，但估计在封冻期至少有 $0.2 \mathrm{m}$（Lindenschmidt，2014）；因此，假设范围在 $0.2 \sim 0.3 \mathrm{m}$ 之间。这些变量的随机值在"数值"工作表的 L 列、M 列和 N 列中重复。单元格 K2 中过冷距离的公式变为"＝（70－I2）＊1000"，并应用于该列下面的所有单元格。乘以 1000 是将千米换算成米。单元格 O2 中冰量公式变为"＝－D2＊B2＊K2＊L2＊M2/（920＊334944）"。K2＊L2 等于"过冷长度×宽度"，对应于过冷面积。在同一列的所有下方单元格中应用相同的公式。

从布法罗庞德湖向上游延伸的冰盖长度 L_i 可以计算为

$$L_i = \frac{V_i}{h_i w_i} \tag{2.9}$$

式中：V_i 为根据上述步骤计算的冰量；h_i 为冰盖厚度；w_i 为冰盖宽度。

单元格 P2 中 L_i 的公式变为"＝O2/L2/N2/1000"，并以调整后的行号重复应用于所有下方单元格。除以 1000 是将冰盖长度从米转换为千米。冰盖长度（P 列）的最小值和最大值分别约为 $7 \mathrm{km}$ 和 $25 \mathrm{km}$。因此，在 Q 列 $2 \sim 22 \mathrm{km}$ 范围内以 2 km 为增量进行间距划分。按照与前一练习相同的步骤，可以建立冰盖长度的直方图，如图 2.30 所示。"输入

区域"文本框应包含引用"＄P＄2：＄P＄1001"，而"接收区域"文本框应包含引用
"＄Q＄2：＄Q＄12"。

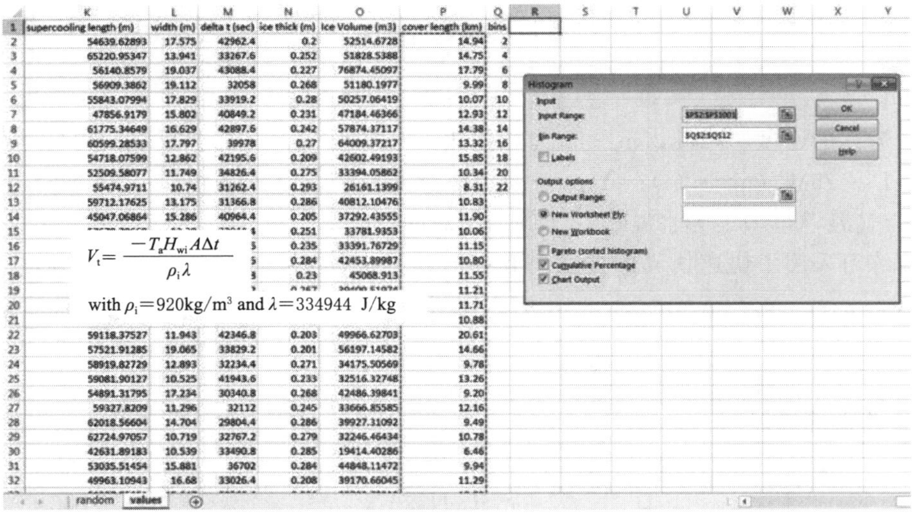

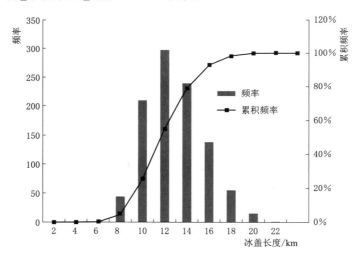

图 2.30 冰盖长度计算最终工作表和直方图设置窗口

得出的直方图应与图 2.31 所示的直方图相似。频率分布表明，冰盖长度超过 10km
的概率为 80%；因此，它将在寒潮过后到达马奎斯桥。所有计算的最终结果都由 Excel 答
案文件"冰盖长度_卡佩勒河_结束.xlsx"提供。

图 2.31 冰盖长度直方图

根据应用和研究地点的不同，可以进行必要的调整。此外，在使用这种方法时，还应
牢记一些不确定性，可进行以下潜在的调整以减少这些不确定性。

（1）由冰盖形成引起的回水效应将抬高冰盖前沿上游的水面高程，从而增加河道的水
面宽度。这将对坡度非常平坦的河流产生更大的影响。此外，回水顶托增加了过水断面横

截面积，导致回水的流速降低。

（2）河流较窄和较浅的区域可能会表现为水流缩窄，从而导致较高的流速。如果流速超过 0.7m/s，预计冰盖会发生一些挤压和增厚，可能会缩短冰盖。

（3）随着冰盖的加长和向上游发展，过冷长度变短。然而，由于河流最上游部分的降温，冰点气温持续存在，过冷的延伸将进一步向上游开始。

（4）可能会有冰流失到河床作为锚冰，特别是在有砾石河床和间歇性急流的河流。然而，锚冰最终会释放，漂浮到水面，有助于冰盖堆积。上卡佩勒河下游河床以软质泥沙为主，预计有少量锚冰形成。

（5）漂浮在过冷河段上的浮冰遮挡了一部分开放水域的表面，使其不受寒冷空气的影响，从而减少了水内冰的生成。这也适用于岸冰从岸边延伸至河道的区域，它将下面的水与冰冷的大气隔离开来。可将覆盖系数 C 引入冰量计算中：

$$V_j = \frac{-T_a H_{wi} A \Delta t}{\rho_j \lambda}(1-C)$$ （2.10）

这可以减少多达 40% 的产冰量（Hausser et al.，1984）。

（6）可通过对式（2.9）进行扩展来计算冰盖长度 L_i，将空间孔隙率 PS 包括在内：

$$L_i = \frac{V_i}{h_i w_i (1-PS)}$$ （2.11）

空间孔隙率表示冰盘之间的空隙体积与总体积（空隙与冰）的比值。关于封冻期冰盖和冰塞空间孔隙率的公开数据很少，但 Beltaos（2013，第 196 页）提供了 0.3 的估计值。

作为扩展练习，鼓励读者将空间孔隙率和覆盖系数作为随机值纳入产冰量和冰盖长度计算的 Excel 文件。

本章参考文献

Acres.（1984）. *Behaviour of ice covers subjected to large daily flow and level fluctuations*，volume 1: *Project review—Concepts and analyses*. Report for the Canadian Electrical Association，prepared by Acres Consulting Services Ltd.

Beltaos，S.（1995）. *River ice jams*. Highlands Ranch：Water Resources Publications，LLC，ISBN 0 - 918334 - 97 - X，ISBN 978 - 091833487 - 9.

Beltaos，S.（2013）. *River ice formation*. Edmonton：Committee on River Ice Processes and the Environment，Canadian Geophysical Union Hydrology Section，http：//cripe. ca/，ISBN 978 - 0 - 9920022 - 0 - 6.

Calkins，D. J.，& Gooch，G.（1982）. *Ottauquechee River analysis of freeze -up processes*. Proceedings of the 2nd workshop on the Hydraulics of Ice Covered Rivers，Edmonton，Alberta，pp. 2 - 37. http：// cripe. ca/docs/proceedings/02/Calkins_Gooch_1982. pdf

EC.（1989）. New Brunswick river ice manual. The New Brunswick Subcommittee on River Ice，Environment Canada NB，Inland Waters Directorate，Department of Environment，re - formatted and re - published in 2011. http：//www2. gnb. ca/content/dam/gnb/Departments/env/ pdf/Publications/RiverIceManual. pdf

Girling，W. C.，& Groeneveld，J.（1999）. *Anchor ice formation below Limestone Generating Station*. 10th Workshop on the Hydraulics of Ice Covered Rivers，Committee on River ice and Environment，Winnipeg，Manitoba，pp. 160 - 173. http：//cripe. ca/docs/proceedings/10/Girling_ Groenevald_1999. pdf

Hausser, R., Saucet, J. P., & Parkinson, F. E. (1984, June 20 - 21). *Coverage coefficient for cal-culating ice volume generated*. Workshop on the Hydraulics of River Ice, Fredericton, New Brunswick, pp. 211 - 224. http://cripe.ca/docs/proceedings/03/Hausser_et_al_1984.pdf

Jasek, M., Shen, H. T., Pan, J., & Paslawski, K. (2015, August 18 - 20). *Anchor ice waves and their impact on winter ice cover stability*. CGU HS Committee on River Ice Processes and the Environment, 18th workshop on the Hydraulics of Ice Covered Rivers, Quebec City, QC, Canada. http://cripe.ca/docs/proceedings/18/16_Jasek-et-al_2015.pdf

Kalke, H., Loewen, M., McFarlane, V., & Jasek, M. (2015, August 18 - 20). *Observations of anchor ice formation and rafting of sediments*. CGU HS Committee on River Ice Processes and the Environment, 18th workshop on the Hydraulics of Ice Covered Rivers, Quebec City, QC, Canada. http://cripe.ca/docs/proceedings/18/17_Kalke-et-al_2015.pdf

Kempema, E. W., & Ettema, R. (2011). Anchor ice rafting: Observations from the Larmie River. *River Research and Applications*, 27 (9), 1126 - 1135.

Lindenschmidt, K. - E. (2014). *Winter flow testing of the Upper Qu'Appelle River*. Saarbrucken: Lambert Academic Publishing. ISBN 978 - 3 - 659 - 53427 - 0.

Lindenschmidt, K. - E., & Sereda, J. (2014). The impact of macrophytes on winter flows along the Upper Qu'Appelle River. *Canadian Water Resources Journal*, 39 (3), 342 - 355. https://doi.org/10.1080/07011784.2014.942165.

Malenchak, J. (2012). *Numerical modeling of river ice processes on the Lower Nelson River*. Ph. D. thesis, University of Manitoba. https://mspace.lib.umanitoba.ca/xmlui/handle/1993/5045

第 3 章　冰　盖　监　测

在冬季监测冰盖非常重要，以便确定冰盖的重要特征。这些信息在预报冬季结束时冰盖解体和冰塞可能性时非常有用。应在整个冬季监测冰的类型、冰的厚度和冰盖上的积雪量等特征。本章讨论了一些可用于监测冰盖的工具，并辅以一些简单的练习，可以用来预报冰盖的厚度。

3.1　冰厚与积雪深度

冰厚和冰增厚的速度是重要的参数，有助于预报冬季结束时达到的最大冰盖厚度。如图 3.1 所示，通常使用冰钻进行此操作。

一旦在冰盖上钻了冰孔，就可以用测量杆确定冰盖的厚度，如图 3.2 所示。量杆的末端有一个直角支架，插入冰孔时，支架可以挂在冰盖的底部。量杆上的尺子或卷尺以这样的方式的定位，读数"0"从支架处开始。这样就可以在冰盖表面进行厚度测量，如图 3.3 所示。

由于冰盖的底部可能比较粗糙，因此可以取冰孔周围几个点的厚度并求平均值。例如，可以对冰孔周围大约 90°间隔的 4 个点或大约 120°间隔的 3 个点处获得的测量值求平均值。

在钻冰孔时，最好在大约冰盖一半的位置停止钻孔，以测量雪冰层厚度，如图 3.4 所示。如果存在雪冰层，其厚度是该位置全面冻结过程中形成水内冰层的标志。雪冰也可以通过雪的压实或冻融循环形成。

当冰盖淹没时，也会形成雪冰层。图 3.5 显示了加拿大萨斯喀彻温省卡佩勒河上游被淹没的冰盖。在冬季

图 3.1　使用冰钻在冰盖上钻孔
（Liu Ning 摄，经许可使用）

流量试验期间，流量经过调节减少了约 80%（Lindenschmidt，2014）。流量的突然变化导致冰盖下陷和开裂，使得冰下的水从裂缝中渗出，淹没冰面。随后，水层冻结，使河流部分河段，尤其是下游河段的冰厚大幅增加。由于冰很脆，在远低于冰点的温度下（约 -30℃）很容易开裂，因此在寒冷天气期间流量的减少，加剧了破裂。Beltaos（2008，第 151 页）指出，"流量增量通常应该是径流开始前流量的一小部分；然而，在冰盖较厚的浅水河流中，流量增量可能远远超过 10%"。建议流量变化之间至少间隔 5~7 天，并且变化发生在气温更高的时候（约 -10℃），以便利用冰的蠕变特性，减少冰盖的开裂和淹没。

图 3.2 放置在黑色冰盖上的测量杆

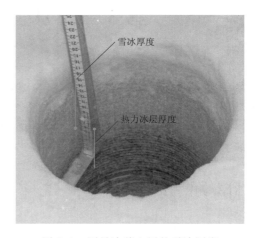

图 3.3 使用图 3.2 所示的测量杆测量
冰盖厚度（约 101.5cm）
（Liu Ning 摄，经许可使用）

图 3.4 测量冰盖上层的雪冰厚度
（Liu Ning 摄，经许可使用）

如图 3.6 所示，当在冰盖上钻孔过半时，可以看到由淹没在冰盖上的水冻结而形成的附加冰层。与河流最初结冰时形成的旧雪冰层相比，新雪冰层的颜色明显不同。很明显，冰盖发生了显著增厚，这可能会在冬末的开河期增加冰塞的严重程度。

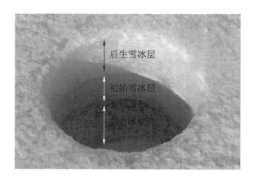

图 3.5 卡佩勒河上游马奎斯桥附近淹没的
冰盖（流量的突然下降导致冰盖下沉和破裂，
使河道中间部分的冰盖被淹没；随后的冰冻
使沿河的冰盖大幅增厚，尤其是下游河段）

图 3.6 在河流封冻期形成的旧雪冰层上，
淹没冰面的冻结水形成了新的雪冰层
（附加的雪冰层大大增厚了冰盖；这可能会
增加之后冬末开河期卡冰的风险）
（改编自 Lindenschmidt et al.，2013；经许可使用）

在奴河冰盖上也观察到了淹没现象，如图 3.7 中的延时照片所示。在封冻后的初冬期间，由于结冰引起的水力状态变化，流量通常会沿河稳步增加，导致河流沿岸的冰开裂。

从该区域冰盖中提取的冰芯（图 3.8）显示，可能会发生多次开裂、淹没和冰冻。第 3.5 节"冰芯与结晶学"部分对冰芯进行了更详细的描述。涌出的水会渗入冰面上的积雪中，形成一种冰泥混合物。随后的降雪会减缓这一冰泥层的冻结过程，形成双层冰层，其

图 3.7 捕捉奴河上冰盖破裂和淹没过程的延时图像

中液态冰泥被夹在顶部的冻结冰层和底部的雪冰层之间，这是在河流最初结冰时形成的。这些双层冰层使沿冰行走变得特别困难和危险，也阻碍了捕鱼，该活动对于许多居住在北部地区的靠土地为生的当地居民的生存非常重要。冰盖淹没和随后的涌出水冻结会淹没和堵塞麝鼠巢穴的入口，通常会导致河岸沿线数千米的麝鼠种群死亡。此类事件可能会对依赖诱捕麝鼠的当地经济产生影响。

由于其隔热作用，冰面上的雪对冰的增厚速率有很大的影响，导致冰的厚度往往与积雪深度呈负相关，如图 3.9 所示。图 3.2 所示的测量杆也可用于测量雪深，如图

图 3.8 从奴河冰盖上提取的冰芯（在那里发生了多次冰盖破裂和淹没，涌出的水随后冻结；涌出的水渗入冰面上的积雪，与最初冻结期间形成的雪冰层相比，增加了冰层的孔隙度）

3.10 所示。在一条河段内，积雪深度可能变化很大。因此，为了节省时间，可以根据积雪表面的地形，在接近平均深度的地方进行测量。

由图 3.9 可以看出，由于影响冰的热力状态的诸多因素，如不同的积雪深度、流速和冰的性质，冰厚沿冰盖的分布可能非常不均匀。因此，重要的是，沿河流横断面进行几次均匀间隔的测量，如图 3.11 所示，而不是仅在河流上的一个点进行测量。这样就可以确定这些测量结果的范围和变异性。

图 3.12 显示了 2013—2014 年冬季奴河的几次冰情调查结果。测量是在 20 个位置进行的，均匀分布在整条河上。2013 年 12 月 17 日至 2014 年 1 月 14 日（4 周），冰盖有所增厚，积雪深度略有增加。雪冰厚度没有增加，表明冰盖并未发生淹没。遗憾的是，该参

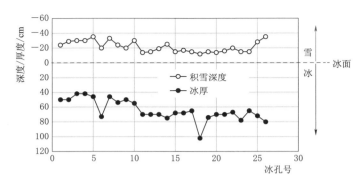

图 3.9　沿奴河 700m 横断面均匀分布的 26 个位置的冰厚和积雪深度
[较深的积雪，如前 10 个冰孔（积雪深度＞20cm），比较薄的雪层
（积雪深度＜20cm），如冰孔 15～24 号，产生的冰更薄；河岸效应，
如最后两个冰孔，反转了积雪深度与冰厚之间的反比关系]

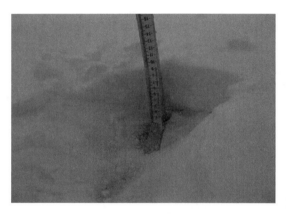

图 3.10　用图 3.2 所示测量杆测量雪深（铲出一个
冰-雪角，这样测量杆就可以紧贴着雪墙放置）

数的测量在这个冬天余下的时间里停止了。奇怪的是，此后冰的增厚速率加快了，冰的厚度在将近 3 周后（2014 年 1 月 14 日至 2 月 2 日）几乎翻了一番，尽管这段时间降雪量很大，1 月的天气也没有异常寒冷。随着冰变厚，它也成为冷空气的绝缘体，随着冬季的发展，冰的增厚速率会降低，这一点在比较 2014 年 2 月 2 日和 17 日（相隔约 2 周）进行的两次调查的测量结果时表现得很明显，积雪深度略有增加。值得注意的是，冰厚和积雪深度测量值的变异性增加，这是在冬季后期调查时测量值的一个共同特征。

图 3.11　沿河流横断面均匀分布的多次测量可确保获取测量结果的多样性
（如在雪冰和总冰厚、积雪深度、冰类型等不同的情况下）

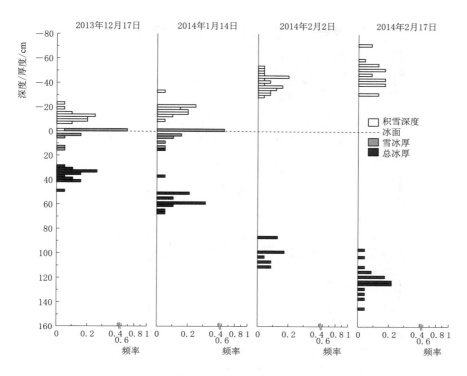

图 3.12 在奴河上 20 个沿横断面均匀分布的冰孔测量的所有积雪深度、
雪冰厚和总冰厚的直方图（间距＝2cm）

延时相机（图 3.13）在河流上提供了连续的"眼睛"，以监测冰的过程，它们是验证航天遥感图像（Das et al.，2015）和描述冰盖类型（Chu et al.，2015）的有用工具。更简单的相机相对便宜，易于使用和安装，在冬季的天气里也很耐用。由于暴露在低温下而导致电池寿命缩短通常是影响其使用的一个因素。

在寻找安装相机的位置时，要考虑太阳的运动。阳光直接正面照射到相机上，会在照片中造成相当大的眩光。此外，树木或景观中其他高大物体投射的长长阴影可能会掩盖河冰的某些特征。虽然在许多景观环境中很容易伪装，但盗窃仍然是一个需要考虑的因素；因此，要将相机放在人迹罕至的地方。用梯子把相机放在人们够不到的地方，以防止移动。

2014—2015 年冬季，在奴河沿岸安装了一台延时相机。相机设置为每天 9：00—17：00 之间每 5min 拍照一次。选择较短的时间间隔需要更多的电力来获取额外的照片，这将消耗电池的电量。图 3.14 中提供了每天的精选照片，以说明冰盖的发展过程：

（1）2014 年 11 月 10 日：可见少量岸冰；明显可见大块薄饼状浮冰的输送，这可能表明上游开阔水面河段的范围很长。

（2）2014 年 11 月 11 日：寒冷的天气（－26℃）从河水中带走了大量的热量，从水面蒸发并在大气中冷凝的大量水蒸气可以看出这一点。

（3）2014 年 11 月 12 日：岸冰向外延伸到河流中，如图前景右侧所示。一块浮冰被

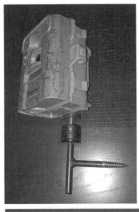
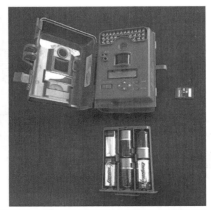
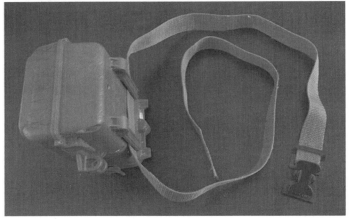

图 3.13 可通过螺钉（左上幅）或皮带（下幅）安装的延时相机
［电池和 SD 卡（右上幅）是相机运行所需的配件］

卡在左前方的岸冰中。由于接下来几天天气变暖，该状态直到 2014 年 11 月 17 日才发生变化。

（4）2014 年 11 月 17 日：由于水内冰的堆积，岸冰已从河岸向外延伸。岸冰包围了最前方的一部分开阔水面。沿着该开放段冰盖的湿润周界表明河流水位在下降。

（5）2014 年 11 月 18 日：岸冰冰盖内的未封冻部分仍然存在敞水区。其湿润周界沿冰面的扩大表明水位进一步下降。

（6）2014 年 11 月 19 日：这一天标志着该地点的冰盖完全覆盖河流。

可利用所有连续的照片构建一个视频，这有助于更好地捕捉和描述冰盖形成和破裂的过程。上面描述的奴河采集日期的视频可以在本书的子文件夹"第 3 章"中的子文件夹"延时视频"中以 mp4 格式找到（参见本书 1.5 小节关于网站链接的介绍）。还提供了一个湖泊冰盖破裂的视频，其截图如图 3.15 所示。首先在湖的中央，强风（在视频中很明显）打破了冰盖，部分冰盖逐渐从周围完整的冰盖中撕裂，越来越靠近湖岸。

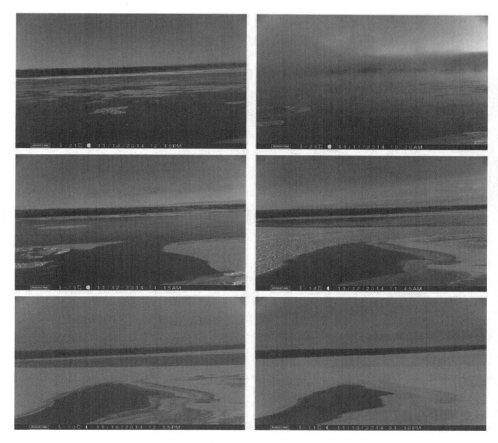

图 3.14　使用延时摄影来捕捉沿奴河发生的封冻序列
（日期、时间和气温记录在每张照片的状态栏中）

图 3.15　布莱克斯特拉普湖冰盖破裂的延时视频截图

3.2 冰的类型

冰的一个重要特征是它的类型，简单起见，这里大致分为两种类型：热成冰（光滑、黑色）和粗糙冰（固结、白色）。构成热成冰的晶体通常很大，而且方向单一，因此是透明的。光很容易穿透热成冰盖。大部分光在下面的水中扩散；因此，从表面看，水和冰盖呈黑色（从侧面看，例如从冰盖上切下一大块热成冰时，冰呈蓝色，有时被称为"蓝冰"；然而，这里将使用"黑冰"这个术语）。热成冰的表面通常很光滑。图 3.16 显示了圣阿加特附近红河上的热成冰盖。

图 3.16 2010 年 1 月，圣阿加特附近红河上的热成冰盖（光滑、黑色）（一些雪残留在冰盖上；黑冰是透明的，很容易注意到贯穿冰盖厚度的裂缝）

热成冰通常在平均流速小于 0.4m/s 的水域中形成（见表 3.1）。当流速超过该阈值，在 0.4～0.7m/s 的范围内，会产生水内冰，形成白色和更粗糙的冰盖，如图 3.17 所示。冰晶较小，并且朝向不同的方向，使冰盖看起来不透明，颜色呈白色。0.7～1.5m/s 之间的高流速会导致冰盖前缘的推挤和下游冰盖的增厚，这反过来又会导致冰的隆起和堵塞，并有可能淹没河流沿线的大片区域。流速超过这些阈值的水流过于湍急，无法维持冰盖的稳定，河段仍然是敞开的。

表 3.1　　　　　　　　　　　　不同类型冰盖的流速阈值

流速/(m/s)	冰盖的类型	流速/(m/s)	冰盖的类型
<0.4	热成冰/岸冰	0.7～1.5	较厚的壅冰堆积
0.4～0.7	水内冰生成的冰盖	>1.5	整个冬季持续存在的开放水域

湖泊上既可以形成黑色冰盖，也可以形成白色冰盖，二者在冰盖中呈不连续的块状分布，如图 3.18 所示。在这种情况下，风速成为形成冰的类型的决定性因素。冻结期间的

图 3.17 2010 年 1 月格伦莱亚附近红河上的固结（粗糙、白色）冰盖（大块的冰从冰盖上向上突起，冰盖之间有积雪）

图 3.18 萨斯喀彻温省布莱克斯特拉普湖的黑色和白色冰盖（2014 年 3 月）（黑色的冰是光滑透明的，可以看到在冰中延伸的大裂缝；白色的冰粗糙而不透明）

强风会产生湍流，形成水内冰，并逐渐固结形成粗糙的冰盖。这种多风条件带来降温过程，在冰冷的空气温度条件下，冰盖会迅速发展。

3.3 现场冰强度测量

有多种方法可以测量冰的压缩、拉伸或挠曲（弯曲）强度。其中许多方法都需要从冰盖上切割和提取冰样，以便在实验室进行应力测试。这些试验的缺点是，冰完全脱离其周围的冰环境，因此与冰的自然环境相比，试验期间的边界条件会发生很大的失真。现场方法具有在真实冰盖内进行应力测试的优势，即使在准备和执行测试时，冰仍会发生一些变化。现场方法可用于测试用作施工平台或冰道的冰盖的完整性。

20 世纪 90 年代开发的一种现场测试方法是利用钻孔千斤顶，但今天仍被一些咨询工程师使用，特别是用于测试作为河流上施工平台或冬季道路桥梁的冰盖的完整性。钻孔千斤顶（图 3.19）由一个气缸组成，活塞从气缸中伸出，使两个垫片能够压在冰盖上开凿的冰孔两侧。液压泵（图 3.20）通过液压液提供气缸内的压力，电位计测量活塞延伸的位移，压力表记录施加在垫片上的压力。

图 3.19　钻孔千斤顶
（图片来源：加拿大奥森科工程公司，经 Wang Ruixue 许可使用）

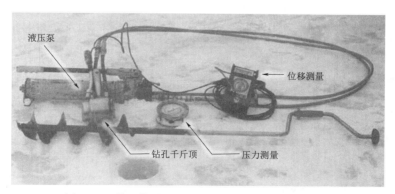

图 3.20　使用钻孔千斤顶进行应力测试的全套设备
（包括液压泵、测量位移的电位计和压力传感器）
（图片来源：加拿大奥森科工程公司，经 Wang Ruixue 许可使用）

图 3.21 钻孔千斤顶在现场应力测试中的应用

（图片来源：加拿大奥森科工程公司，经 Wang Ruixue 许可使用）

图 3.21 显示了钻孔千斤顶在现场应力测试中的应用。首先在冰盖上钻一个洞。如果冰盖足够厚，则无需将洞完全钻穿，以保持洞内干燥。潮湿的设备会结冰，这会使设备的后续操作变得困难，甚至无法操作。活塞垫的中心应水平对齐，大约沿冰盖厚度的一半。该测试提供了位移-压力曲线。

图 3.22 显示了在冰期末开河前进行的多次测量。最初，直到 1990 年 4 月 17 日，由黑冰组成的冰盖比由粗糙冰组成的冰盖具有更高的抗压强度。对于黑冰和粗糙冰，数据值的离差范围大致相同。随着开河期的临近，积雪从冰盖上融化，冰暴露在越来越多的太阳辐射下，随着春季的到来，倾角越来越垂直于冰面。辐射使冰沿晶粒边界融化，削弱冰的强度，这一过程称为烛化（在第 4 章有更详细的描述，见图 4.1）。图 3.22 显示了 1990 年 4 月 17 日之后的削弱情况，与测试开始时相比，其抗压强度大约降低了一半；这些值之间的离散度也更大。

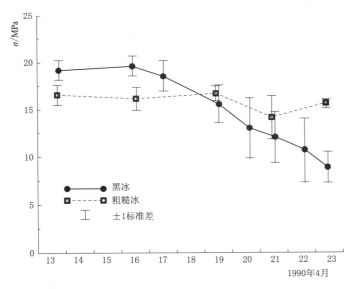

图 3.22 施加在光滑（黑色）和粗糙（白色）冰盖上的钻孔千斤顶强度

（改编自 Prowse et al.，1993；经国际水协会许可使用）

3.4 冬末开河和冰塞的影响

更粗糙、更坚固的冰盖是不透明的，即使表面上的雪已经融化，也只有很少的太阳辐射能影响到更粗糙的冰面，所以沿着晶粒边界的烛化会受到阻碍，因此，固结冰盖的抗压强度一直保持到开河期。

如果由于冬季积雪较多或降雪较晚，河冰上保持一定的积雪覆盖，并且较冷的气温将融雪延迟到冰季后期，则冰的强度将保持不变并能保持良好状态到开河期。随着春天的到来，冰盖将有足够的能力抵抗解体，很可能会发生武开河。如果由于气温变暖，积雪提前融化，由于日照时间长，太阳辐射可以延长冲击黑色冰盖的时间，冰盖很可能会烛化，并可能导致文开河。然而，如果河流被粗糙冰盖覆盖，仍然有发生武开河的倾向。

如图 3.23 所示，当河流流路上有断续的粗糙和黑色冰段时，积雪可能是河流解冻和冰塞发生的重要驱动因素［图 3.23（a）］。如果雪融化得早，让黑色冰盖更多地暴露在阳光下，它将在更粗糙的固结冰盖之前减弱并容易破裂。破裂的黑色冰盖上的碎块可以在粗糙冰盖前部相接并堵塞［图 3.23（b）］。然而，如果较冷的气温持续到冬季末期，使得积雪得以维持，或者在开河期开始前发生大雪或暴雪，那么黑色冰盖的完整性和强度很可能得以保持。较弱的粗糙冰段可能首先解冻，其浮冰堆积并堵塞在黑色冰段［图 3.23（c）］。

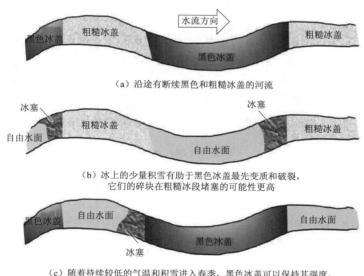

（a）沿途有断续黑色和粗糙冰盖的河流

（b）冰上的少量积雪有助于黑色冰盖最先变质和破裂，
它们的碎块在粗糙冰段堵塞的可能性更高

（c）随着持续较低的气温和积雪进入春季，黑色冰盖可以保持其强度，
较弱的粗糙冰盖首先破裂，其碎块堵塞在黑色冰段

图 3.23　积雪对河流解冻和冰塞发生的影响

图 3.24 提供了 2009—2010 年和 2010—2011 年连续两个冬季红河下游的冰情图。在第一个冬天，河流的大部分河段都是黑冰；只有洛克波特堰下游的一小段是粗糙冰，由于水体溢流产生的絮流。整个冬季，絮流水都是开放的，使得水内冰在冬季生成并被卷入冰盖底部。次年冬季，该河的冰盖主要由粗糙冰盖组成。这两个冬季之间的差异在于封冻期每个冰盖形成时的水流条件。与 2010 年秋季的流量相比，第一个冬季之前的 2009 年秋季，沿河的流量较低（图 3.25）。2010 年 10 月底的"天气炸弹"给马尼托巴省南部带来

了大量降水，大大增加了河流的流量。封冻期的流量几乎是前一年封冻期流量的 2 倍。流量越大，水中的紊流越大（水内冰生成越多），封冻时动力越大（冰盖形成过程中冰的推挤和增厚越多）。

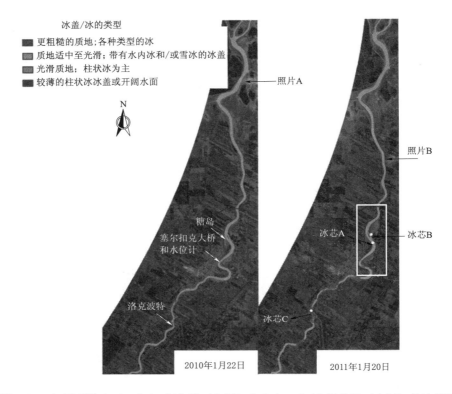

图 3.24　红河下游 2009—2010 年冬季（左图）和 2010—2011 年冬季（右图）的冰情图
（图中方框对应图 3.32 中的缩放图像；照片 A 和照片 B 参见图 3.28；
冰芯 A 和冰芯 B 如图 3.34 所示，冰芯 C 如图 3.35 所示）
［资料来源：Lindenschmidt et al.，2011；RADARSAT－2 数据和产品版权由 MDA 地理空间
服务公司（2019 年）所有并保留所有权利；RADARSAT 是加拿大航天局的官方商标］

　　2009 年至 2010 年的冬季末，由于月中平均气温维持在 0℃ 以上超过一周，积雪在 2010 年 3 月中旬已经融化［图 3.26（a）］。尽管河流中的流量相对较低，如 2010 年 3 月开河前塞尔扣克水位计记录的较低水面高程所示（图 3.27），但开河相对较早，到 2010 年 3 月底，塞尔扣克河段的冰已经清除。由于暴露在太阳辐射下，长河段连续的黑色冰盖变弱，造成了开河较早。图 3.24 标识和图 3.28 所示的“照片 A”位置确实发生了冰塞，那里可能有一个潜在的较强冰段阻碍了冰的流动，导致冰塞。2010—2011 年冬季，大部分冰盖被切割和/或人为破坏，这将改变冰的破裂和堵塞特性。由于这个冬季末较冷，积雪较深且持续时间较长［图 3.26（b）］，因此开河被推迟到 2011 年 4 月 9 日（塞尔扣克记录），即使进入开河期时流量较高（图 3.27 中塞尔扣克水位计记录的 2011 年 3 月上半月较高的水面高程表明了这一点）。如果在开河期之前没有进行人为破坏，破裂和堵塞可

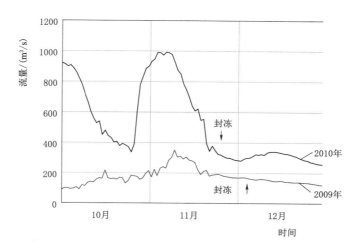

图 3.25　2009—2010 年和 2010—2011 年冬季之前红河下游塞尔扣克水位计
（位置如图 3.24 所示）记录的流量（2009 年 12 月 3 日和 2010 年
11 月 24 日，每个冬季的第一次标志"B"记录表明封冻；
有关标志"B"的说明请参见方框 3.1）

能会更严重。然而，图 3.24 中"照片 B"所示的粗糙冰段上游附近确实发生了一些堵塞；
照片如图 3.28 的右幅所示。

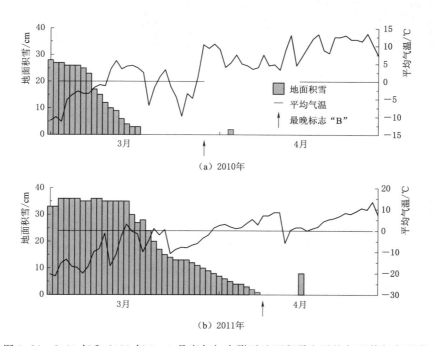

图 3.26　2010 年和 2011 年 3—4 月塞尔扣克附近地面积雪和平均气温等气象要素

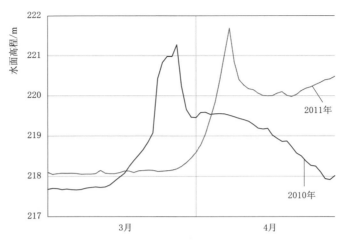

图 3.27 2010 年和 2011 年 3—4 月塞尔扣克水位计记录的流量

图 3.28 图 3.24 中标明"照片 A"(左图)和"照片 B"(右图)位置的冰塞
(本书作者 摄)

3.5 冰芯与结晶学

如图 3.4 所示,监测冰盖上的部分钻孔,仅提供了沿冰盖垂直方向的冰类型的初步评估和粗略分类。为了获得封冻和冰增厚过程的完整记录,通常需要对分类进行细化。例如,如图 3.4 所示,在一个大致以"热力"为特征的冰层内,很难区分屑冰和柱状冰。此外,屑冰层可能存在于雪冰层内,但由于该冰层不透明,所以不明显。因此,提取冰芯并在晶体级别上区分不同的冰类型,对于构建导致冰盖形成的事件发生顺序非常实用。

可使用取芯筒进行取芯,如图 3.29 所示。发动机通过联轴器安装在取芯筒上,以协助钻孔。如果发动机出现故障,则提供手摇曲柄(图中未显示)进行钻孔,尽管这需要更多的人工操作。沿取芯筒底部边缘的刀片(图 3.30 的右图)在冰芯周围的冰中切割出一个凹槽。在钻孔过程中,翻门被压在取芯筒内壁上。一旦筒体完全钻穿冰盖,翻门就会弹出,抓住冰芯底部,以防止在筒体从水和冰盖中提起时,冰芯滑出筒体。取芯筒顶部的联轴器可以打开（图 3.30 的左图），以便从筒顶部取出冰芯（图 3.31）。筒体上下倾斜，以便让冰芯滑出。冰芯被放置在一处黑色的表面上，比如一个黑色的塑料袋，与白色的冰雪背景形成对比。在温暖的天气里，冰变软，冰芯可能分裂为若干段，如图 3.31 所示。

（a）来自加拿大自然资源部的 Hugo Drouin 正在准备　　　　　（b）将取芯筒钻入冰中
钻孔用的取芯筒 （照片经许可使用）

图 3.29　用于从冰盖中提取冰芯的取芯筒

图 3.30　可以打开取芯筒（左图）的联轴器（右图），从取芯筒顶部取出冰芯

　　图 3.32 显示了糖岛附近红河下游的封冻过程，其位置在图 3.24 中作为插图以更大的比例显示。关于利用雷达卫星图像建立此类合成图像的更多细节将在第 5 章中提供。就目前的讨论而言，可以说，沿河最暗的部分对应于开阔水域，黑暗部分表示黑冰，明亮和白色部分表示粗糙的冰面。2010 年 11 月 21 日（图 3.32 的左图），大部分河段仍为开阔水域，有一些水内冰略带粉红色，在图片顶部的 PTH4 号桥处输送和堆积。糖岛处的主流

图 3.31 从取芯筒中取出冰芯（取芯筒稍微上下倾斜，以便于取下冰芯）

（照片来自萨斯喀彻温大学的 eMap，经许可使用）

沿着河的西支，因为它比东支有更多的冰凌；东支中的静止水流较多，使得该段形成岸冰；图 3.33 证实了这一点。

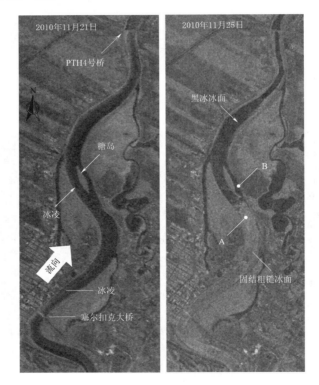

图 3.32 显示红河下游糖岛处封冻过程的 RGB 合成图像

［其位置在图 3.24 中作为插图以更大的比例显示；冰芯是从位置 A
（固结冰盖）和位置 B（热力冰盖）提取的；RADARSAT‒2 数据和
产品版权由 MDA 地理空间服务公司（2019 年）所有并保留
所有权利；RADARSAT 是加拿大航天局的官方商标］

2010 年 11 月 24 日，塞尔扣克大桥处的水位计在水文记录中记录了冰对水位影响的第一个标志（关于标志"B"的解释参见方框 3.1）；因此，到 2010 年 11 月 25 日，该河

图 3.33 糖岛左支（西支）的粗糙冰和右支（东支）的黑冰

段将被冰覆盖（图 3.32 的右图）。糖岛南端上游经过 PTH4 号大桥之间的冰由黑冰组成，而沿上游方向的南段形成了一个固结粗糙冰盖。这些冰盖特征在整个冬季都保持不变，2011 年 1 月在糖岛附近提取了两个冰芯，一个是来自位置 A 的粗糙冰盖，另一个是来自位置 B 的黑色冰盖。

方框 3.1　标志"B"表示受冰影响的水位记录

　　每日流量读数随附的标志"B"（见下方 2013 年阿萨巴斯卡水位计每日流量表）提供了重要信息。如果流量受水位计处或下游河面结冰造成的壅水效应的影响，则在流量记录旁边标记"B"（代表壅水）。冬季带有第一个标志"B"的流量标志着河流开始结冰；冬季结束时带有最后一个标志"B"的流量表示开河期结束。

日 ▲▼	1月 ▲▼	2月 ▲▼	3月 ▲▼	4月 ▲▼	5月 ▲▼	6月 ▲▼	7月 ▲▼	8月 ▲▼	9月 ▲▼	10月 ▲▼	11月 ▲▼	12月 ▲▼
1	192B	157B	158B	151B	523B	1760	2020	1320	707	472	354B	216B
2	190B	158B	157B	152B	666B	1720	1860	1330	715	475	350B	215B
3	189B	159B	157B	151B	859B	1680	1720	1280	731	473	330B	212B
4	187B	159B	156B	150B	1100B	1690	1620	1180	729	467	305B	213B
5	186B	157B	155B	149B	1380B	1750	1570	1100	725	466	285B	206B
6	184B	156B	154B	149B	1730B	1790	1540	1040	729	461	254B	204B
7	183B	154B	154B	150B	2150	1770	1540	995	700	459	249B	211B
8	181B	152B	153B	151B	2400	1890	1830	969	667	465	271B	199B
9	180B	150B	153B	153B	2550	1980	1640	957	649	460	299B	181B
⋮												

最后一个标志"B"代表冰期结束　　　　　第一个标志"B"代表冰期开始

　　冰芯及冰芯顶部截面的晶体结构如图 3.34 所示。岸冰冰层由 c 轴水平定向的长晶体组成，在冰芯 B（下图）的晶体中很明显。在岸冰冰层下侧沉积部分水内冰之前，这一层将会首先形成。水内冰的沉积是短暂的，冰的热力生长使冰盖向下增厚，形成晶体主轴垂直取向的柱状冰。雪冰覆盖在冰盖上，从冰芯顶层朝向多个方向的小晶体可以明显看出这一点。

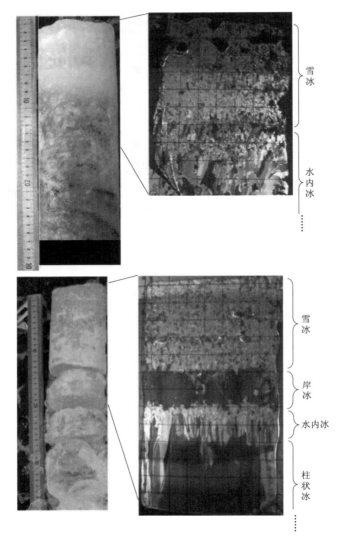

图 3.34 冰芯 A（上图）和冰芯 B（下图）及其相应的晶体结构

除雪冰冰盖外，冰芯 A（图 3.34 的上图）大部分由水内冰组成。许多沉积物，无论是来自河床还是水体内，都与水内冰一起输送，沉积在冰盖上，并聚集在冰花团中。冰芯 C 如图 3.35 所示，其提取位置在图 3.24 中标示，主要由带有雪冰冰盖的冰冻水内冰冰晶组成。不过，底部 20cm 处由松软的冰花团组成，该部分原本是洛克波特堰上游产生的水内冰，向下游输送约 3km，沉积在冰盖底部。如果使用图 3.3 中所示的标尺测量冰厚，则可能会忽略冰花团的存在。这突出了取芯筒的实用性，可以采集整个冰体中的所有冰，无论它是固体还是冰花。

图 3.35 的右图显示了一个从奴河河冰中提取的冰芯，其中一部分被水淹没，水是通过破裂的冰盖渗透到表面上的，如图 3.7 所示。冰芯两侧部分融化，使冰芯表面平滑，使浸没层更加明显。Lindenschmidt 等（2018）对冰芯及其分析进行了更详细的描述。

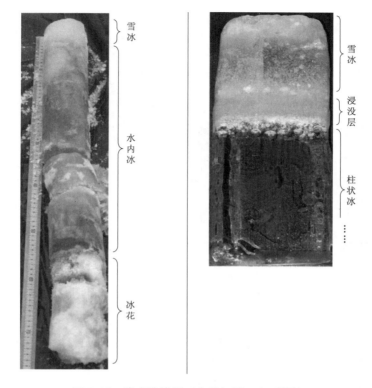

图 3.35　洛克波特堰（位置如图 3.24 所示）
［下方红河下游段的冰芯 C（左图）和奴河的冰芯（右图）］

3.6　电子表格练习：累计冰冻度日

在本练习中，将提出一种简单的方法来跟踪冬季监测河流的冻结程度，并将冻结程度置于前一个冬季的冻结温度历史背景下。实质上，日平均气温低于冰点的摄氏度数在冬季期间累计叠加，直到冬季结束，日平均气温始终保持在冰点以上时，才能达到最大的累计冰冻度日（CDDF）。图 3.36 的示例显示了 1971—2013 年冬季所有的 CDDF。红线表示在 2014—2015 年冬季期间对 CDDF 的跟踪情况。

通常使用两种方法来计算 CDDF。在第一种方法中，只有低于冰点（<0℃）的平均气温被累积加入 CDDF；如果某一天（i）的平均气温高于冰点，则 CDDF 与前一天（$i-1$）保持不变。其算法可表述如下：

$$\text{如果 } \mathrm{MeanAirTemp}_i < 0℃$$
$$\text{那么　} \mathrm{CDDF}_i = \mathrm{CDDF}_{i-1} - \mathrm{MeanAirTemp}_i$$
$$\text{否则　} \mathrm{CDDF}_i = \mathrm{CDDF}_{i-1}$$

上述公式中，$\mathrm{MeanAirTemp}_i$ 是某一天（i）的平均气温，"$i-1$"代表前一天。

另一种方法是，如果平均气温断断续续地高于冰点，则从 CDDF 中减去 0℃ 以上的摄氏度数。那么该算法不包含条件，可表示如下：

47

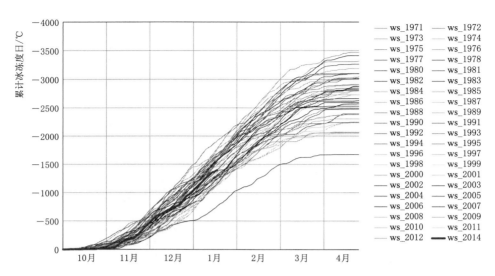

图 3.36 利用西北地区史密斯堡记录的日平均气温
（数据来自加拿大环境和气候变化部）计算的累计冰冻度日
（图例中的"ws"代表每个冬季的开始年份）

$$\text{CDDF}_i = \text{CDDF}_{i-1} - \text{MeanAirTemp}_i$$

作者更喜欢使用第一种方法，因为 CDDF 的计算对起始日期不太敏感。

从本书网页文件夹的"第三章"文件夹中下载练习文件（链接见 1.5 小节），开始这个练习。在 Microsoft®Excel®中打开文件"平均气温_数据.xlsx"。"数据"工作表中包含 1971—2016 年的逐日平均气温（数据来自加拿大环境和气候变化部）。请注意，日期也分为年、月和日列。在本例中，CDDF 将在 F 列中计算；因此，在单元格 F1 中键入标题"CDDF"。CDDF 计算将于每年 10 月 1 日开始。向下滚动至 1971 年 10 月 1 日，并在单元格 F124 中输入 0。将光标放在下方单元格 F125 中，从"公式"主菜单中，选择"逻辑"函数下的"IF"函数，打开"IF"窗口。填写如图 3.37 所示的文本框，并按 OK 键（也可以在文本框中插入单元格引用，先将光标定位在文本框中，然后点击要引用的单元格，如 E125，而不是直接输入）。公式"＝IF（E125＜0，F124－E125，F124）"应出现在单元格 F125 中，结果值为 0。

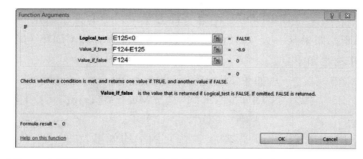

图 3.37 Microsoft®Excel®IF 窗口（包含单元格引用和公式，用于计算累计冰冻度日）

将单元格 F125 中插入的公式重复到此列中的所有下方单元格，方法包括：①在选中 F125 时双击光标框的右下角（仅限 MS Windows；见图 3.38）；②选择 F 列中从单元格 F125 到单元格 F16060（最后一行有数据）的所有单元格，并在"开始"菜单选项下选择"填充"→"向下"（选择"Ctrl＋D"作为快捷键）。

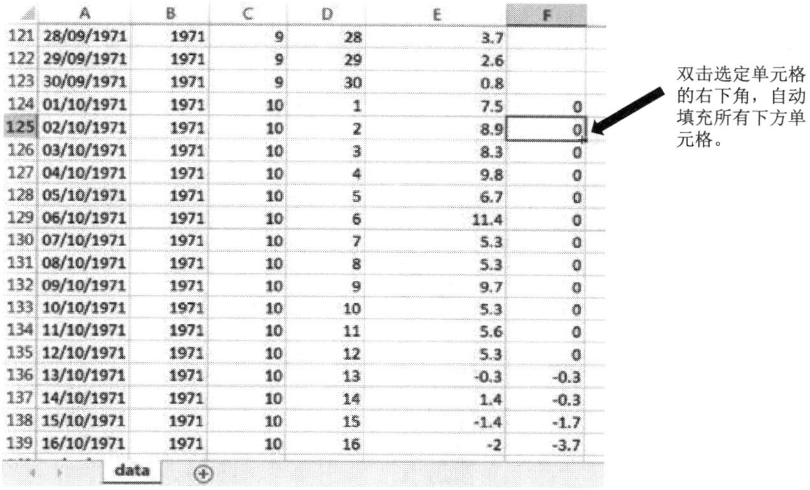

	A	B	C	D	E	F
121	28/09/1971	1971	9	28	3.7	
122	29/09/1971	1971	9	29	2.6	
123	30/09/1971	1971	9	30	0.8	
124	01/10/1971	1971	10	1	7.5	0
125	02/10/1971	1971	10	2	8.9	0
126	03/10/1971	1971	10	3	8.3	0
127	04/10/1971	1971	10	4	9.8	0
128	05/10/1971	1971	10	5	6.7	0
129	06/10/1971	1971	10	6	11.4	0
130	07/10/1971	1971	10	7	5.3	0
131	08/10/1971	1971	10	8	5.3	0
132	09/10/1971	1971	10	9	9.7	0
133	10/10/1971	1971	10	10	5.3	0
134	11/10/1971	1971	10	11	5.6	0
135	12/10/1971	1971	10	12	5.3	0
136	13/10/1971	1971	10	13	-0.3	-0.3
137	14/10/1971	1971	10	14	1.4	-0.3
138	15/10/1971	1971	10	15	-1.4	-1.7
139	16/10/1971	1971	10	16	-2	-3.7

双击选定单元格的右下角，自动填充所有下方单元格。

图 3.38　通过双击选定单元格的右下角，以相同的内容和公式自动填充下方单元格

向下滚动至 1972 年 10 月 1 日，注意单元格 F490 需要重置为"0"，以便在下一个冬期重新开始 CDDF 计算。不仅是这个单元格，所有 10 月 1 日的 CDDF 单元格都需要在时间序列中重置为"0"。通过点击表格左上角（位于 A 列左侧，第 1 行正上方），选择整个表格，如图 3.39 所示。

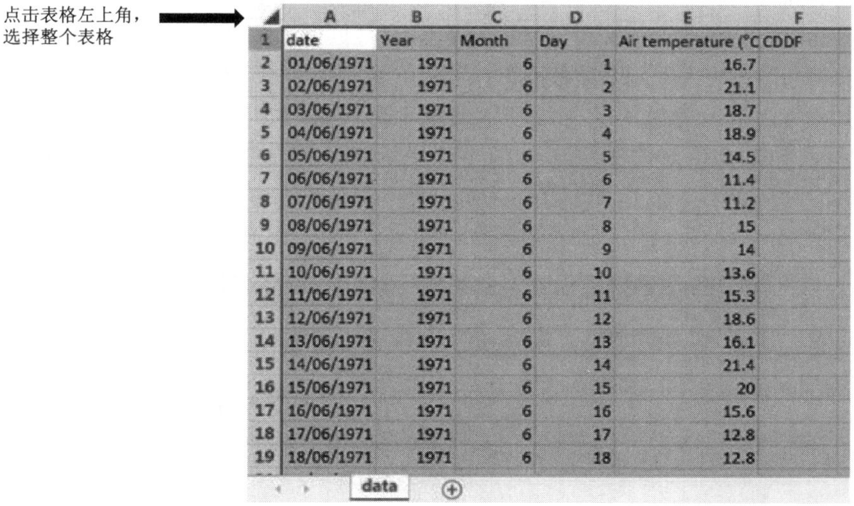

点击表格左上角，选择整个表格

	A	B	C	D	E	F
1	date	Year	Month	Day	Air temperature (°C	CDDF
2	01/06/1971	1971	6	1	16.7	
3	02/06/1971	1971	6	2	21.1	
4	03/06/1971	1971	6	3	18.7	
5	04/06/1971	1971	6	4	18.9	
6	05/06/1971	1971	6	5	14.5	
7	06/06/1971	1971	6	6	11.4	
8	07/06/1971	1971	6	7	11.2	
9	08/06/1971	1971	6	8	15	
10	09/06/1971	1971	6	9	14	
11	10/06/1971	1971	6	10	13.6	
12	11/06/1971	1971	6	11	15.3	
13	12/06/1971	1971	6	12	18.6	
14	13/06/1971	1971	6	13	16.1	
15	14/06/1971	1971	6	14	21.4	
16	15/06/1971	1971	6	15	20	
17	16/06/1971	1971	6	16	15.6	
18	17/06/1971	1971	6	17	12.8	
19	18/06/1971	1971	6	18	12.8	

图 3.39　通过点击表格左上角选择整个表格

选择"开始"菜单功能区下的"排序和筛选"→"筛选"，然后在"月"和"日"标题旁的过滤器下拉箭头中分别选择"月 10"和"日 1"，就只显示所有年份中每年 10 月的

第一天, 如图 3.40 所示。该图包括选择过滤器时出现的弹出窗口。要只选择第 10 个月, 首先取消选中"(全选)"复选框, 然后切换到"10"复选框。同样, 在选择"日"过滤器时出现的弹出窗口中, 关闭"(全选)"复选框, 然后选中"1"复选框。现在, 在 F 列中对应于 10 月 1 日的所有 CDDF 单元格中插入"0"。10 月 1 日对应的 CDDF 单元格都设置为"0"后, 再次选择"开始"菜单功能区下的"排序和筛选"→"筛选", 以移除筛选。现在应删除第 2~123 行, 因为 1971 年 6~9 月的值不影响 CDDF 的计算。

图 3.40 使用过滤器选项将所有 10 月 1 日对应的 CDDF 值重置为"0", 以进行快速访问和编辑

必须为 x 轴标签确定一个共同的冬期, 从一年的 10 月 1 日到次年的 4 月 30 日, 如图 3.36 所示。可以选择 1903—1904 年的冬季作为共同冬期, 因为 1904 年是闰年, 可以将所有 2 月 29 日的值纳入 CDDF 的计算中。在单元格 G1 中, 键入"标签"作为 G 列的标题。在单元格 G2 中, 通过从"公式"主菜单中再次选择"逻辑"→"IF", 建立 IF 公式。参考图 3.41, 如果月份对应于日历年的下半年, 即 7—12 月 (月份＞6), 则日期设定为 1903 年的同一天和同一个月。否则, 日期设定为 1904 年的同月同日。按确定关闭"IF"窗口。

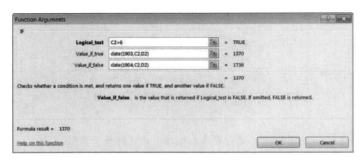

图 3.41 IF 语句将所有下半年日期设置为 1903 年, 将所有其他日期设置为 1900 年, 以便所有 CDDF 的计算都有一个共同的冬期, 即 1903—1904 年

如果单元格 G2 中的结果值为整数，如 1370，则首先选择 G 列，将单元格格式转换为日期格式。接下来，在"开始"菜单功能区中选择"格式"下拉菜单，如图 3.42 所示，然后选择"短日期"格式。

图 3.42　设置日期格式

使用上面说明过的填充步骤，用相同的公式填充所有下方值。工作表如图 3.43 所示。

	A	B	C	D	E	F	G
1	date	Year	Month	Day	Air temperature (°C)	CDDF	label
2	10/1/1971	1971	10	1	7.5	0	10/1/1903
3	10/2/1971	1971	10	2	8.9	0	10/2/1903
4	10/3/1971	1971	10	3	8.3	0	10/3/1903
5	10/4/1971	1971	10	4	9.8	0	10/4/1903
6	10/5/1971	1971	10	5	6.7	0	10/5/1903
7	10/6/1971	1971	10	6	11.4	0	10/6/1903
8	10/7/1971	1971	10	7	5.3	0	10/7/1903
9	10/8/1971	1971	10	8	5.3	0	10/8/1903
10	10/9/1971	1971	10	9	9.7	0	10/9/1903
11	10/10/1971	1971	10	10	5.3	0	10/10/1903
12	10/11/1971	1971	10	11	5.6	0	10/11/1903
13	10/12/1971	1971	10	12	5.3	0	10/12/1903
14	10/13/1971	1971	10	13	-0.3	0.3	10/13/1903
15	10/14/1971	1971	10	14	1.4	0.3	10/14/1903
16	10/15/1971	1971	10	15	-1.4	1.7	10/15/1903
17	10/16/1971	1971	10	16	-2	3.7	10/16/1903
18	10/17/1971	1971	10	17	1.7	3.7	10/17/1903
19	10/18/1971	1971	10	18	4.7	3.7	10/18/1903
20	10/19/1971	1971	10	19	3.1	3.7	10/19/1903
21	10/20/1971	1971	10	20	-0.9	4.6	10/20/1903
22	10/21/1971	1971	10	21	0.6	4.6	10/21/1903
23	10/22/1971	1971	10	22	2.3	4.6	10/22/1903
24	10/23/1971	1971	10	23	2.2	4.6	10/23/1903
25	10/24/1971	1971	10	24	0.6	4.6	10/24/1903
26	10/25/1971	1971	10	25	-1.7	6.3	10/25/1903
27	10/26/1971	1971	10	26	-4.4	10.7	10/26/1903
28	10/27/1971	1971	10	27	-10.6	21.3	10/27/1903
29	10/28/1971	1971	10	28	-14.2	35.5	10/28/1903

图 3.43　创建数据透视表之前 CDDF 数据的最终准备

选择所有列 A～G 后，从"插入"菜单功能区中选择"数据透视表"。在"创建数据透视表"弹出窗口中单击"确定"，在新工作表中创建一个数据透视表模板。在右侧的数据透视表字段中，将"月"字段拖放到"筛选"窗口中，"标签"字段拖放到"行"窗口中，"年"字段拖放到"列"窗口中，"CDDF"字段拖放到"值"窗口中，如图 3.44 所示。"行"窗口可能会附带"季度"和"年份"字段，特别是在使用 Excel®365 时。由于它们不是必需的，因此应通过单击每个字段并从弹出菜单中选择"删除字段"将它们从窗口中删除。此外，A 列可以按月份分组，尤其是在较新版本的 Microsoft®Excel® 中。要解决此问题，请单击 A 列中的一个月，通过点击"分析"→"解组"，取消这个字段的分组。这样就可以将列拆分为所需的完整日期。

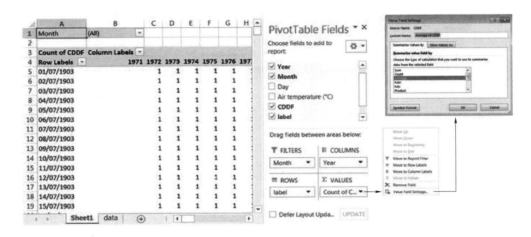

图 3.44 数据透视表所需结果的设置

在右侧"数据透视表字段"窗格的"值"窗口中，当使用 Excel 2013 或 Excel 2016 时，下拉"CDDF 计数"菜单，或当使用 Excel 365 时下拉"CDDF 总和"菜单，然后选择"值字段设置……"菜单选项选择"平均值"，其步骤如图 3.44 所示。按"确定"关闭"值字段设置……"窗口。

在数据透视表的左上角（参见图 3.45），在单元格 B1 中，下拉菜单可切换到"选择

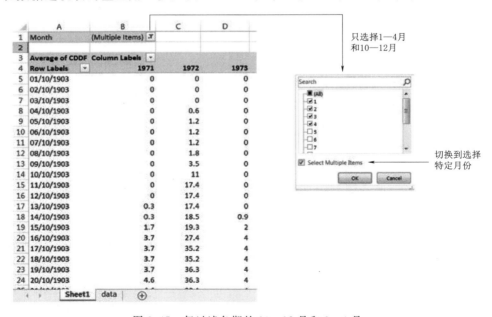

图 3.45 仅过滤冬期的 10—12 月和 1—4 月

多个项目”，仅选择 1—4 月、10—12 月，对应于 CDDF 计算的冬季月份。将工作表重命名为“数据透视表”。

为编辑数据透视表中的字段，复制第 4～217 行，并将光标定位在新工作表的单元格 A1 中，从“开始”菜单功能区中选择“粘贴”→“值和数字格式”，仅将值和数字格式粘贴到新工作表中。将新工作表重命名为“图表”。选中并删除单元格 B94～B214，并使右侧单元格左移。选中单元格 B94～B214，通过从“开始”菜单功能区中选择“删除”→“删除单元格……”，并在弹出的菜单中选择“右侧单元格左移”→“确定”来删除它们。现在，对每一个冬季来说，从上一年延续到下一年的冬期是连续的系列，尽管从 12 月至次年 1 月的年份有所变化。选中整列，并从“开始”菜单功能区中点击“删除”→“删除工作表列”，删除最后两列，即“2016”（AU 列）和“总计”（AV 列）。在年份标题前加上“ws_”，以表示每个冬期的“冬季开始”年份（这也将标题从数字格式转换为文本格式，从而更容易在 Microsoft®Excel®中绘制图形）。这可以通过更改单元格 B1 中的标题名称为“ws_1971”，并将选择框的右下角拖动到右边，在所有其他标题中填充相同的单元格格式的方式一次完成。年份应该在“ws_”前缀后自动递增。ws_1979 系列的值缺失，因此可以删除该列，即第 J 列。为便于绘图，选中 B 列并点击“开始”菜单功能区中的“插入”图标，在 B 列中插入新列。按下“Ctrl”键，只选择有数据的列（A 列和 C 列至 AT 列），如图 3.46 所示。在“插入”菜单功能区中，点击“散点图”图标，然后点击“带直线的散点图”图标，生成一个散点图。

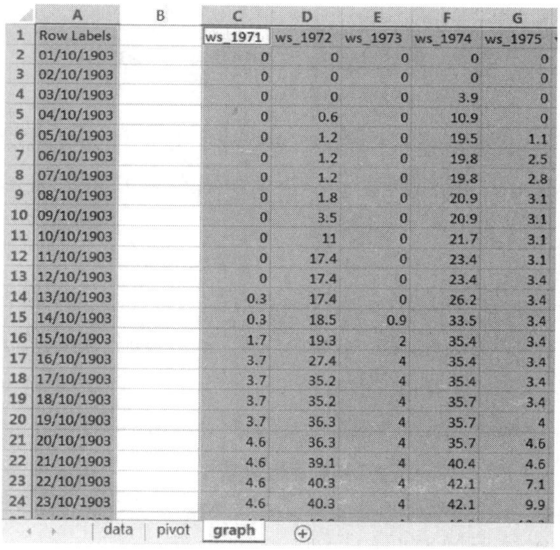

	A	B	C	D	E	F	G
1	Row Labels		ws_1971	ws_1972	ws_1973	ws_1974	ws_1975
2	01/10/1903		0	0	0	0	0
3	02/10/1903		0	0	0	0	0
4	03/10/1903		0	0	0	3.9	0
5	04/10/1903		0	0.6	0	10.9	0
6	05/10/1903		0	1.2	0	19.5	1.1
7	06/10/1903		0	1.2	0	19.8	2.5
8	07/10/1903		0	1.2	0	19.8	2.8
9	08/10/1903		0	1.8	0	20.9	3.1
10	09/10/1903		0	3.5	0	20.9	3.1
11	10/10/1903		0	11	0	21.7	3.1
12	11/10/1903		0	17.4	0	23.4	3.1
13	12/10/1903		0	17.4	0	23.4	3.4
14	13/10/1903		0.3	17.4	0	26.2	3.4
15	14/10/1903		0.3	18.5	0.9	33.5	3.4
16	15/10/1903		1.7	19.3	2	35.4	3.4
17	16/10/1903		3.7	27.4	4	35.4	3.4
18	17/10/1903		3.7	35.2	4	35.4	3.4
19	18/10/1903		3.7	35.2	4	35.7	3.4
20	19/10/1903		3.7	36.3	4	35.7	4
21	20/10/1903		4.6	36.3	4	35.7	4.6
22	21/10/1903		4.6	39.1	4	40.4	4.6
23	22/10/1903		4.6	40.3	4	42.1	7.1
24	23/10/1903		4.6	40.3	4	42.1	9.9

data | pivot | graph

图 3.46 选择有数据的列以便绘制图形

生成的 CDDF 图需要进行一些调整。首先，拉伸图形窗口的角，将其扩展到最大程度。右键单击 x 轴的刻度标签，从弹出菜单中选择“坐标轴格式”。在出现的右侧窗格“坐标轴格式”的“坐标轴选项”下（图 3.47），在“最小”文本框中插入“1370”（整数值对应于 1903 年 10 月 1 日），在“最大”文本框中插入“1582”（整数值对应于 1904 年 4 月 30 日）。在“主要”文本框中插入“31”（并非所有月份都是 31 天；因此，每个月不一定正好从该月的第一天开始）。在此窗格中向下滚动并打开“数字”部分。在“格式代码”文本框中插入“＜20 空格＞mmm”，然后单击“添加”。只有将月份缩写右移到相应区域的月份才会出现，如图 3.47 所示。读者可以对图表进行额外的调整，直到其如图 3.36 所示。答案参见 Excel®文件“平均气温_答案 .xlsx”。

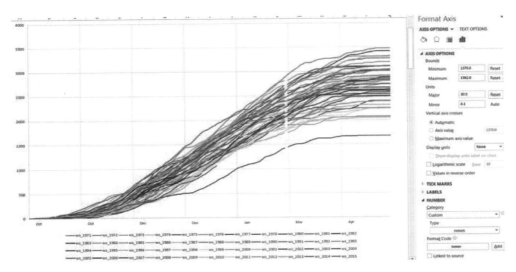

图 3.47 使用"坐标轴格式"窗格对 x 轴进行调整的 CDDF 图

3.7 电子表格练习：斯特凡方程

本练习是前一练习的延续，将 CDDF 计算与冰盖厚度联系起来。参考图 3.48，通过冰盖的传导热通量 q_{flux}（无积雪覆盖）可以表示为（Ashton，1986）

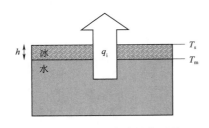

图 3.48 通过冰盖的热通量

$$q_{\text{flux}} = \frac{k_i}{h}(T_m - T_s) \quad (3.1)$$

式中：k_i 是冰的热导率；h 是冰盖厚度；T_m 是水-冰界面处的温度；T_s 是冰的表面温度。

形成冰的热量损失 q_{loss} 为（Ashton，1986）

$$q_{\text{loss}} = \rho_i \lambda \frac{\mathrm{d}h}{\mathrm{d}t} \quad (3.2)$$

式中：ρ_i 为冰的密度；λ 为熔化热；t 为时间；$\mathrm{d}h/\mathrm{d}t$ 表示冰厚随时间的增加。

假设平衡条件为 $q_{\text{flux}} = q_{\text{loss}}$，则两个方程的右侧相等，经重新排列得到下式：

$$h = \sqrt{\frac{2k_i}{\rho_i \lambda}} \times \sqrt{\int_0^t (T_m - T_s)\mathrm{d}t} \quad (3.3)$$

假设 $T_m = 0$，T_s 为气温，逐日递增，积分项等于累计冰冻度日 CDDF：

$$\text{CDDF} = \int_0^t (T_m - T_s)\mathrm{d}t \quad (3.4)$$

将常数 α 赋值为

$$\alpha = \sqrt{\frac{2k_i}{\rho_i \lambda}} \quad (3.5)$$

将冰厚方程简化为斯特凡方程：

$$h = \alpha\sqrt{\text{CDDF}} \qquad\qquad (3.6)$$

该方程提供了一种简便的方法，可以通过跟踪冬季气温的 CDDF 来预报冰厚。常数 α需要用整个冬季或几个冬季的冰厚测量值来校准，因此，CDDF 和冰厚值存在很大的变化。在本 Microsoft®Excel®练习中将逐步展示这样的示例。

打开 Microsoft®Excel®文件"冰厚_数据.xlsx"，其中包含沿河流横断面测量冰孔的平均冰厚（数据由加拿大环境和气候变化部提供）。同时打开上一练习中的第二个 Microsoft®Excel®文件"平均气温_答案.xlsx"，查看"数据"表，其中包含根据最近气象站的日平均气温计算的 CDDF 数据。在第一个文件"冰厚_数据.xlsx"中，在 D 列顶部单元格中插入标题"CDDF"；第二个文件"平均气温_答案.xlsx"中的 CDDF 将与第一个文件 A 列中的日期相关联；将光标插入第一个文件"冰厚_数据.xlsx"的单元格 D2中，打开"查找"函数（菜单项：公式→查找与引用→查找），在弹出的菜单中选择"查找值、查找向量、结果向量"→"确定"；首先将光标置于"查找值"文本字段中，选择单元格 A2；将光标放在"查找向量"文本字段中，并切换到第二个文件"平均气温_答案.xlsx"中的"数据"工作表；选择此工作表中的 A 列。现在，对应于冰厚的日期将与相同日期的 CDDF 值相关联。对于 CDDF 值，使用同样的方法，将光标放在"函数参数"窗口的"结果向量"文本字段中，切换到"平均气温_答案.xlsx"Excel®文件中的"数据"工作表，然后选择 F 列。"查找"窗口应具有如图 3.49 所示的参数。在"函数参数"窗口中单击"确定"。

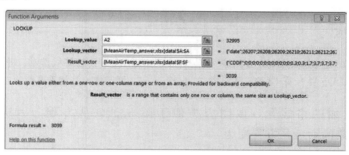

图 3.49 "查找"函数的函数参数

单元格 D2 现在应具有 CDDF 值 3039，该值对应于"平均气温_答案.xlsx"文件中"数据"工作表单元格 F6546 中同一日期的相同 CDDF 值。在文件"冰厚_数据.xlsx"中，使用"冰厚"文件中的相同查找公式将所有其他 D 列单元格填充至单元格 D78，以检索所有其他相关的 CDDF 值。在单元格 E2 中，使用公式"＝sqrt（D2）"计算单元格 D2 中 CDDF 的平方根，并使用相同公式填充其他 E 列单元格至单元格 E78。结果如图3.50 所示。

复制 C 列并将其粘贴到 F 列中，将 E 列与 x 轴关联、F 列与 y 轴关联，以便绘制图形。选中 E 列和 F 列后，选择散点图（菜单项：插入→散点图→散点图）。右键单击其中一个散点，从弹出菜单中点击"添加趋势线"。默认情况下，应显示线性回归。在右侧图中，通过切换"设置截距""在图表上显示公式"和"在图表上显示 R 平方值"3 个框来细化趋势线，如图 3.51 所示。趋势线的方程和相应的相关系数值应出现在图表上。趋势线的斜率对应于式（3.6）中的 α。结果存储在答案文件 Excel® “冰厚_答案.xlsx” 中。

	A	B	C	D	E
1	date	Q (cms)	h (m)	CDDF	sqrt(CDDF)
2	02-May-90	3650	0.84	3039	55.13
3	16-Nov-90	2070	0.21	296.8	17.23
4	23-Nov-90	2250	0.28	430.9	20.76
5	29-Nov-90	2110	0.41	603.3	24.56
6	15-Jan-91	2680	0.74	1831.9	42.80
7	25-Jan-91	2320	0.77	2031	45.07
8	27-Feb-91	1770	0.93	2630.9	51.29
9	22-Apr-91	2620	1.06	3094	55.62
10	02-May-91	3650	0.84	3103	55.70
11	18-Nov-91	2300	0.37	420.2	20.50
12	21-Nov-91	2460	0.46	462.3	21.50
13	25-Nov-91	2580	0.45	512.2	22.63
14	09-Jan-92	2980	0.85	1352.5	36.78
15	24-Apr-92	3740	1	2806.35	52.97
16	30-Apr-92	4360	0.83	2806.35	52.97
17	27-Jan-94	2330	0.69	1748.2	41.81
18	10-Mar-94	2420	0.86	2711.8	52.07
19	27-Apr-94	3910	0.89	2910.6	53.95
20	29-Apr-94	4550	0.87	2910.6	53.95
21	27-Jan-95	2460	0.81	1345.7	36.68
22	21-Apr-95	1790	0.97	2484.1	49.84

data

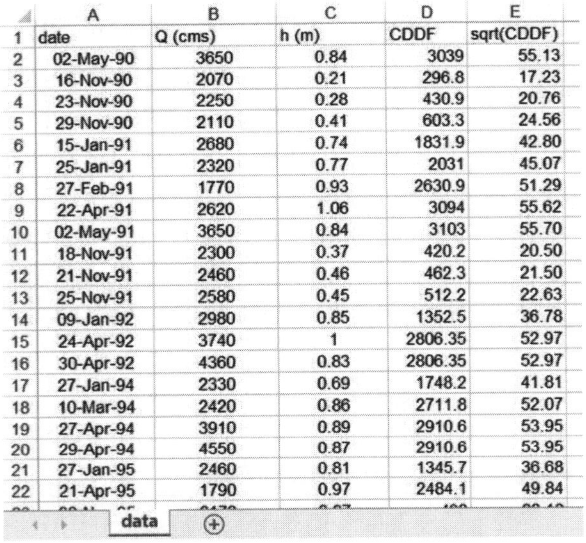

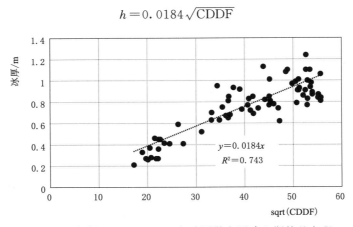

图 3.50 在 Microsoft®Excel®文件 “冰厚_数据.xlsx” 中查找 CDDF 并计算 CDDF 平方根

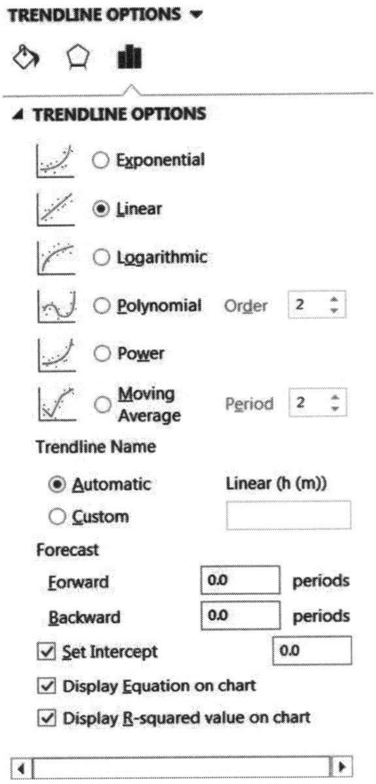

图 3.51 趋势线选项，显示截距为 0 的线性回归线，其相关系数和方程如图 3.52 所示

通过一些附加的格式化，该图应类似于图 3.52。从方程 $y=0.0184x$，α 等于 0.0184，该数据集的斯特凡方程变为

$$h=0.0184\sqrt{\mathrm{CDDF}} \tag{3.7}$$

图 3.52 根据 sqrt（CDDF）与冰厚散点图建立斯特凡方程

值得注意的是，冰厚值的分散度对应于较高的 CDDF 平方根。这是由于在冰厚测量期间每一年积雪的变化。随着冬季接近尾声，积雪深度的变化趋于更大；因此，冰厚预报的变异性也增加了。对于未来几年，可以通过简单地跟踪 CDDF 值并将其代入斯特凡方程来估计冰的厚度。

本章参考文献

Ashton，G. D.（1986）. *River and lake ice engineering*. Water Resources Publications，LLC. Highlands Ranch，Colorado，USA. ISBN 0 - 918334 - 59 - 4.

Beltaos，S.（2008）. *River ice breakup*. Water Resources Publications，LLC. Highlands Ranch，Colorado，USA. ISBN 978 - 1 - 887201 - 50 - 6.

Chu，T.，Das，A.，& Lindenschmidt，K. - E.（2015）. Monitoring the variation in ice - cover character - istics of the Slave River，Canada using RADARSAT - 2 data. *Remote Sensing*，7，13664 - 13691. https：//doi. org/10. 3390/rs71013664.

Das，A.，Sagin，J.，van der Sanden，J.，Evans，E.，McKay，H.，& Lindenschmidt，K. - E.（2015）. Monitoring the freeze - up and ice cover progression of the Slave River. *Canadian Journal of Civil Engineering*，42（9），609 - 621. https：//doi. org/10. 1139/cjce - 2014 - 0286.

Lindenschmidt，K. - E.（2014）. *Winter flow testing of the Upper Qu' Appelle River*. Saarbrucken：Lambert Academic Publishing. ISBN 978 - 3 - 659 - 53427 - 0.

Lindenschmidt，K. - E.，& Davies，J. - M.（2013，July 21 - 24）. *Winter flow testing of the Upper Qu' Appelle River*. 17th CRIPE workshop on the Hydraulics of Ice Covered Rivers，Edmonton，pp. 312 - 328. http：//cripe. ca/docs/proceedings/17/Lindenschmidt - Davies - 2013. pdf

Lindenschmidt，K. - E.，& Li，Z.（2018）. Monitoring river ice cover progression at a large spatial scale using the Freeman - Durden decomposition of quad - pol Radarsat - 2 images. *Journal of Applied Remote Sensing*，12（2），026014. https：//doi. org/10. 1117/1. JRS. 12. 026014.

Lindenschmidt，K. - E.，van der Sanden，J.，Demski，A.，Drouin，H.，& Geldsetzer，T.（2011，September）. *Characterising river ice along the Lower Red River using RADARSAT - 2 imagery*. 16th CRIPE workshop on the Hydraulics of Ice Covered Rivers，Winnipeg，pp. 198 - 213. http：//cripe. ca/docs/proceedings/16/Lindenschmidt - et - al - 2011a. pdf

Prowse，T. D. & Demuth，M. N.（1993）. Strength variability of major river - ice types. *Nordic Hydrology*，24，169 - 182.

第 4 章　冰盖解冻与冰塞

在封冻期，初始冰盖解冻先于冰塞洪水事件，因此，为了更好地为冰塞洪水预报做准备，充分了解解冻过程非常重要。能够预报冰盖解冻为冰塞洪水何时开始预报提供了一个指示。

4.1　冰盖解冻

解冻受气象和水力过程的双重影响。在冬季结束时，当气温上升到冻结值以上，河流流量增加时，河流冰盖将解冻。气温上升和日照时间增加是导致河流和湖泊冰盖融化和减弱的气象因素；风也可能是导致冰盖解冻的一个重要驱动因素，尤其是在湖泊和水库上；融雪和降水的增加会导致径流汇入河流，从而增加流量，导致了水力过程使冰盖解冻。

一般来说，开河有两种类型：文开河和武开河（动力的）。在文开河过程中，相比水力因素，气象因素更占主导作用。流量和水位波动不大，因此冰盖依然存在，冰只是融化和变质，基本上是"烂"掉了。作用在冰盖上的太阳辐射会导致沿晶粒边界的冰微融化，尤其是在表面积雪很少或没有积雪的黑色冰盖上，有助于冰盖消融。晶体彼此碎裂，这一过程称为烛化（图 4.1）。雪的缺少会降低冰盖的反照率，使更多的太阳辐射照射到冰盖上。冰上的灰尘和碎屑会进一步降低反照率，加速融化。

图 4.1　冰盖的烛化（其中冰沿着晶体边界融化，以削弱和破碎冰）
(2019 年 5 月 30 日从 https：//www.flickr.com/photos/us_mission_canada/
5877950711/下载，该网址为公共域名，无已知版权限制)

不断升高的气温会融化其表面的冰，使冰盖变薄。在流速较大的区域也会发生冰盖变薄的情况，较大的流速可将更多的热量从水传递到冰盖的底部。变薄过程可以持续进行，直到冰盖中形成一个开放的水道，如图 4.2 所示。开放的水道可使更多的太阳辐射进入，使水变暖，融化更多的冰。

图 4.2　在流速较大的冰盖中可以形成开放的水道，将更多的热量从水中
传递到冰盖底部，从而使冰融化（紧接着的上游河段如图 4.3 所示）

如图 4.3 所示，出流也可能导致开放水道。来自污水处理厂的温度约为 12℃的温水从左岸流入河流，在下游冰盖中形成一个开放的水道。一场雨夹雪导致过多的径流流入河流，从而增加了河流流量。水力负荷抬升并打破了河流下游约 20km 的冰盖，直到冰块堵塞，导致第二种类型的开河——武（动力）开河。

图 4.3　污水处理厂的排水口流入河流左岸区域，在下游冰盖中形成
一条开放的水道（紧接着的下游河段如图 4.2 所示）

武开河主要由水力因素驱动，并与流量和水位的快速增加有关。通常发生在春汛期间，尤其是在开河期的早期，太阳辐射倾角（与冰盖表面法线有关）仍然较大时。由于冰

变薄和变质还没有进展，冰的强度总体上还可以。上升的水位抬升了冰盖，冰盖在河岸处开裂，形成铰链裂缝，如图 4.4 所示。当裂缝（铰缝）之间的冰盖在水中自由漂浮，但沿河位置不变时，铰链仍然冻结在河岸上。水会淹没这些铰链，如图 4.5 所示，使气温上升和太阳辐射带来的更多热量进入水中，加速冰的融化。沿着狭窄河流的中心，只会形成一条铰链裂缝。

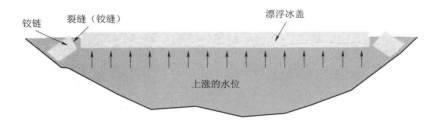

图 4.4　上涨的水位抬升冰盖时，河岸铰链开裂的河流横截面

图 4.5　铰链裂缝、沿岸淹没的铰链和漂浮冰盖

　　参考图 4.6 的概念图，当冰盖沿河岸形成铰链裂缝（图 4.6 中的步骤 1）后，冰盖水平面上的弯曲力将形成横穿冰盖的横向裂缝，并导致冰排移动（图 4.6 中的步骤 2）。图 4.7 显示了加拿大温尼伯红河沿岸冰盖中的此类横向裂缝。冰排移动并开始消融，随着冰排向下游漂移，冰排分裂成更小的碎片（图 4.6 中的步骤 3）。冰排的初始开裂和持续移动标志着开河的开始（Beltaos，1997）。

　　水位的持续上升使水面变宽，使冰排旋转得更多并进一步破裂。然而，弯道和障碍物，如桥墩，可以在某些地方将冰排卡住，如图 4.8 所示。冰盖特别容易受到支流武开河的影响，这可能是冰和水的另一个来源，如图 4.9 所示。尤其是当额外的补充流量以冰塞释放波（jave）的形式从支流的冰塞解体中排入河流时，情况更是如此。这样的事件会促使冰盖迅速崩解，并在干流中形成冰塞。

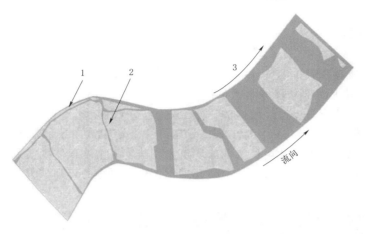

图 4.6 冰盖破裂的过程
1—铰链开裂；2—横向开裂；3—冰排消融

图 4.7 红河沿岸冰盖中形成的横向裂缝

图 4.8 弯道中紧靠桥墩的冰排

图 4.9 向干流补充额外的冰和水的支流

4.2 冰塞与流冰

冰排会分解成越来越小的碎片，并堆积在完整的冰盖或桥墩上，如图 4.10 所示。图 4.11 所示为造成其上游部分漫滩水流的冰塞。有趣的是，该冰塞由两块独立的冰堆积体组成。第一个堆积体形成于已经解体的冰盖上，形成一个拱形支撑堆积体（图 4.11 中的 ［i］）。第二个堆积体（图 4.11 中的 ［ii］）紧靠第一个堆积体，导致壅水和沿冰塞上游部分的洪水泛滥。第二个堆积体由较小的冰块组成，与第一个堆积体中较大的冰块相比，可能源于上游更远的地方。冰很可能会破裂和融化，形成更小的碎片，因为它从上游流到堆积体有很长一段距离。

图 4.10　冰堆积形成的冰塞（两张照片的流向都是从上到下）

通常，冰塞会沿着河流延伸数千米。第 1 章的图 1.1 提供了一个难得的机会，可以从全景视图中看到完整的冰塞。冰塞底部紧靠着一个完整的冰盖。值得注意的是，随着冰塞沿着河流从桥墩延伸到顶部，水位出现了上升。这种壅水是由于冰塞底部的糙率导致流动阻力增加，而冰塞底部的糙率可能与可见的顶部表面相似。冰塞通常发生在桥墩处——图 4.10 中右图所示冰塞的形成可能是由于上游冰塞解体的冰堆流过桥墩时，其速度减慢到恰好在下游完整冰盖处停下。这就引出了下一个话题——流冰。

一般来说，冰盖在河流上游开始破裂，并逐渐向下游扩散。当冰盖的一部分破裂时，冰块会顺流而下，形成流冰，直到它们的流动被阻止，通常是在河流地貌突然变化的地方，例如急弯、河流宽度的收缩或扩张、河面比降变平、河道分汊或存在障碍物（桥墩和沙洲）。堆积的冰变厚，形成冰塞，使水流收缩并增加阻力，从而导致壅水。水位上升可能会很大，足以打破并解体冰塞。释放出的冰和水现在变成了流冰，它有足够的动力冲破下游的冰盖，直到它的流动再次减速，并在沿河的某一点停止，很可能是在地貌变化处。这种连续的循环，流冰—冰塞—冰塞解体—流冰……，可以持续到冰块到达河流出口。图 4.12 显示了红河开河经过加拿大温尼伯时的时间顺序。冰

图 4.11　冰塞淹没

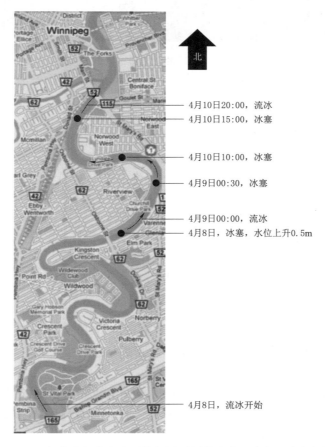

图 4.12　2009 年春季加拿大温尼伯红河开河的流冰→冰塞→冰塞解体顺序

（基本地图来自 http://maps.google.com）

的流动、堵塞和解体可以在很短的时间间隔内发生，给洪水预报和应急管理人员带来许多未知和意想不到的结果。很难确定下一次冰塞将发生在何处，以及冰塞可能导致多大程度的壅水泛滥。壅水可以上升到足够的高度，将河岸上的冰横向推到河滩上，如图 4.13 所示。冰塞形成的逆向水流和随后的壅水迫使冰从主河道越过河岸流到公路上。沿着河岸留下的残冰顶部通常被视为冰塞洪水的高水位标志。河岸沿线植被的侵蚀和破坏也很明显。

图 4.13　在加拿大西北地区的史密斯堡沿着奴河形成的冰塞
并随后解体的冰块残留（奴河及其左岸在路的右侧）

4.3　纸笔练习：平衡冰塞

在本练习中，将逐步进行简单的计算，以确定平衡冰塞可能的壅水水位。该分析方法源于 Beltaos（1983，1995），并经过调整以符合本章接下来的数值练习。手动计算如图 4.14 所示。

参考图 4.15，通过量纲分析，可以确定无量纲流量 ξ 和无量纲冰塞水位 η：

$$\xi = \frac{\left(\dfrac{q^2}{gS}\right)^{1/3}}{WS} \tag{4.1}$$

$$\eta = \frac{H}{WS} \tag{4.2}$$

式中：g 为重力加速度，9.81m/s^2；H 为壅水深度，m；q（$=Q/W$）为单位流量，m^2/s；W 为河流宽度，m；S 为比降。

ξ 和 η 之间的关系如图 4.16 所示。对于 1979 年麦克默里堡附近阿萨巴斯卡河沿岸的冰塞，使用了以下输入变量（Andres et al.，1984）：$Q=1366$m^3/s，$W=620$m，$S=0.0003$；因此，单位流量 q 为

$$q = \frac{Q}{W} \tag{4.3}$$

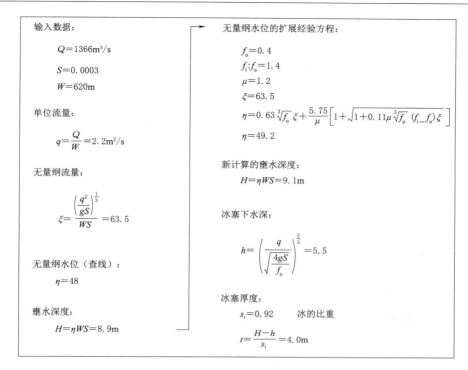

输入数据：

$$Q=1366\text{m}^3/\text{s}$$

$$S=0.0003$$

$$W=620\text{m}$$

单位流量：

$$q=\frac{Q}{W}=2.2\text{m}^2/\text{s}$$

无量纲流量：

$$\xi=\frac{\left(\frac{q^2}{gS}\right)^{\frac{1}{3}}}{WS}=63.5$$

无量纲水位（查线）：

$$\eta=48$$

壅水深度：

$$H=\eta WS=8.9\text{m}$$

无量纲水位的扩展经验方程：

$$f_o=0.4$$
$$f_i:f_o=1.4$$
$$\mu=1.2$$
$$\xi=63.5$$

$$\eta=0.63\sqrt[3]{f_o}\,\xi+\frac{5.75}{\mu}\left[1+\sqrt{1+0.11\mu\sqrt[3]{f_o}\,(f_i\_f_o)\,\xi}\right]$$

$$\eta=49.2$$

新计算的壅水深度：

$$H=\eta WS=9.1\text{m}$$

冰塞下水深：

$$h=\left(\frac{q}{\sqrt{\frac{4gS}{f_o}}}\right)^{\frac{2}{3}}=5.5$$

冰塞厚度：

$$s_i=0.92 \qquad \text{冰的比重}$$

$$t=\frac{H-h}{s_i}=4.0\text{m}$$

图 4.14 确定冰塞壅水深度 H、冰塞下水深 h、冰塞厚度 t 的计算样例

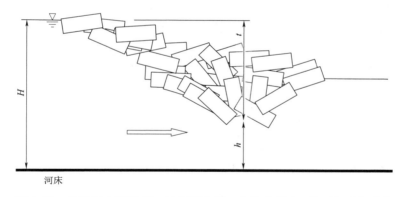

河床

图 4.15 显示壅水深度 H、冰塞下水深 h 和冰塞厚度 t 的理想平衡冰塞

得出：$q=2.2\text{m}^2/\text{s}$，$\xi\approx63.5$。由图 4.16 可知，对应 $\eta\approx47$。重新整理式（4.2），其中 H 为 η、W 和 S 的函数：

$$H=\eta WS \tag{4.4}$$

得出 H 的值为 8.9m。

与 $H=9.1\text{m}$ 的模型值（下一个练习）相比，经验推导值 $H=8.9$ 有些估计过低。通过使用 η 的扩展方程，经验值可以更接近模型值，而不需要检验图 4.16 中的图表：

$$\eta=\frac{H}{WS}=0.63f_o^{1/3}\xi+\frac{5.75}{\mu}\left(1+\sqrt{1+0.11\mu f_o^{1/3}\left(\frac{f_i}{f_o}\right)\xi}\right) \tag{4.5}$$

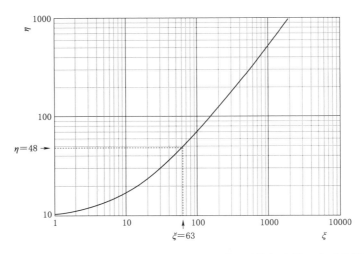

图 4.16　当 $f_o=0.4$、$f_i/f_o=1.4$ 和 $\mu=1.2$ 时，无量纲流量 ξ 和无量纲冰塞
水位 η（实线）之间的关系（$\xi\approx63$ 和 $\eta\approx48$ 指的是文中的计算样例）

式中：f_o 为由冰摩擦系数 f_i 和河床摩擦系数 f_b 的平均值计算得出的复合摩擦系数；μ 为介于 1.0~1.6 之间的系数，参数 μ 是摩擦系数，代表冰盖的内部强度，"该系数是一个集总变量，代表了许多未知或难以确定的因素的影响，包括冰盖内的侧向应力、冰对堤岸的摩擦、内阻角、孔隙度和可能的内聚力"（White，1999；第 13 页）。当 $f_o=0.4$、$\mu=1.2$、$f_i/f_o=1.4$ 时，得出 H 的值为 9.1m。表 4.1 显示了各种河床比降下这些参数的典型范围，根据 Beltaos（1983）和 Lindenschmidt（未发表数据）编制。

表 4.1　　　　　　　　　　不同河床比降下的 f_o、f_i/f_o 和 μ 的典型范围

比降	f_o	f_i/f_o	μ	示 例 地 点
0.0001~0.0003	< 0.1	1.4~1.5	1.2~1.3	泰晤士河；丘吉尔河下游（拉布拉多）
0.0003~0.0004	0.3~0.4	1.3~1.7	0.8~1.6	麦克默里堡附近的阿萨巴斯卡河；多芬河上游；红河
0.0007~0.0010	0.1~0.7	0.6~1.5	0.6~1.2	斯莫基河下游；麦克默里堡的阿萨巴斯卡河上游；多芬河下游

冰塞下的水体深度 h 可以用下式（Beltaos，1983）计算：

$$h=\left[\frac{q}{\left(\dfrac{4gS}{f_o}\right)^{1/2}}\right]^{2/3} \tag{4.6}$$

利用上面的值，得出 $h=5.5$m。可以通过以下公式确定冰塞厚度 t：

$$t=\frac{H-h}{S_i} \tag{4.7}$$

式中：S_i 为冰的相对密度，等于 0.92。得出 $t=4.0$m。

4.4　电子表格练习：冰塞校准（单个冰塞）

从本书的网页文件夹（链接见本书 1.5 小节）中的"第 4 章"子文件夹中下载数据文

件到计算机。下面的练习涉及 Microsoft®Excel®文件"冰塞水位 1. xlsm"中的"数值"工作表（如果你被任何一个步骤卡住了，请参阅 Microsoft®Excel®文件"冰塞水位 2. xlsm"中的答案表）。从 1979 年冰塞事件（第二行）开始，冰塞尾部位置的里程为 39150m，如图 4.17 所示，在单元格 B2 中输入。

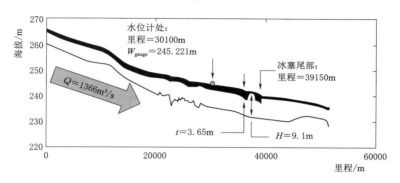

图 4.17　阿萨巴斯卡河 1979 年冰塞形态

河流宽度和比降分别对应单元格 C2 和 D2，都是通过"LOOKUP（*lookup_value*，*lookup_vector*，*result*）"函数得到的。宽度计算步骤如下：

1）将光标放在单元格 C2 中。

2）通过从"公式"菜单功能区中选择"查找和引用"→"查找"来调用"LOOK-UP"窗口。

3）选择参数选项"lookup_value，lookup_vector，result_vector"，然后点击"确定"。

4）当光标位于"*Lookup_value*"文本框的最前面时，单击单元格 B2，"*Lookup_value*"完成对"里程"的引用。

5）确保光标位于"*Lookup_vector*"文本框的最前面；单击"宽度"工作表中的列 A，"*Lookup_vector*"完成对"里程"列的引用。

6）将光标放在"*Result_vector*"文本框中；"*Result_vector*"完成"宽度"工作表中对"无冰水面宽度"列（单击列 B）的引用，或者对于本练习，"冰面宽度"列（单击列 C）的引用。

7）将"LOOKUP"窗口值与图 4.18 所示的填充引用值进行比较。

8）点击"确定"关闭窗口。

"LOOKUP"函数自动查找 620.1m 的冰宽值，并将该值输入 C2（或无冰水面宽度 611.4m）。宽度是从模型横截面中插值和提取的，但也可以很容易地从河流的平面图中测量或从 GIS 文件中确定。比降值也可以利用"LOOKUP（*lookup_value*，*lookup_vector*，*results_vector*）"函数找到，"*Lookup_value*"同样在"数值"工作表中引用"里程"。但是，"*lookup_vector*"和"*results_vectors*"变成分别引用"比降"工作表中"里程"列（"比降"工作表的 A 列）和"理想比降……"列（"比降"工作表的 E 列）。比降计算步骤如下：

1）将光标放在"数值"工作表的单元格 D2 中。

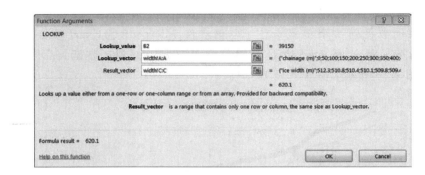

图 4.18　带有单元格引用的"LOOKUP"窗口，用于快速查找相应里程的宽度

2）通过从"公式"菜单功能区中选择"查找和引用"→"查找"来调用"LOOK-UP"窗口。

3）选择参数选项"lookup_value，lookup_vector，result_vector"，然后点击"确定"。

4）当光标位于"*Lookup_value*"文本框的最前面时，单击单元格 B2，"*Lookup_value*"完成对"里程"的引用。

5）确保光标位于"*Lookup_vector*"文本框的最前面；单击"比降"工作表中的 A 列，"*Lookup_vector*"完成对"里程"列的引用。

6）将光标放在"*Result_vector*"文本框中；"*Result_vector*"在"比降"工作表中完成对"理想比降"列（单击 E 列）的引用。

7）将"LOOKUP"窗口值与图 4.19 所示的填充引用值进行比较。

8）点击"确定"关闭窗口。

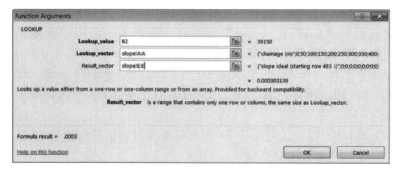

图 4.19　带有单元格引用的"LOOKUP"窗口，用于快速获得相应里程的坡度

"数值"工作表单元格 D2 中的值应为 0.0003。当深泓线的峰值和沿程值导致局部负比降时，本练习需要一个理想的比降，以避免出现负数（图 4.20）。本次练习只需要建模区域的下游河段，即清水河河口的下游。

在"数值"工作表中，在单元格 E2 中插入 1366，即该事件的流量，约为 $1366\text{m}^3/\text{s}$（图 4.17）。在单元格 G2 中，插入单位流量 q 的公式：

$$=E2/C2$$

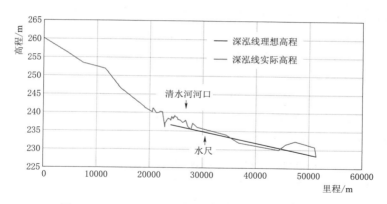

图 4.20　为避免出现负比降的理想的深泓线纵剖面

得出单位流量 q 为 $2.203\mathrm{m}^2/\mathrm{s}$（$=Q/W=1366/620.1$）。应将 $f_\mathrm{o}=0.35$、$\mu=1.2$ 和 $f_\mathrm{i}/f_\mathrm{o}=1.5$ 的估计值分别输入单元格 F2、J2 和 K2，这只是表 4.1 中提供的麦克默里堡附近阿萨巴斯卡河范围的中位数。

为计算冰塞下的水柱深度 h［基于式（4.6）］，在单元格 H2 中插入以下公式：
$$=\mathrm{POWER}(\mathrm{G2/SQRT}(4*9.81*\mathrm{D2}/\mathrm{F2}),2/3)$$
得出 $h=5.23$。

为确定无量纲流量 ξ［基于式（4.1）］，在单元格 I2 中插入公式：
$$=\mathrm{POWER}(\mathrm{G2}*\mathrm{G2}/9.81/\mathrm{D2},1/3)/\mathrm{C2}/\mathrm{D2}$$
得出 $\xi=62.63$。

单元格 L2 中无量纲水位 η 的公式［基于式（4.5）］应为
$$=0.63*\mathrm{POWER}(\mathrm{F2},1/3)*\mathrm{I2}+5.75*(1+\mathrm{SQRT}(1+0.11*\mathrm{J2}*$$
$$\mathrm{POWER}(\mathrm{F2},1/3)*\mathrm{K2}*\mathrm{I2}))/\mathrm{J2}$$
得出结果 $\eta=47.55$。

应在 M2 中插入下面壅水深度 H 的计算公式［基于式（4.4）］：
$$=\mathrm{L2}*\mathrm{C2}*\mathrm{D2}$$
得到的值应是 $H=8.94$。

根据式（4.7），引用单元格 H2 和 M2，在单元 N2 中计算冰塞厚度 t［基于式（4.7）］，在单元格 N2 中输入以下公式：
$$=(\mathrm{M2}\,\mathrm{H2})/0.92$$
得到的值应是 $t=4.03$。

除壅水水位 H 外，冰塞厚度 t 还提供了一个额外的第二个方程，以使 f_o、$f_\mathrm{i}/f_\mathrm{o}$ 和 μ 三个参数求解的不确定性更小。冰塞厚度是根据模型结果得出的，但通常情况下，在现场测量冰塞厚度非常困难。Calkins（1978）提供了冰盖破裂前平均冰厚 $4\sim5$ 倍的范围作为对冰塞厚度的粗略估计；然而，这是源于对较小河流的研究，因此存在很大的不确定性，特别是当外推到较大的河流时。从数值模拟结果中提取并在列中命名为"H_field"和"t_field"的 H 和 t 的实际值分别为 9.1m 和 3.65m（见图 4.17），应将其分别插入单元格 O2 和 P2 中。

现在可以在单元格 Q2 中设置一个"误差"值，表示一个目标函数，通过将最大壅水水位和冰塞厚度的计算值和"实测"值的绝对值相加，分别为"ABS（H – H_field）"和"ABS（t – t_field）"，将该目标函数最小化。这可以通过在单元格 Q2 中插入以下公式来实现：

$$=ABS(M2-O2)+ABS(N2-P2)$$

选中单元格 Q2，在"数据"菜单功能区中选择"规划求解"（如果没有出现该菜单项，请执行方框 4.1 中的说明来激活"规划求解"功能）。

方框 4.1　在 Microsoft®Excel®中激活"规划求解"功能

－在"文件"菜单功能区下，选择"选项"

－在"加载项"选项下选择"规划求解加载项"

－点击靠近窗口底部的"转到"

－选中"规划求解加载项"

－点击"确定"

－"规划求解"菜单项现在应该出现在"数据"菜单功能区中

在出现的"规划求解参数"窗口中，单元格＄Q＄2 应被设置为窗口顶部的"设置目标"文本框中的"目标"。选择"最小值"单选按钮以使误差目标最小化。将光标放在"通过更改可变单元格"文本框中，按住"Ctrl"键，依次选择单元格 F2、J2 和 K2。若要将参数值限制在指定的范围内，需建立如图 4.21 中"遵守约束"文本框所示的约束。例如，选择"添加"按钮，并在"单元格引用"文本框中输入＄F＄2。从下拉列表中选择"＜＝"，在"约束"文本框中输入 0.4，如图 4.22 所示。其他约束，如图 4.21 中的

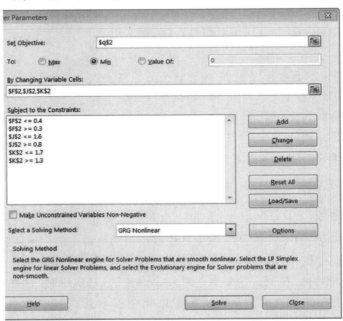

图 4.21　用以优化 1979 年冰塞事件的"规划求解参数"窗口中的设置

"遵守约束"文本字段所示。这些值可能有一些在表 4.1 中为麦克默里堡附近的阿萨巴斯卡河提供的范围之外。单击"求解"按钮，然后在弹出的"求解结果"窗口中单击"确定"，以保存求解方案。注意单元格 F2、J2 和 K2 中为 f_0、μ 和 f_i/f_0 设置的新值。单元格 Q2 中的误差值应该已经减小。[如果弹出 Microsoft Visual basic 运行时错误消息，请执行以下步骤来修复问题：①如果菜单功能区中未显示"开发工具"，则通过选择"文件→选项→自定义功能区→开发工具（在主选项卡下）→确定"启用它；②在"开发工具"菜单功能区下，进入"COM 加载项"并取消选中所有选项；③重新启动 Excel]。

图 4.22　为 f_0 设置一个"小于或等于"约束条件

上述步骤现在可以重复用于 1997 年和 2015 年的冰塞洪水事件，其参数化的值可在图 4.23 中找到。冰塞尾部的里程分别为 45000m 和 36400m，将这两个值分别插入单元 B3 和 B4 中。可将单元格 C2 和 Q2 之间的第 2 行复制并粘贴到单元格 C3～Q3 和单元格 C4～Q4 中，以从 1979 年的冰塞事件复制相同的公式到 1997—2015 年的冰塞事件，但不同的冰塞事件使用不同的参数值，如图 4.23 所示。必须通过在单元格 E3 和 E4 中分别插

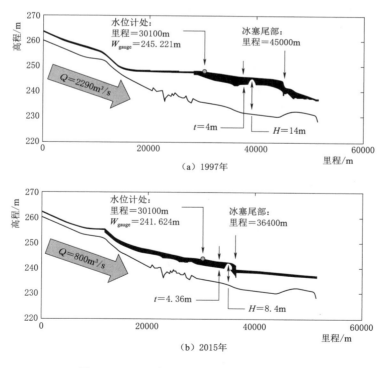

图 4.23　1997 年和 2015 年冰塞事件的参数

入 2290 m³/s 和 800 m³/s 来改变流量。同样，"H_field" 和 "t_field" 必须通过在单元格 O3 和 O4 中分别插入数值 14m 和 8.4m，以及在单元格 P3 和 P4 中分别插入数值 4m 和 4.36m 来更新。通过在单元格 F2、F3 和 F4 中插入 0.35，将所有 f_o 设置为 $f_o = 0.35$。应在单元格 J2、J3 和 J4 中输入值 1.2，以初始化 $\mu = 1.2$。通过在单元格 K2、K3 和 K4 中插入值 1.5，设置 $f_i/f_o = 1.5$。

由于规划求解函数只能根据一个目标函数进行优化，因此可以通过在单元格 R2 中引入 "误差_总"，将单元格 Q2、Q3 和 Q4 中的所有误差目标值相加，从而同时最小化 Q 列中的所有 3 个误差函数。在单元格 R1 中写入 "误差_总" 作为标题，并在单元格 R2 中插入以下公式：

$$= \mathrm{SUM}(Q2 : Q4)$$

在 "数据" 菜单功能区中选择 "规划求解"，再次打开 "规划求解参数" 窗口。这一次，在 "设置目标" 文本框中设置引用 ＄R＄2。首先删除文本框中的内容（选中所有内容并按 "Delete" 键），然后在将光标放在文本框中后，按住 "Ctrl" 键，选择单元格 F2、F3 和 F4，然后是单元格 J2、J3 和 J4，之后是单元格 K2、K3 和 K4，将 "通过更改可变单元格" 文本框中的引用替换为 "＄F＄2：＄F＄4、＄J＄2：＄J＄4、＄K＄2：＄K＄4"。单元格 F2~F4、J2~J4 和 K2~K4 中的所有 f_o、μ 和 f_i/f 值必须能够更改并受到约束，如图 4.24 中 "规划求解参数" 窗口的 "遵守约束" 文本字段所示。这需要手动完成。例如，选择第一个约束 "＄F＄2<=0.4"，然后点击 "更改" 按钮。在 "单元格引用" 文本框中，通过在文本框中将范围扩展到 "＄F＄2：＄F＄4" 来包含所有 f_o 单元格。对于其他约束，重复此模式。点击 "求解"，当 "求解结果" 窗口出现时，点击 "确定" 以 "保存求解方案"。"误差_总" 应该减少了。有些 f_o、μ 和 f_i/f 值可能已经达到

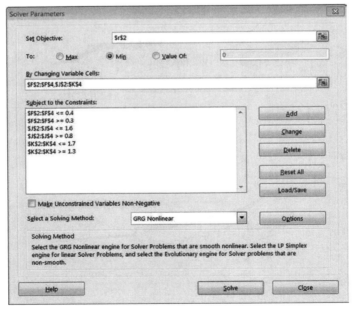

图 4.24　在 "规划求解参数" 窗口中进行设置以优化 1979 年、1997 年和 2015 年这三个冰塞事件

了它们的最大限度，通过扩大 f_o、μ 和 f_i/f_o 的范围，可以在一定程度上放松约束，以进一步减少误差。可以重复"求解"以进一步减少误差。请注意，对于每个事件，f_o、μ 和 f_i/f_o 参数集的值都是不同的，Microsoft®Excel®文件"冰塞水位 2.xlms"是生成的电子表格的副本，这些值应该与答案文件中的值相同或者略有偏差。

4.5 电子表格练习：冰塞校准（多个冰塞和单参数设置）

在前面的练习中，针对每个单独的冰塞事件校准了不同的 f_o、μ 和 f_i/f_o 集合。在接下来的步骤中，让我们校准一组适用于所有三个事件的 f_o、μ 和 f_i/f_o 值。这将使未来的冰塞可以在预报的背景下进行估计，第 8 章最后提供了一个练习（"电子表格练习：对水位–频率分布的精确校准"一节）。

继续使用 Microsoft®Excel®文件"冰塞水位 2.xlms"，只让单元格 F2、J2 和 K2 在第一个数据行（第 2 行）发生变化，并将它们下面的单元格设置为等于上面的单元格（即对于 f_o，在 F3 单元格中插入公式"＝F2"，在 F4 单元格中插入公式"＝F3"）；对 μ 重复此模式，在单元格 J3 中插入公式"＝J2"，在单元格 J4 中插入公式"＝J3"；对于 f_i/f_o，在单元格 K3 中插入公式"＝K2"，在单元 K4 中插入公式"＝K3"同样，通过手动输入数值，将单元格 F2、J2 和 K2 中的 f_o、μ 和 f_i/f_o 值分别重置为 0.35、1.2 和 1.5。在 f_o、μ 和 f_i/f_o 值的每一列中应显示相同的值，并保持不变。

在"数据"菜单功能区中选择"规划求解"，打开"规划求解参数"窗口，如图 4.25 所示。"＄R＄2"应保留在"设置目标"文本框中，"最小值"单选按钮应保持选中状态。只有单元格 F2、J2 和 K2 需要约束；因此，将"通过更改可变单元格"文本框中的文本

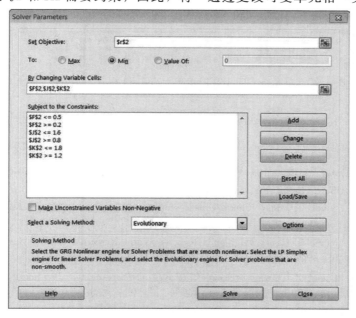

图 4.25 "规划求解参数"窗口中的设置，用于校准 1979 年、
1997 年和 2015 年三次冰塞事件相同的 f_o、μ 和 f_i/f_o 值

替换为"＄F＄2，＄J＄2，＄K＄2"。可以扩展 f_o 和 f_i/f_o 的约束范围，以实现较低的"误差_总"值（单元格 R2）。分别选择每个约束，点击"更改"按钮并在文本框中插入相应的值，可以更改"遵守约束"文本字段中的每个约束。例如，选择列表中出现的最上面的约束，点击"更改"，在"单元格引用"文本框中输入"＄F＄2"（替换"＄F＄1：＄F＄4"），在"约束"文本框中输入"0.5"（替换"0.4"），如图 4.26 所示，点击"确定"接受更改。当更改其他约束以反映图 4.25 中"遵守约束"文本字段中的列表时，需遵循相同的模式。在"规划求解参数"窗口保持打开的情况下，点击"求解"按钮；当"求解结果"窗口出现时，点击"确定"以"保存求解方案"。

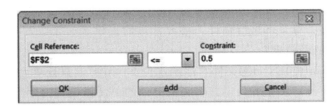

图 4.26 为 f_o 值更改"小于"约束

在单元格 F2、J2 和 K2 中校准了 f_o、μ 和 f_i/f_o 的一组值，如图 4.27 中的计算结果表所示。可以重复规划求解功能，尽可能减少单元格 R2 中的误差"误差_总"。现在，已针对所有冰塞事件校准了一组 f_o、μ 和 f_i/f_o 参数。重复"规划求解"功能，但在"规划求解参数"窗口中选择"演化"求解方法，可以进一步减小误差。Microsoft®Excel®文件"冰塞_水位3.xlms"中提供了答案，计算的值可能与文件中显示的值不完全相同，但其彼此相差不应太大。

	A	B	C	D	E	F	G	H	I	J	K	L	M	N	O	P	Q	R
1	event	chainage (m)	width (m)	slope (-)	Q (m³/s)	fo	q (m²/s)	h (m)	ξ (xi)	μ (mu)	fi/fo	η (eta)	H (m)	t (m)	H_field (m)	t_field (m)	error	error_total
2	1979	39150	620.1	.0003	1366.0	0.38	2.203	5.38	62.63	1.00	1.20	49.62	9.33	4.29	9.1	3.65	0.8694	2.4040
3	1997	45000	391.2	.0003	2290.0	0.38	5.854	10.32	190.46	1.00	1.20	118.06	14.00	4.00	14	4	0.0000	
4	2015	36400	638.7	.0003	800.0	0.38	1.253	3.69	41.73	1.00	1.20	37.71	7.30	3.92	8.4	4.36	1.5347	

图 4.27 单元格 F2、J2 和 K2 中 f_o、μ 和 f_i/f_o 的单组校准值

本章参考文献

Andres，D. D.，& Doyle，P. F.（1984）. Analysis of breakup and ice jams on the Athabasca River at Fort McMurray，Alberta. *Canadian Journal of Civil Engineering*，11，444－458.

Beltaos，S.（1983）. River ice jams：Theory，case studies and application. *Journal of Hydraulic Engineering*，109（10），1338－1359.

Beltaos，S.（1995）. *River ice jams*. Highlands Ranch：Water Resources Publications，LLC，ISBN 0－918334－97－X，ISBN 978－091833487－9.

Beltaos，S.（1997）. Onset of river ice breakup. *Cold Regions Science and Technology*，25，183－196.

Calkins，D. J.（1978）. Physical measurements of river ice jams. *Water Resources Research*，14（4），893－695.

White，K. D.（1999，December）. *Hydraulic and physical properties affecting ice jams*（Report 99－11）. US Army Corps of Engineers' Cold Regions Research and Engineering Laboratory. https：//apps. dtic. mil/dtic/tr/fulltext/u2/a375289. pdf

第5章 遥　　感

　　遥感是勘察河冰、湖冰的重要工具。遥感技术通过非接触方式，不需要与地球表面直接接触即可收集地球表面的相关信息。该信息是通过探测从表面发射或反射的能量来获得的，然后对这些信息进行进一步的处理和分析，以确定地表特征的一些特性。例如，这些特征可以是冰的类型、冰的厚度和冰的覆盖的程度。遥感也有助于监测开河发展情况，并有助于预报冰堵塞的位置和时间。遥感可以通过探测潜在冰塞地点上游的冰盖覆盖程度，估算冰塞中累积冰量的体积。

5.1　概述

　　图5.1～图5.3是遥感数据示例。图5.1是陆地卫星8号（Landsat 8）卫星获得的光学图像。这张照片清楚地显示了大奴湖湖面解冻时冰盖上的裂缝。由于无冰水面的反射率较低，所以裂缝比周围的冰层颜色要暗得多。照片上裂缝、冰层和奴河都很清晰，甚至可以看到奴河挟带大量的泥沙流入湖中。图5.2中右图所示为热（红外）图像，冰盖经人工爆破后碎冰又堆积到冰盖周围（光学图像见左图）。从水中突出来的碎冰更容易暴露在寒冷的空气中，因此，它们看起来比水面上的碎冰温度更低。图5.3中左图所示为2017年2月奴河冰盖的照片，冰盖有光滑的也有粗糙的，所有的冰面都被雪覆盖了，冰的类型只能在现场查勘时仔细验证；右图是在附近获得的雷达卫星-2（RADARSAT-2）的图像，白色区域是粗糙冰面，黑色区域是光滑冰面。雷达卫星-2（RADARSAT-2）即使冰面被雪覆盖，也可以对冰的类型进行分类。

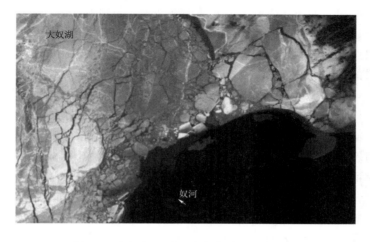

图5.1　奴河河口附近大奴湖冰盖解冻图像

图 5.2　冰盖经人工爆破后碎冰又堆积到冰盖周围的光学图像（左图）和
热（红外）图像（右图）

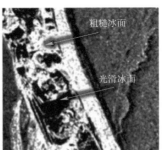

图 5.3　左图所示为 2017 年 2 月奴河沿岸冰盖光滑表面及粗糙表面的照片，
右图为雷达卫星-2（RADARSAT-2）图像
〔RADARSAT-2 数据和产品版权由 MDA 地理空间服务公司（2019 年）所有并保留所有权利；
RADARSAT 是加拿大航天局的官方商标〕

　　可通过不同能源获取多种类型的遥感数据，应用于各种领域。本章重点介绍光学遥感、热红外遥感和微波遥感，它们被广泛应用于寒冷地区的水资源管理，特别是在河冰、湖冰研究方面的应用。如图 5.4 所示，光学遥感基于太阳辐射和来自地球表面的辐射的反射，因此，光学遥感数据会受到天气条件的影响，特别是在多云或阴天时，会干扰地球表面的能见度。热红外图像测量的是从表面发射的长波辐射，这取决于物体的表面温度。微波遥感使用波谱的微波部分，波长范围大，从 1mm 到 1m 不等。这部分光谱按较长的波段排列为：K、X、C、S、L 和 P。无源微波遥感依赖于表面和物体因其物理性质而自然发射的能量。不同的表面发射不同数量的微波，无源微波传感器由此来区分。然而，发射的能量相当低，必须从较大的表面积收集能量才能获得可检测的信号。因此，这种图像的空间分辨率相对粗糙，通常为 20～30km。因此，无源微波遥感区分冰和水的能力可能受到低空间分辨率的限制，这取决于水体的表面积。为了能在更高的分辨率下使用，微波由发射器主动产生，并传输到目标区域，微波在目标区域散射并返回到传感器的接收器。这就是有源微波遥感。其主要优点是可以获得更高分辨率的图像。微波不受太阳辐射和云层条件的影响，因此无论是白天还是夜间、有云或无云的天气条件下都可获得图像。微波对含水量高的物体特别敏感，因此在水文学中有广泛应用。

图 5.4 电磁光谱的可见光和微波部分（400～690mm）

5.2 冰盖的微波遥感研究

有源微波遥感技术也称为雷达（无线电探测和测距）（CCRS，2009），它要求传感器向地球表面倾斜发射微波。传感器可以安装在卫星（星载遥感）、飞机或无人机（航空遥感）上，或是地面上的固定平台，如起重机（地面遥感）上。

传感器配备了一个发射微波的发射机，一个用于捕获从地球表面散射的返回微波的接收器，一个用于聚焦和引导波的天线，以及一个记录和处理返回信号的电子系统。发射机发送一系列微波脉冲（图 5.5 左图中的"A"），按照天线的方向在入射角 θ 处形成一个光束（"B"）。光束斜着撞击地球表面，一部分微波从地球表面散射回来（"C"），然后返回到接收器。从每个观测对象和不同表面返回的反向散射量为观察不同观测对象或表面的特征以及对象和周围表面之间的特征差异提供依据。测量发射脉冲和接收脉冲之间的时间延迟可以确定位置和距离。由于这个过程在平台运动过程中重复，可以构建沿平台飞行路径的二维图像（如图 5.5 右图所示）。关于雷达原理的更多知识可以从 CCRS（2009）和 Moreira 等（2013）处获得。

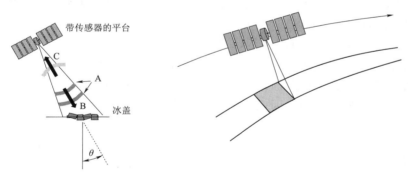

图 5.5 卫星平台上的传感器所传输和接收的微波（左图），
生成二维图像的平台飞行路径（右图）

如图 5.6（a）所示，微波发射到一个热力冰盖上，撞击冰层表面，穿透冰层。只有一小部分微波可以穿透表面，大部分微波将被反射到传感器无法检测到的其他方向（镜面反射）。但是进入热力冰盖的这一小部分微波可以到达冰水交界面。大部分信号在冰水交界面向前散射，远离传感器，但部分信号散射在气泡、沉积物和碎片形成的微包裹物以及冰盖中形成的微裂纹处。还有一些信号散回传感器，在那里被接收并进行进一步处理。随着冰在冬季变厚，形成更多的微包裹物和微裂纹，散射更多的入射微波，如图 5.6（b）所示。由此可以确定传感器接收到的散射量与热力冰盖厚度之间的相关性（Lindenschmidt et al.，2010；Unterschultz et al.，2009）。重要的是，整个冬季获得的每张图像必须使用具有相同入射角和极化的光束模式，以保持统一的边界条件，建立冰厚度与反向散射的相关性（如下所述）。

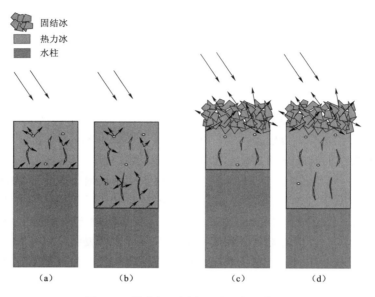

固结冰
热力冰
水柱

图 5.6 微波与不同类型冰的相互作用

［其中（a）和（b）为热力冰盖；（c）和（d）为表面粗糙的冰盖］

大部分微波遇到粗糙冰盖都被散射出来了。很少有微波穿透粗糙的冰面到达下面热力冰盖部分，如图 5.6（c）所示。即使在冬季，粗糙表面下热力冰盖部分增厚，反向散射的数量变化也很小，如图 5.6（d）所示。

一些雷达传感器可以在水平和垂直两个偏振面上发射和接收电磁波（见图 5.7）。在水平面上传输并在垂直面上接收的信号可以被指定为缩写"HV"，其中第一个字母是传输，第二个字母是接收偏振面。因此，一个传感器，如加拿大的雷达卫星-2（RADAR-SAT-2），可以在所有的传输-接收偏振面组合上，即 HH、HV、VH 和 VV 产生反向散射信号，也被称为四极化。由于互易性的原理，HV 和 VH 可以被认为是等价的（Raney，1998），剩下 3 种不同的传输-接收极化组合：HH、HV 和 VV。类似的传输-接收组合，特别是 HH 和 VV，被称为同极化，而 HV 和 VH 组合被指定为交叉极化。通过将这些组合 HH、HV 和 VV 的反向散射信号与各自的颜色红色（R）、绿色（G）和蓝色（B）相结合，可以构建复合RGB 图像，如图 5.8 所示［参见 Lindenschmidt et al.，2011（b）］。复合图像比同

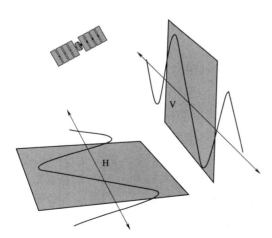

图 5.7 雷达传感器能够在水平和垂直偏振面上传输和接收微波

极化图像能检测到更多冰的特征。

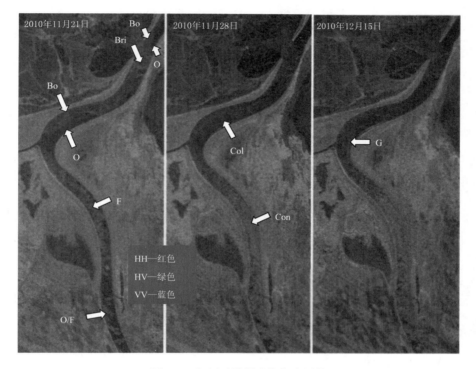

图 5.8 红河下游封冻期复合图像

（HH、HV 和 VV 的极化分别用红色、绿色和蓝色表示；O—开放水面，F—浮冰，

Col—钙柱状冰，Con—固结冰，Bo—岸冰，Bri—冰桥，G—冰花或被雪覆盖的冰）

［引自 Lindenschmidt et al.，2011（b）；经许可使用］

　　并不是所有的雷达传感器都具有四极化能力，但大多数都具有双极化能力。例如，欧洲航天局的哨兵-1 号（Sentinel-1）传感器能够提供 HH、HV 或 VV、VH 模式传输-接收组合。大多数传感器提供 HH 或 VV 单极化的传输-接收组合。

　　在双极化模式下，雷达卫星-2（RADARSAT-2）传感器被设计为在 HH（同极化）和 HV（交叉极化）模式下进行传输和接收。传输波和接收波的角度可以根据图像的应用情况进行调整。当入射角 θ 小于地球表面法向轴的角度时（见图 5.5 左图），传感器可以接收地球表面更多的反向散射波。较大的入射角度会导致更多的传输波向前散射，远离传感器。入射角在大约 35°～50°之间时对冰盖研究产生的效果最好。

5.3　利用微波遥感技术监测冰的类型和冰厚

　　在 2009—2010 年冬季的红河河冰监测项目中，获得了一系列 4 张雷达卫星 HH 图像，用于冰层厚度测量和冰型观测。HH 信号一般更强，其振幅范围比来自 HV 偏振的范围更大（Lindenschmidt et al.，2010）。4 张图像都使用相同的光束模式——标准 6 递减（S6D）。选择这种光束模式是为了在以下几个因素之间取得平衡，包括每幅图像获得

足够的空间范围、合理的像素分辨率、能够获得最佳返回信号的入射角以及预算约束。MDA（2009）提供了更多关于不同光束模式的极化、空间分辨率和空间范围的信息。由于该卫星每24天重新访问同一轨道一次，因此冬季每24天拍摄一次图像，分别是2009年12月24日、2010年1月17日、2月10日和3月6日。每个采集的反向散射信号的最上游部分，即图5.9中方框所示部分，如图5.10所示。在冬季早期的发展过程中，返回信号变得更大，从2009年12月的蓝色（低分贝值）变为2010年1—2月的黄色/绿色色调。信号的增加很大程度上是由于随着冬季冰盖变厚，更多的冰产生了额外的反向散射。2010年3月的图像没有显示额外的反向散射信号，可能是由于随着平均气温升高，热力冰盖增厚过程变得平稳，并且更深的雪和更厚的冰使冰层底部变得更加绝缘。

图 5.9　红河在进入温尼伯湖之前，从位于圣阿加莎的温尼伯向上游延伸到位于尼特利·利保沼泽的河口处
（短横线表示测量冰厚的位置；方框中是图 5.10 所示区域）

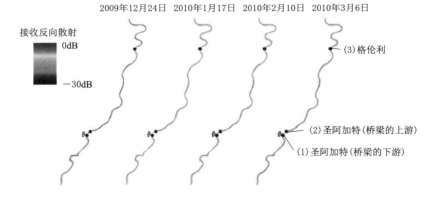

图 5.10　图 5.9 方框中红河河段的反向散射图

（RADARSAT－2 数据和产品版权由 MDA 地理空间服务公司（2019 年）所有并保留所有权利；
RADARSAT 是加拿大航天局的官方商标）

在图像采集后的 2 天内，我们在 10 个地点进行了冰厚测量调查，如图 5.9 所示。图 5.11 显示的是 2010 年 3 月 6 日沿河道流向获得的平均反向散射信号的纵剖面图。冰厚测量在图中用短横线标记显示。在沿河断面测量中发现，冰厚的最大值和最小值之间的差

达 250mm。

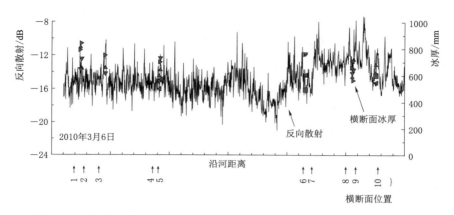

图 5.11 传感器于 2010 年 3 月 6 日接收到的河冰反向散射信号纵剖面图
（观测点见图 5.9 中位置编号）

冬季计算出的所有反向散射纵剖面平滑折线图如图 5.12 所示。河流最下游的河段位于温尼伯湖上游约 40km（0～40km），这里反馈的反向散射信号增厚进展最好，即 2009 年 12 月的值最低，此后在冬季剩余的月份有所增加，这是由于这段区域的冰盖主要由热力冰盖组成。由于温尼伯湖的退水效应导致了较低的流速，有利于最下游河段形成热力冰盖。2010 年 2—3 月，由于平均气温增加、较深积雪和较厚冰面的阻隔作用增加，减缓了冰厚增加的速度。沿河上游冰厚增加也很明显，特别是 1—2 月反向散射的增加，例如，在 75km、105km、120km 和 135km 的河段处。2010 年 2 月，在废水处理口和急流处观察到后向散射振幅峰值上升，冰盖可以暂时破裂，从破碎和积累的冰块形成散射点，在河流 90km 处特别明显。从洛克波特到红河泄洪道出口，即河流 35～40km 之间，整个冬天经常会返回振幅一致的高反向散射信号，原因是该河段常形成粗糙冰盖。

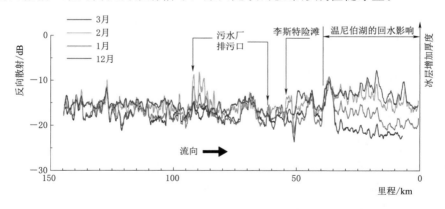

图 5.12 2009—2010 年冬季获得的红河冰盖雷达反向散射纵剖面平滑折线图
（引自 Lindenschmidt et al.，2010；经许可使用）

把所有调查采集到的冰厚数据均值和对应的平均反向散射信号数据的相关关系绘制成图，如图 5.13 所示。粗糙冰盖的数据不包括在相关关系中，如格伦利亚的值。平均反向

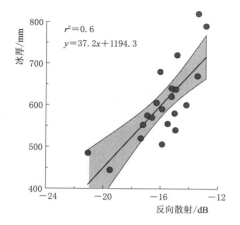

图 5.13 2010 年 1—3 月调查的热力冰盖厚度和反向散射之间的函数关系

散射信号与平均冰厚之间的线性回归得到的相关系数为 $r^2=0.6$。一些重要的异常值发生在冬季的开始和结束时期，与线性关系相比，冰厚偏厚，可能是由于某些地方的冰面被雪弄湿而造成的。在接下来的几年里，这种回归关系将被用于新获得的 S6D 图像，推算出热力冰盖厚度，而不需要重新测量现场的冰厚。

2010—2011 年冬季，河流的大部分地区被粗糙的冰面所覆盖。这在所有剖面的反向散射信号变化中很明显，如图 5.14 所示。是从使用相同的 S6D 光束模式获得的图像计算出来。一些增厚可以从整个冬季的反向散射的逐渐增加中推断出来，但其增长比前几年要小得多。在河流的下游 10km 处一些断面的热力冰盖很明显，这仍然会受到河流所进入湖泊的影响。图 5.15 中提供了 2009—2010 年和 2010—2011 年两个冬季 1 月的反向散射信号比较。虽然第一个冬季在图像采集时条件更加恶劣（2010 年 1 月 17 日和 2011 年 1 月 12 日的累积封冻温度分别为 742℃和 354.5℃），但第一个冬季图像的反向散射信号大约是第二个冬季图像的一半。

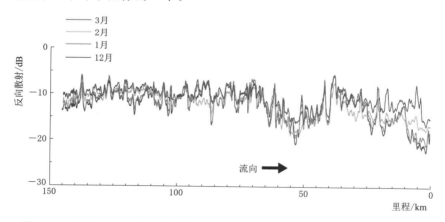

图 5.14 2010—2011 年冬季采集的红河冰盖雷达反向散射纵剖面平滑折线图

通过比较使用相同光束模式连续拍摄的两幅图像的反向散射信号，可以相对容易地确定沿河的两种冰型，即粗糙冰面或平滑冰面。图 5.16 所示是 2012 年 1 月间隔 24 天的反向散射信号的纵剖面图。河流的反向散射信号大小在两个信号之间，如在 0～3km 之间、45～55km 之间以及 63～68km 之间变化很小，表明其是粗糙冰面，其余则主要由平滑冰面组成。图 5.13 中建立的关系可用于从反向散射信号中估算平滑冰面的厚度。根据开河期之前和开河初期的天气条件，可以从冰的类型推测出哪里可能发生冰塞。如果冰盖上的雪融化得早、光照时间长、太阳辐射强烈照射热力冰盖，平滑冰面将比粗糙冰面解冻得快，所以在 3km、55km 以及 68km 处更容易形成冰塞。然而，如果空气温度较低、冰面

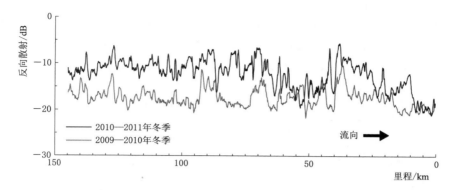

图 5.15 比较 2009—2010 年冬季 1 月和 2010—2011 年冬季 1 月的图片

上的雪持续覆盖到开河，本质上阻挡太阳辐射对冰面的照射，热力冰的完整性可以很好地保持到开河期，粗糙冰会率先融化、消融和开河。在这种情况下，开河初期更容易发生冰塞的位置可能在 45km 和 63km 处。这可能是 2009 年春季红河沿岸冰凌洪水泛滥的原因。更多关于开河期不同冰盖类型经历不同气象条件后结构完整性变化的信息在 3.4 小节"冬末开河和冰塞的影响"中有详细描述。

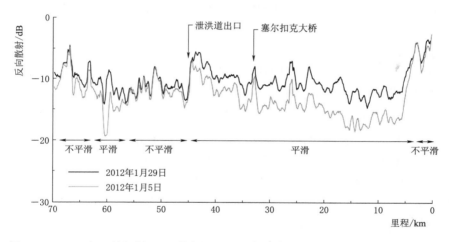

图 5.16 2012 年 1 月间隔 24 天获得的 S6D 下倾波束模式的反向散射信号纵剖面图

5.4 ArcGIS 练习：反向散射信号纵剖面的提取

在本练习中，将从雷达卫星图像中提取反向散射值，以生成这些值沿红河的纵剖面图，如图 5.16 所示。该图像已矫正（移动和拉伸以匹配地面坐标）和修饰（剪掉图像中感兴趣的区域），只显示红河沿岸的这些数值。本练习使用 ESRI®ArcMap™10.4 进行准备。在使用其他版本的 ArcGIS 时，功能可能会有一些偏差。

在 ArcMap 中打开一个新文档。通过选择菜单项序列：自定义→扩展……并选中空间分析选项框；确保打开空间分析扩展功能。除了"目录"窗格和"地图"窗口外，还应打开 Arc 工具箱（选择菜单项"地理处理→Arc 工具箱"）和"目录"（选择菜单项"窗口→目录"）。如果练习文件夹尚未链接到目录，则在"目录"窗格中单击"链接到文件夹"图标 ，以链接包含此遥感练习文件的文件夹，如图 5.17 所示。

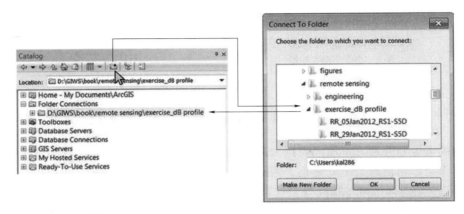

图 5.17 在"目录"窗格中将本练习所需的文件链接到文件夹的示例

通过单击该文件夹的路径名前面的 + 来展开练习文件夹。还可以展开"城市"文件夹，并将"urban. shp"文件拖放到"目录"窗格中。城市中心、温尼伯（较大、下多边形）和塞尔扣克（较小、上多边形）将显示在"地图"窗口中（数据来自 Linden-schmidt et al.，2010）用于定位。同样，展开"沼泽"文件夹，并将"marsh. shp"文件拖放到"目录"窗格中（数据来自 Lindenschmidt et al.，2010）。点击"完整范围"图标 ，以放大到所有的图层。展开"RR_05Jan2012_RS1 – S5D"文件夹，并将"05Jan2012_HH. img"光栅文件拖放到"目录"窗格的顶层。如果弹出警告窗口，请按"关闭"。右键单击"目录"窗格中的"05Jan2012_HH. img"图层，从下拉菜单中选择"属性"，然后选择"符号"选项卡。执行以下步骤（图 5.18）：①检查"显示背景值"框；②选择一个色阶，如图 5.18 所示；③确保选中"反转"框；④从"拉伸类型："下拉列表中选择"最小-最大"；⑤按"确定"关闭窗口。ArcGIS 界面应该如图5.19 所示。

接下来，通过将目录中的"red_pts50m"文件夹中的"red_pts50m. shp"文件拖放到"目录"窗格的顶层，将相距 50m 的中心线点放置在后向散射光栅层上。点击"放大"图标 ，在塞尔扣克东北角的河流中心线点周围画一个方框，如图 5.20 所示。

现在将围绕每个中心线点绘制圆形缓冲区。这些区域表示要从中提取反向散射值用于进一步计算的区域。在 Arc 工具箱中，展开分析工具，然后展开"接近度"，双击缓冲区。如图 5.21 的左图所示，在"输入特性"下拉列表中选择"red_pts50m"，并通过更改"输出特性类"框（例如"red_pts50m_Buffer. shp"）结尾处的文本，为生成的缓冲区文件选择一个文件名。缓冲区半径为 50m，因此，在"线性单元"文本框中插入 50。单击"确定"。创建缓冲区可能需要长达 1min 的时间，如图 5.21 的右图所示。

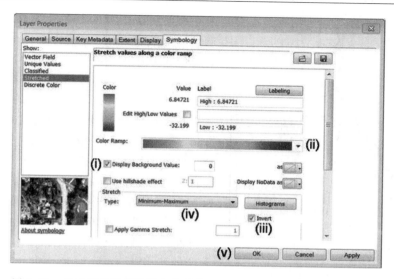

图 5.18 显示反向散射光栅文件的设置（包括上文说明的步骤①～⑤）

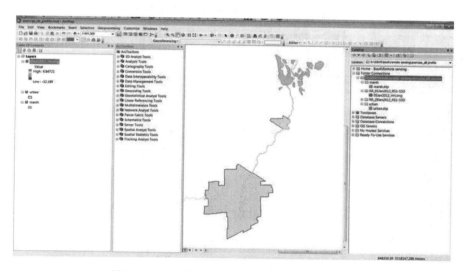

图 5.19 在提取反向散射值之前设置数据输入

现在，对每个缓冲区下面的所有反向散点值取平均值，并与中心线点相关联。在 Arc 工具箱中，展开"空间分析工具"，然后展开"区域"，然后双击"区域统计信息"。使用图 5.22 的左图作为指南，从"输入光栅或特征区域数据"下拉列表中选择缓冲区形状文件（本例中的"red_pts50m_Buffer"）。从"区域字段"下拉列表中选择"ID"。从"输入值光栅"下拉列表中选择"05Jan2012_HH.img"光栅。注意"统计信息类型"下拉列表中的各种统计信息选项，选择"均值"来进行这个练习。选择一个"输出光栅"名称，例如，"区域平均值"，以将平均值写入光栅。单击"确定"。在"目录"窗格中，把"red_pts50m"层移动到顶部，"区域平均值"层放在从上往下数的第二层，因此中心线点显示在"地图"窗口中的区域光栅平均值的顶部，如图 5.22 的右图所示。

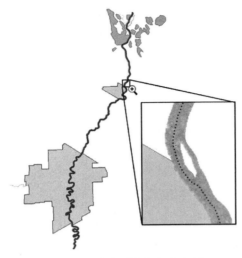

图 5.20 放大到塞尔扣克市区
北侧的中心线点

在下一步中，每个中心线点都从最接近它的"区域平均值"光格中分配一个光栅平均值。在 Arc 工具箱中，展开"空间分析工具"，然后展开"提取"工具，并双击"提取值到点"。遵循图 5.23 中所示的工具窗口中的条目，从"输入点特性"下拉列表中选择中心线点形状文件"red_pts50m"，从"输入光栅"下拉列表中选择"区域平均值"光栅文件。在"输出点特性"浏览框中选择路径和形状文件名（如"提取"），然后单击"确定"。工具成功运行后，在"提取"层上单击鼠标右键，然后选择"打开属性表"。最后一列"光栅值"包含沿河流每个点的平均反向散射值。前 3045 行的值为 −9999（无数据）、0 或 <Null>值。然后出现反向散射值。通过单击最左的灰色框选择"FID＝

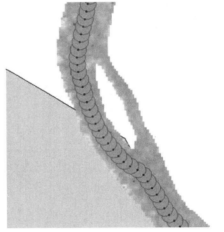

图 5.21 在缓冲区窗口中进行设置（左图）以生成每个中心线点周围的缓冲区（右图）

3045"这一行（该行应显示浅蓝色）。向下滚动到几乎底部，按下"Shift"键，通过单击该行最左边的灰色框来选择"FID（或对象 id）＝5041"的行。FID＝3045 和 FID＝5041 之间的所有行都应显示为浅蓝色，表示它们已被选中。右键单击任何最左边的灰色框，选择"复制选择"。然后，可以将选中的内容复制到一个新的 Microsoft®Excel®表中。

在 Microsoft®Excel®中，只选择 H 列和 N 列，首先点击表格顶部的 H 框，然后按下"Ctrl"键，选择 N 框。通过按顺序选择项目来创建一个散点线图：菜单插入→"散点"图标→"散射线"。通过一些格式调整，该图应该与图 5.24 中所示相似。右键单击图形的边缘并选择"添加趋势线……"，可以绘制平滑的趋势线。沿右侧出现一个窗格，其中趋势线类型可以从默认的线性趋势线更改为滑动平均趋势线。将相关周期增加到 15，以创

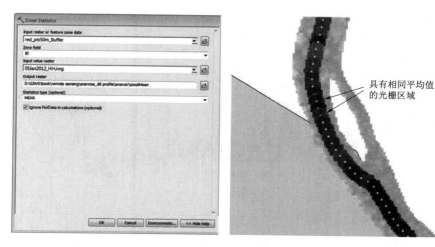

图 5.22   从区域统计窗口（左图）提取每个缓冲区所包含的
所有反向散点值的平均值（右图）

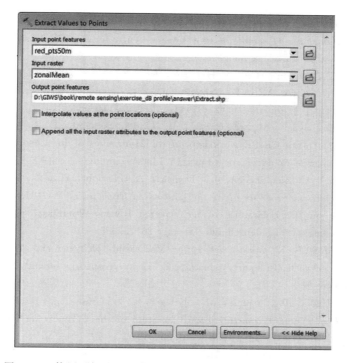

图 5.23   使用"提取点的值"工具将最靠近每个中心线点的区域
平均光栅值关联起来

建图 5.24 中的平滑曲线（设置为黑色）。

鼓励读者使用相同的步骤重复该练习，从 1 月 29 日的图像中提取反向散射值。在同一图上绘制这两个纵剖面图，如图 5.16 所示，允许对冰盖的类型和增厚率进行解释，正如本章 5.1 小节中的详细解释。

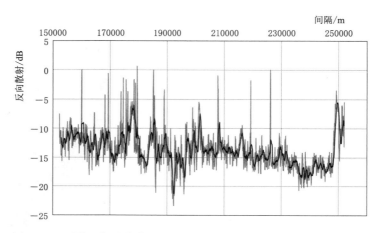

图 5.24 平滑运行平均值相关周期为 15 的平均反向散射值的纵剖面

本章参考文献

CCRS. （2009）. *Fundamentals of remote sensing*. Canada Centre for Remote Sensing，Natural Resources Canada. https：//www. nrcan. gc. ca/node/9309.

Lindenschmidt，K. - E.，Syrenne，G.，& Harrison，R.（2010）. Measuring ice thicknesses along the Red River in Canada using RADARSAT - 2 satellite imagery. *Journal of Water Resource and Protection*，2（11），923 - 933. https：//doi. org/10. 4236/jwarp. 2010. 211110.

Lindenschmidt，K. - E.，Sydor，M.，& Carson，R.（2011，September）. *Ice jam modelling of the Red River in Winnipeg*. 16th CRIPE workshop on the Hydraulics of Ice Covered Rivers，Winnipeg，pp. 274 - 290. http：//cripe. ca/docs/proceedings/16/Lindenschmidt - et - al - 2011b. pdf

Lindenschmidt，K. - E.，van der Sanden，J.，Demski，A.，Drouin，H.，& Geldsetzer，T.（2011，September）. *Characterising river ice along the Lower Red River using RADARSAT - 2 imagery*. 16th CRIPE workshop on the Hydraulics of Ice Covered Rivers，Winnipeg，pp. 198 - 213. http：//cripe. ca/docs/proceedings/16/Lindenschmidt - et - al - 2011a. pdf

MDA.（2009）. *RADARSAT - 2 product description*. MacDonald，Dettwiler and Associates Ltd. https：//mdacorporation. com/docs/default - source/technical - documents/geospatial - services/52 - 1238_rs2_product_description. pdf? sfvrsn＝10

Moreira，A.，Prats - Iraola，P.，Younis，M.，Krieger，G.，Hajnsek，I.，& Papathanassiou，K. P.（2013）. *A tutorial on synthetic aperture radar*. Institute of the German Aerospace Center（DLR），Germany. https：//doi. org/10. 1109/MGRS. 2013. 2248301

Raney，R. K.（1998）. Radar fundamentals：Technical perspective. In F. M. Henderson & A. J. Lewis（Eds.），*Principles and applications of imaging radar*（3rd ed.，pp. 9 - 130）. New York：John Wiley & Sons Inc. .

Unterschultz，K. D.，van der Sanden，J.，& Hicks，F. E.（2009）. Potential of RADARSAT - 1 for the monitoring of river ice. *Cold Regions Science and Technology*，55，238 - 248.

第6章　河冰过程的数值模型（模型描述）

河冰建模是冰凌洪水预报不可或缺的工具。如果可以预报未来模型边界条件的值，那么这些模型可以预报潜在的冰凌洪水退水水位。这既适用于进行洪水预报，也适用于对未来气候变化下冰凌洪水的预报。河冰模型构成了随机建模框架的核心，用于冰凌洪水预报，相关内容在第8章中有具体描述。

6.1　公有的河冰水力学模型

大多数数字河冰模型都是专有的或仅供商业使用。这里介绍的是一个非专有的、开源的河冰模型——RIVICE（Lindenschmidt，2017）。RIVICE 是一个一维水动力学隐式有限差分模型，它考虑了主要的冰现象和过程，如冰盖形成、水内冰形成、岸冰发展合并、锚冰、冰的移动以及冰塞冰坝。该模型由加拿大环境和气候变化组织（ECCC）开发和发布，并由就职于萨斯喀彻温大学全球水安全研究所（GIWS）的作者本人进行维护、进一步开发和推广。Lindenschmidt（2017）和 EC（2013）对该模型进行了大量的描述。本章将通过对每个参数的详细描述来逐步介绍 RIVICE 模型控制文件中的河冰参数（见图6.1）。这个名为"Tape5_controlfile.txt"的文件也可以在本书主页（详见1.5小节提供的链接）的"第6章"文件夹中找到。河冰参数可以在控制文件的 CF-184 和 CF-226 行之间找到，指定为"CF-184～CF-226行"。本章以一个练习结束，即运行为清水河沿线冰塞事件设置的模型并绘制模拟结果。

6.2　冰的沉积、侵蚀以及传输

控制文件中河冰部分的第一个参数是冰沉积的流速阈值。文件的 CF-184 行含有沉积选项 DEPOPT，其中有3个选项可供选择：

1）用户定义的沉积速度阈值（m/s）。

2）迈耶-彼得推移质（沉积物）类比：承认这样一个概念：如果进入的冰体速度很快，那么它下沉的速度也会很快。

3）密度弗汝德数。

在第一种选择中，如图6.2控制文件中 CF-185 行或 v_{dep} 中设置冰沉积 VDEP 的流速阈值，一般假设它等于 1.2m/s。平均流速 v 低于这个值将导致冰沉积在冰盖的底部。只要平均流速 v 大于冰沉积的阈值速度（$v_{dep} < v$），传输中的冰就将保持不变。

DEPOPT=2 根据迈耶-彼得公式提供了推移质（沉积物）类比：

126	[CF 126]	0	32	25	5	0	0	760
127	[CF 127]	2900	32	25	5	0	0	760
128	[CF 128]	2910	32	25	5	0	0	760
129	[CF 129]	9000	32	25	5	0	0	760
…	…	…	…					
…	…	…	…					

```
184 [CF 184]        1 DEPOPT
185 [CF 185]      1. 2 VDEP
186 [CF 186]      0. 6 DIAICE
187 [CF 187]      0. 5 FRMAX
188 [CF 188]       99 EROPT
189 [CF 189]      1. 8 VERODE
190 [CF 190]       99 FTRLIM
191 [CF 191]        3 LEOPT
192 [CF 192]      2. 0 Frontthick  ONLY USED IF LEOPT=3；0THERWISE IGNORED
193 [CF 193]       99 VFACTR
194 [CF 194]      0. 5 POROSC
195 [CF 195]      0. 5 POROSFS
196 [CF 196]        2 SLUSHT
197 [CF 197]       99 COHESN
198 [CF 198]        1 NBRG SW
199 [CF 199]   347      0.5      1.0      1. 0 RLOCBRG，DAYSBR，BRIDTH，THERMD
200 [CF 200]        3 NSHEDF    Input number of load shed factors
201 [CF 201]    1        1. 0 LOCSHED，VALUE
202 [CF 202]   270       2. 0 LOCSHED，VALUE
203 [CF 203]   290       1. 0 LOCSHED，VALUE
 …    …           …       …
211 [CF 211]        2 ICEGENMETHOD（1-DETAILED；2-SIMPLIFIED）
212 [CF 212]       25 HEAT LOSS COEFFICIENT FOR SIMPLE CALC METHOD
213 [CF 213]    0        0 INCOMING ICE VOLUME FOR EACH TIME STEP
214 [CF 214]   720       0 INCOMING ICE VOLUME FOR EACH TIME STEP
215 [CF 215]   721      70 INCOMING ICE VOLUME FOR EACH TIME STEP
216 [CF 216] 14400      70 INCOMING ICE VOLUME FOR EACH TIME STEP
217 [CF 217] ICE INFORMATION THRU RIVINH  INPUT TYPE J ********************************
218 [CF 218] 0. 218      7. 52 K1TAN，K2
219 [CF 219]        2 ICENOPT（1-BELTAOS，2-KGS，3-USER-DEFINED
220 [CF 220]   347   0.5    0.13    0.027     0. 023 IX，FACTOR1，FACTOR2，FACTOR3，CNBED
221 [CF 221]        1 IBORDIBORD（1-USER，2-NEWBURY，3-MATOUSEK）
222 [CF 222]       31 DAYBORDSTART
223 [CF 223]    1        1 BORDUPBRK  BORDWNBRK
224 [CF 224]   347   0.1    0.15     0. 15 IX  BORDCOEF1  BORDCOEF2  BRDTHK
225 [CF 225]    1   57600 MELTOPT（1-USER COEFF, 2-RIVICE ALGO.）；MELTSTART
226 [CF 226]       20   HEAT TRANSFER COEFFICIENT WATER TO ICE（btu/M2/DAY）
```

图 6.1　河冰过程相关参数的部分控制文件

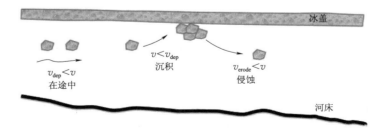

图 6.2　冰的沉积、消减以及传输的速度阈值

$$3281\frac{v^2}{C^2}<12.3d_i+0.84q_u^{2/3} \tag{6.1}$$

式中：v 为冰盖下的平均速度，m/s；C 为谢才粗糙度系数，$m^{1/2}/s$；d_i 为冰碎片的特征尺寸（m），q_u 为冰盖下单位宽度的冰流量。该公式的优点是冰的沉积依赖于冰的流量。但是，d_i 难以参数化，但默认值 DIAICE＝0.15，如第 CF-186 行所示。

对于 DEPOPT＝3，冰沉积由冰盖下密度弗汝德数的阈值控制：

$$F_r=\frac{v}{\sqrt{gH\dfrac{\rho-\rho_i}{\rho}}} \tag{6.2}$$

式中：F_r 为冰可以沉积的最大弗洛德数，由用户在 CF-187 行定义，默认值为 FRMAX＝0.2；v 为平均流速，m/s；g 为重力加速度，＝9.81m/s^2；H 为冰下平均水深，m；ρ 为水的密度，＝1000kg/m^3；ρ_i 为冰的密度，＝920kg/m^3。默认值 FRMAX＝0.2 对 F_r 来说可能太高了。表 6.1 提供了一定冰情条件下的 F_r 范围。

表 6.1　　　　　　　　　　　弗汝德数范围对应的河冰条件

F_r	冰　情
＜0.08～0.15	浮冰和冰盘堆积，合并成冰盖
＜0.08～0.10（保守的）	
＞0.15	冰盖停止发展

EROPT 在 CF-188 行中可以设置两个选项，为冰从冰盖的底部脱落提供一个阈值：

1）冰盖侵蚀的最小流速阈值（m/s）。

2）冰盖侵蚀开始时达到的最小牵引力阈值（m/s）。

在第一种选项中，当 CF-188 中的 EROPT＝1 或 EROPT＝99（"99"表示缺省值为1）时，CF-189 中冰侵蚀 VERODE 的速度阈值通常设置为 1.8m/s。当平均流速 v 超过这个阈值 v_{erode} 时（图 6.2 中 $v_{erode}<v$），冰从冰盖下移出，再流到下游。

对于 EROPT＝2，牵引力计算为

$$F_{tr}=\alpha RS \tag{6.3}$$

式中：F_{tr} 为牵引力，Pa；α 为水的相对密度（在 0℃时等于 9805N/m^3）；R 为冰下的水力半径，m；S 为摩擦比降（一）。如果 F_{tr} 大于 CF-190 行中指定的 FTRLIM，则会发生冰盖底部的侵蚀。FTRLIM 的缺省值是 0.1Pa 或 99（"99"表示缺省值为0.1）。

6.3　前缘稳定性

当冰盘或浮冰接近并到达冰盖前沿时，CF-191 行的 LEOPT 参数基本上有两种选择来控制冰的流入以及冰盖前沿（前缘）累积。

1）窄河道：LEOPT＝1 中，到达的浮冰要么在前面淹没，在下游冰盖下积累；要么浮冰在前部保持漂浮，并向上游方向延伸，这一过程被称为合并。

2）宽河道：LEOPT＝3，其中并置，直到力将冰堆推向下游方向，使其变厚（套叠）

才会发生合并。

　　窄河道和宽河道冰堵塞的差异如图 2.9 所示，并在其附文中进行了描述。第一个案例（窄通道）是基于式（6.4）的（Pariset，1966）：

$$\frac{v}{\sqrt{2gH}}=\sqrt{\frac{\rho-\rho_i}{\rho}\frac{t}{H}\left(1-\frac{t}{H}\right)} \tag{6.4}$$

式中：v 为冰盖前部上游平均流速，m/s；g 为重力加速度，$=9.81\text{m/s}^2$；H 为冰盖前上游平均深度，m；ρ 为水密度，$=1000\text{kg/m}^3$；ρ_i 为冰密度，$=920\text{kg/m}^3$；t 为前方形成的冰的冰厚，m。绘制 t/H 和 $v/\sqrt{2gh}$ 关系图如图 6.3 所示。

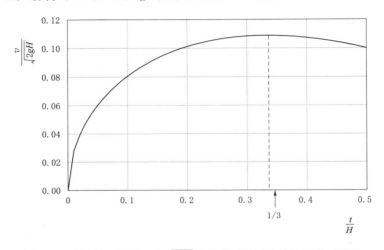

图 6.3　无量纲 t/H 和 $v/\sqrt{2gh}$ 的关系展示了冰前冰厚增厚行为

　　从沿着图 6.3 中的曲线从原点开始，"上游边缘的增厚确实随着流速的增加或深度的增加而增加，但在 $t/H=1/3$ 处出现最大值，从较浅河道增加的推力不再被冰盖增厚而增加的浮力所补偿。"因此，这种情况是不稳定的，所有的浮冰都在冰盖下面下沉并堆积起来，这就是所谓狭窄河道中的第一种冰塞现象。这种现象一直持续到堆积造成的水头损失提高上游水位，导致流速足够低来使冰盖重新发展"（Pariset，1966；第 6 页）。该公式被扩展到 RIVICE 算法，包括接近冰盖前部的冰盘或浮冰的孔隙度 e：

$$\frac{v}{\sqrt{2gH}}=\sqrt{(1-e)\frac{\rho-\rho_i}{\rho}\frac{t}{H}\left(1-\frac{t}{H}\right)} \tag{6.5}$$

　　孔隙率表示充满水的空隙的体积除以累积冰的总体积。考虑到图 6.3 中孔隙率的转变呈下降趋势，因此，在恢复冰盖合并之前，需要更长的退水期，以进一步降低流速。

　　参照图 6.4，描述流冰和累积冰特征的附加参数包括 CF-192 中前缘 FRONTTHICK、CF-194 中冰塞中累积冰的孔隙度 POROSC 以及冰盘或浮冰的孔隙度和厚度、分别是 CF-195 中的 POROSFS 和 CF-196 中的 SLUSHT。控制冰在冰盖下传输的参数也如图 6.4 所示。流冰传输的速度可以通过 CF-193 中的乘数 VFACTR 来按比例增大或缩小。默认值为 VFACTR=1.0。VDEP 和 VERODE 已经在前面讨论过了，如图 6.2 所示。

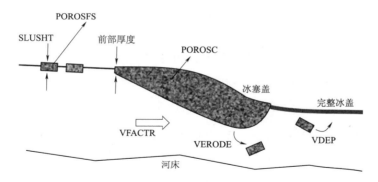

图 6.4　描述流入的冰盘或浮冰的特征和形成堵塞的堆积冰的参数
以及冰盖下冰的传输参数

在第二种情况下，宽河道堵塞，"冰盖将通过连续的推力变厚，直到其在指定部分的内阻力等于外力的和"（Pariset，1966；第 6 页）。在前方的平衡力包括（见图 6.5）：①对抗由流入的水引起冰崖的推力 F_T；②水沿着冰盖底部流动的阻力 F_D；③在河底坡度方向上冰盖重量的组成部分 F_W；④冰盖和河岸之间的摩擦力 F_F；⑤冰盖被冻结到河岸上的黏聚力 F_C；⑥冰盖继续推进和增厚的内阻力 F_I。

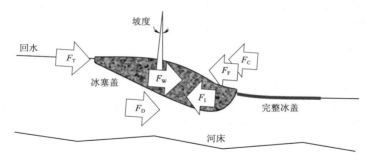

图 6.5　宽河冰塞的冰塞盖受力产生回水的理想表现形式
以确定并置或推挤阈值

下面是对作用于冰盖上的力更详细的描述（Pariset，1966；EC，2013；Sheikholeslami et al.，2017）。水流在冰盖前方的推力 F_T 表示如下：

$$F_T = \left(1 - \frac{d_d}{d_u}\right)^2 v_d^2 B d_u \frac{\gamma}{2g} \tag{6.6}$$

式中：d_u 为冰盖前部上游水深，m；d_d 为前部下水深，m；v_d 为前部下平均宽度流速，m/s；B 为冰盖宽度，m；γ 为水的比重，$=9800\text{N/m}^3$；g 为重力加速度，$=9.81\text{m/s}^2$。

水沿着冰盖下流动引起的阻力 F_D 的数学表达式为

$$F_D = \left(\frac{\gamma d S n_i^{1.5}}{2 n_c^{1.5}}\right) A_i \tag{6.7}$$

式中：S 为水力坡度；n_i 为冰底面的曼宁系数；n_c 为混合糙率；d 为冰盖下水深，m；A_i 为生成的冰盖层底面的表面积，m^2。混合糙率由以下公式计算：

$$n_c = \left(\frac{n_b^{3/2} + n_i^{3/2}}{2} \right)^{2/3} \tag{6.8}$$

式中：n_b，即 CF-220 中的 CNBED，为河床的曼宁系数。

在斜坡方向上作用的冰盖重量 F_W 等于：

$$F_W = \gamma_i V_o S \tag{6.9}$$

式中：γ_i 为冰的比重，$=9020 \text{N/m}^3$；V 为岸冰冰盖体积，m^3；S 为水力坡度。

冰盖和河岸之间摩擦力 F_F 的计算公式如下：

$$F_F = 2fhlK_1\tan\varphi \tag{6.10}$$

式中：f 为沿河道的压缩应力 Pa；K_1 为等于冰盖中横向应力与纵向应力之比的系数；φ 为冰与河岸之间的摩擦角；l 为横截面间距，m；h 为横截面之间冰的平均厚度，m。参数 K_1 和 $\tan\varphi$ 被组合为控制文件 CF-218 行中的一个参数 K1TAN。

黏聚力 $F_C(\text{N})$ 表达式为

$$F_C = 2ctL \tag{6.11}$$

式中：c 为单位面积岸冰的黏聚力；t 为平均冰厚；L 为截面之间的长度。这个方程包含两个因素，因为河的两岸都需要考虑。c 的值类似于 CF-197 行中的 COHESN 参数，默认值等于 0。黏聚力是一种在冻结时冰盖形成过程中经常发生的现象。

内阻力 F_I 计算公式如下：

$$F_I = \gamma_i \left(1 - \frac{\gamma_i}{\gamma} \right) \frac{h^2 B}{2} K_2 e \tag{6.12}$$

式中：K_2，即 CF-218 的 K2，为强度系数；e 为生成的冰盖的孔隙率，即 CF-194 中的 POROSC "冰盖将通过连续的推力变厚，直到其指定部分的内阻力等于外力的和"（Pariset，1966，第 6 页）：

$$F_I = F_T + F_D + F_W - F_F - F_C \tag{6.13}$$

如果 $F_T + F_D + F_W - F_F - F_C < F_I$，流冰在冰的前缘发生合并，冰盖向上游延伸。如果 $F_T + F_D + F_W - F_F - F_C > F_I$，冰盖沿下游方向（伸缩）并变厚，直到力平衡再次变为 $F_T + F_D + F_W - F_F - F_C < F_I$。

6.4　障碍物

阻止冰流动的一种障碍物是沉积物或在建的桥梁，标志着冰量堆积的一个点。通常，冰塞会从这样的停留点开始，冰塞的趾部位于堆积点。用户必须通过标记沉积物横截面编号来限定冰塞的趾部或堆积冰的位置。CF-199 行中的 4 个参数定义了位置和属性，如图 6.6 所示。横截面编号 RLOCBRG 定义了停留点的位置，DAYSBR 表示在模拟期间沉积物在第几天被激活，BRIDTH 是建桥处的冰的初始厚度，THERMD 是沉积物下游完整的冰盖厚度（以米为单位）。如果 THERMD＝0.0，则表示没有完整的冰盖，而沉积物下游的河流是一个露天河段。

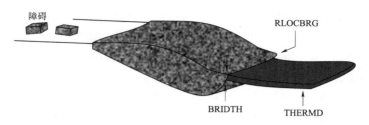

图 6.6 定义堆积冰沉积物特征的参数

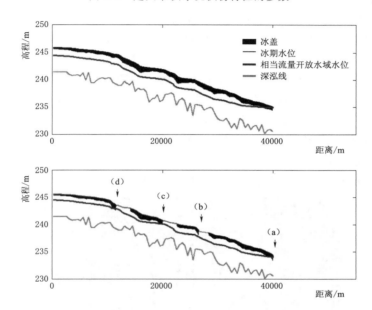

图 6.7 沿着多芬河上游有不同的在建桥结构

（a）从位于最下游的沉积物横截面开始的一个连续的冰盖；（b）四种沉积物形成
四个独立的冰盖，对应于 2012 年 1 月 20 日沿河出现的冰盖（见图 6.8）

表 6.2　　　　　　　　　图 6.7（b）中模拟的四种沉积物的参数

沉积物	RLOCBRG	DAYBR	BRIDTH	THERMD
（a）	2000	2.0	0.15	0.15
（b）	1325	5.0	0.15	0
（c）	1000	5.7	0.15	0
（d）	575	7.5	0.11	0

　　图 6.7 上图所示为沿多芬河上游连续堆积冰的一个例子，下图所示为 4 个独立的冰盖，每一个都由不同的沉积物组成，标记为（a）、（b）、（c）和（d）。在整个模拟过程中，每种沉积物都从不同的时间开始，连续地从沉积物（a）开始。每种沉积物的参数见表 6.2。第一种沉积物（a）位于 40km 外的下游末端，横截面间距设置为 40m；因此最下游的横截面 RLOCBRG 等于 2000。沉积物（a）在模拟期间第 2 天放置，冰厚度为 0.15m。沉积物（a）的下游没有冰盖，因此 THERMD＝0。流冰从沉积物（a）开始堆积、合并，

直到模拟的第 5 天沉积物（b）被放置，DAYBR＝5，流冰在沉积物（b）的上游继续堆积、合并，THERMD 保持为 0，以维持沉积物下游开放水域的延伸。在模拟过程中，以不同的时间 DAYBR、遵循相同的模式放置沉积物（c）和（d）。这两种模拟结果如图 6.7 所示，确定冰盖间若干间歇的开放水域是否会减少河段的总退水期，该模拟验证了它们确实如此。本模拟模型使用不连续冰盖，模拟了河道中实际存在的条件，如图 6.8 所示，沉积物的位置如图中所示，每种沉积物的下游都有明显的开放水域。

河流中的不一定会阻止冰沿河传输，但可以对冰盖的挤压和增厚提供更多的阻力。例如这类障碍物包括岛屿和桥墩，这会增加与冰盖发生额外的摩擦力和黏聚力的河岸的数量。对于这些障碍物，引入一个因子 NSHEDF 来增加摩擦力和黏聚力：

$$F_C = 2chL \times SHEDF \tag{6.14}$$

$$F_F = 2fhL \text{K1TAN} \times SHEDF \tag{6.15}$$

例如，河流中一个岛屿的存在使河岸的数量从 2 个（没有岛屿）增加到 4 个，SHEDF＝2（见图 6.9）。对于两个障碍物，如两个桥墩，"河岸"的数量增加到 6 个，SHEDF＝3。在 CF-200 行中，当所有横截面初始设置为 NSHEDF＝0 时，默认 SHEDF＝1。如果 NSHEDF＞0，按照升序，横截面数和分水岭因子包含在其以下行中，表示沿河横截面分水岭因子值的道岔数（更多细节见 EC，2013；第 95 页）。

图 6.8 2012 年 1 月 20 日获得的 SPOT（人造卫星定位及跟踪）
光学卫星图像
（ⓒ 2012CNES，经黑桥地质公司许可使用）

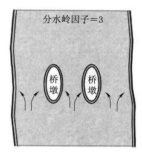

图 6.9 河段无障碍物（左图）、一个障碍物（中图）
和两个障碍物（右图）时的分水岭因子

6.5 冰的形成

冰从沉积物发展需要一个上游的冰源来提供可以在沉积物处累积的冰。在 RIVICE 中模拟了两个来源：水内冰和流动的浮冰。

作为第一个冰源，融雪冰盘是一种冰的形式，可以聚集在沉积物处或冰盖的前面。它们是由沿冰盖前部上游的开放水域内的水内冰形成的，其概念说明如图 6.10（a）所示。形成的冰的体积由从水到大气的热损失 q 决定：

$$q = H_{wa}(T_w - T_a) \tag{6.16}$$

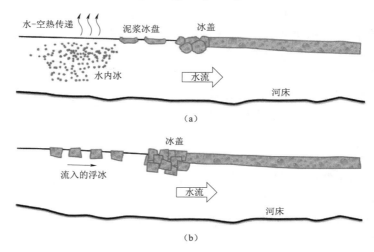

图 6.10 冰的两种来源
（a）水内冰产生的融雪冰盘；（b）流动的浮冰

必须同时满足 $T_w = 0℃$ 和 $T_a < 0℃$，才能生成摩擦冰。H_{wa} 为传热系数，T_w 和 T_a 分别为水和上方覆盖空气的温度。通常，H_{wa} 在 $15 \sim 25 W/(m^2 \cdot ℃)$ 之间，这取决于河流沿岸的条件对热传递的有利程度。许多因素可以减少水对空气的热量传递，包括低风速、河流挡风级别较高（高斜率的河岸和树木提供了更多的遮蔽）和云覆盖，这增加了大气的长波辐射排放，长波辐射是一种可以减缓水内冰产生的重要热源。只有开放水域才会导致热量损失，并且假设移动冰盘造成的热量损失可以忽略不计（Lindenschmidt，2017，第 4 页）。H_{wa} 设置在控制文件的 CF-212 行。在控制文件的 126 行和 129 行之间的"河段的水质描述"部分中，空气温度也必须设置为低于 $0℃$（$32℉$）的值，如图 6.1. 所示。

每个模拟时间步长所产生的冰的体积 V（m^3）可以近似表示如下：

$$V = \frac{H_{wa}A(T_w - T_A)t}{\rho_i \lambda} \tag{6.17}$$

式中：H_{wa} 为传热系数，$W/(m^2 \cdot ℃)$；ρ_i 为冰密度，$= 920 kg/m^3$；λ 为熔化热（$334944 J/kg = 334944 W \cdot s/kg$）；$A$ 为堆积冰锋上游开放水域的表面积，m^2。

第二个冰源是每个时间步长碎冰或浮冰的体积，可从 CF-213 至 CF-216 行的输入内容明确查得，并可表示从建模区域上游漂浮到该区域的任何冰，如图 6.10（b）所示。在破裂时，这是来自建模区域上游的冰、破碎的冰盖或从破裂的冰塞中释放出来的冰；在冻结时，如果模型中堆冰前沿上游的开放水域太短，但实际上比模型所包含的范围向上游延伸得更远，则可以使用此方法添加水内冰作为第二种冰源。CF-213～CF-216 行中每个时间步长的进冰体积 V_{ice} 代表一个阶梯函数：时间步长 0～720 的 $V_{ice}=0 m^3/\Delta t$，时间步长 721～14400 的 $V_{ice}=80 m^3/\Delta t$。

6.6　水力糙率

除了河床外，冰盖底部的粗糙度还提供了额外的沿河水流阻力。有三种方法可以将冰盖的粗糙度参数化：①根据贝尔托斯（Beltaos）；②根据 KGS；③一个用户定义的糙率值。

方法选择由 CF-219 行中的 ICENOPT 参数控制，其中 ICENOPT=1、2 或 3 分别代表使用贝尔托斯、KGS 或用户定义的方法。

在第一种方法中，贝尔托斯构建了一个复合（同时考虑冰盖和河床）糙率 n_c（Beltaos，1996）：

$$n_c = 0.10\sqrt{c}\, t^{1/2} h^{-1/3} \tag{6.18}$$

式中：c 为 0.4～0.6 之间的系数；t 为冰的厚度，m；h 为冰下的水深，m。第 CF-220 行中的参数 FACTOR1 等于 c。复合糙率 n_c 通常在 0.03～0.10 之间。RIVICE 还需要冰盖糙率 n_c 和河床糙率 n_b 的粗糙度系数，这可以从下式获得：

$$\frac{n_i}{n_c} = \left(\frac{R_i}{R_c}\right)^{2/3} \tag{6.19}$$

$$\frac{n_b}{n_c} = \left(\frac{R_b}{R_c}\right)^{2/3} \tag{6.20}$$

式中：R_i 为仅冰盖的水力半径；R_c 为带冰盖的河流截面的总水力半径。水力半径是横截面流面积除以湿周。对于 R_i，湿周是冰盖底面的宽度，而对于 R_c，湿周是沿河床的横截面长度加上冰盖底面的宽度。在这两种情况下，该面积都是冰盖下的横截面积过流面积。

KGS 公式（EC，2013）是基于 Nezhikhovskiy（1964）开发的方法，该方法将冰盖粗糙度与其厚度联系起来（Lindenschmidt，2017）：

$$n_i = \frac{n_{8m}}{0.105}[0.0302\ln(t) + 0.0445] \tag{6.21}$$

式中：t 为冰厚，m；n_{8m} 为 $t=8m$ 处的糙率（见图 6.11）。调整 n_{8m} 使其成为冰盖类型的函数。对于水内冰堆积形成的冰盖，$n_{8m}<0.105$，而对于由固体冰块和浮冰组成的冰盖则更加粗糙，$n_{8m}>0.105$。第 CF-220 行中的 FACTOR2 等于 n_{8m}。

第三种方法采用用户自定义的值即 CF-220 行的 FACTOR3。该方法不依赖于水深或冰厚，其精度也往往不如其他方法准确。河床的糙率——曼宁系数也在 CF-220 行中作为参数 CNBED 输入。IX 是应用参数设置的上游的横截面数。如果不同的参数设置适用于不同的河段，则可以重复 CF-220 行。

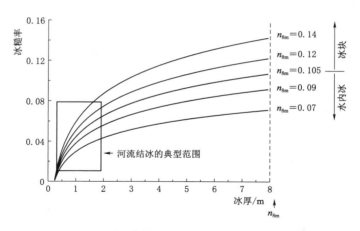

图 6.11　利用参数 n_{8m} 确定冰糙率的 KGS 方法

6.7　岸冰

岸冰，如第 2 章所述，通常从流速相对较低的河岸一直延伸到主河道的中心。通过将 CF-221 行中的 IBORD 参数设置为 1、2 或 3，可以使用以下 3 种方法之一来估算岸冰的长度范围和达到该完整范围所需的时间：①用户定义的方法；②根据纽伯里（Newbury）提出的方法；③根据马图塞克（Matoušek）提出的方法。

在模拟过程中，岸冰形成的开始由 CF-222 行的 DAYBORDSTART 开始设定。岸冰在脱离河岸之前的水位上升量或下降量（以 m 为单位）由 CF-223 行中的参数 BORDUPBRK 和 BORDWNBRK 分别设置，如图 6.12 所示。这使得破碎的岸冰可以顺流而下，并导致冰盖前部的冰堆积。

根据第一种方法——用户定义的方法，IBORD=1，用户确定岸冰的最大长度和冰从横截面Ⅸ开始达到全长的时间计算如下：

$$BIW = BORDCOEF1 \times t \times W \tag{6.22}$$

$$BORDCOEF1 = \frac{a}{b} \tag{6.23}$$

上述式中：BIW 为横截面处岸冰宽度，m；W 为横截面处水面宽度；m；t 为当前模拟时间与总模拟时间之间的模拟时间比；a 为用户在岸冰宽度等于最大岸冰宽度时所定义的模拟时间比；b 为用户在横截面处定义的岸冰宽度比。

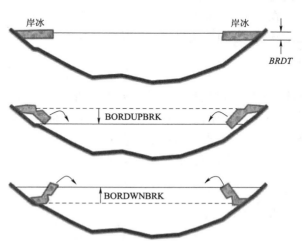

图 6.12　厚度为 $BRDT$ 的岸冰（上图）在水位上升（中图）或水位下降（下图）时可断裂

$$b = \frac{BIW_{\max}}{TCW} \tag{6.24}$$

式中：$BIW_{\max}$ 为最大岸冰宽度；TCW 为河道顶部的宽度。参数特征的描述如图 6.13 所示。

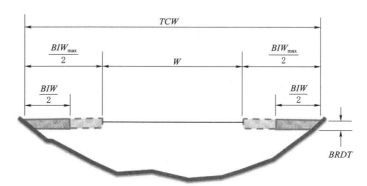

图 6.13　配置顶部河道宽度 TCW、岸冰宽度 BIW、
最大岸冰宽度 $BIW_{\max}$、水面宽度 W

根据 Newbury（1968）的研究，第二种方法是将岸冰的生长与累积冻结天数联系起来（参见第 3.6 小节"电子表格练习：累计冰冻度日"）：

$$BIW = \frac{BORDCOEF1}{v^{BORDCOEF2}} \times CDDF \tag{6.25}$$

式中：BIW 为横截面的岸冰宽度，m；$BORDCOEF1$ 和 $BORDCOEF2$ 在 CF-224 行中设置，默认值分别为 0.054 和 1.5（模拟加拿大马尼托巴省北部的条件）；v 为横截面的平均流速；$CDDF$ 为每天的累积冻结度数，℃·d。CF-224 行中 $BRDT$ 为岸冰厚度。

在 Matousek（1984）提出的第三种方法中，当现有岸冰边缘的流速小于形成脱冰的速度阈值 v_{sb} 时，边界冰就会从河岸发展：

$$v_{sb} = \frac{q}{1130(-1.1 - T_w)} - \frac{b_2 U_2}{1130} \tag{6.26}$$

式中：v_{sb} 为岸冰能够发展的最大垂直平均流速，m/s；q 为从水进入大气层的热通量，W/m^2；T_w 为水温（$=0$℃）；b_2 是宽度系数，$b_2 = -0.9 + 5.8\log W$（其中 W 为水面宽度，m）；U_2 为水面以上 2m 的风速，m/s。

当空气温度 T_a 小于 -12℃时：

$$q = -96 + 11T_a + 3.2(0.7T_a - 0.9)U_2 + 0.1(326 + 4.6T_a) \tag{6.27}$$

当 -12℃$< T_a < 0$℃时：

$$q = -81 + 12T_a + 3.2(0.8T_a + 0.1)U_2 + 0.1(318 + 4.6T_a) \tag{6.28}$$

气温和风速的气象数据见第 126～129 行中控制文件"河段水质描述"部分（见图 6.1），变量定义见表 6.3。控制文件中"水质边界条件"部分第 176 行规定的水温为 32° F(0℃)。

表6.3	对控制文件中第126~129行之间气象数据的描述（见图6.1）					
ATM	ATAMB	ARELH	AW2	ARFS	ARFA	APRESS
0	32	25	5	0	0	760
2900	32	25	5	0	0	760

注 ATM 为模拟时间（h），ATAMB 为环境空气温度（°F），ARELH 为相对湿度（%），AW2 为水面以上 2m 风速（英里/h），ARFS 为净太阳通量 [BTU/(ft² · d)]，ARFA 为净大气通量 [BTU/(ft² · d)]，APRESS 为大气压力（mmHg）。

6.8 边界条件

进入建模区域的水流排放量构成了上游模型边界条件 Q_{us}。水位 W_{ds} 构成了模型的下游边界条件。两者都在从 CF-138 行到 CF-153 行的控制文件的 F 节中提供，如图 6.14 所示。水面高程和水流排放量的水文关系图可能随时间而变化。在图 6.14 的例子中，为了模拟稳态条件，每个值随时间保持不变，$Q_{us}=215\text{m}^3/\text{s}$ 和 $W_{ds}=242.43\text{m}$，还可以插入不同的时变值来合并水文关系图数据。

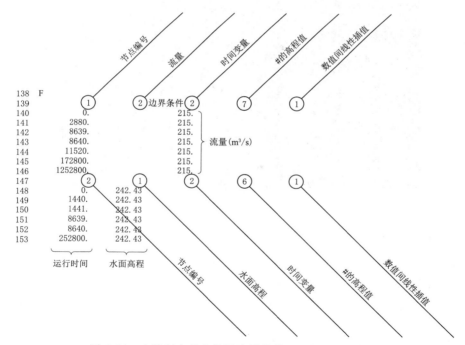

图 6.14 在控制文件中设置边界条件 Q_{us} 和 W_{ds} 的变量

6.9 建模练习：运行 RIVICE

在这个练习中，将下载 1978 年清水河畔洪水事件的 RIVICE 模型并运行。首先，用户必须在 RIVICE 网站（见本书 1.5 小节提供的链接）注册，以获得密码信息，下载

RIVICE，并提取执行练习所需的压缩 zip 文件。

　　首先，首先在 Windows 资源管理器中点击"C："，在"C："驱动器上创建一个"RIVICE"目录。右键单击驱动器并选择"新建"→"文件夹"以创建"新文件夹"。请将该文件夹重命名为"RIVICE"。从您个人电脑上的网络链接（见本书 1.5 小节提供的链接）中将压缩文件"cw_1978_shed.exe"下载到刚刚创建的"RIVICE"文件夹中。双击该文件以提取文件夹"cw_1978_shed"。点击"自解压 ZIP 文件"消息中的"确定"按钮。单击到"cw_1978_shed"子文件夹中以查看这些文件。

　　该控制文件被称为"TAPE5.txt"。在文本编辑器中打开它（"记事本＋＋"是一个很好的选择），双击文件，或右键单击文件并从弹出菜单中选择"编辑"或另一个编辑器选项。向下滚动到第 184 行，以查看本章前面讨论的河冰参数设置。

　　要运行该模型，首先应通过双击"cw_1978_shed"子文件夹中的"命令.bat"文件来打开一个命令窗口。这时会出现如图 6.15 中所示的 DOS 窗口。

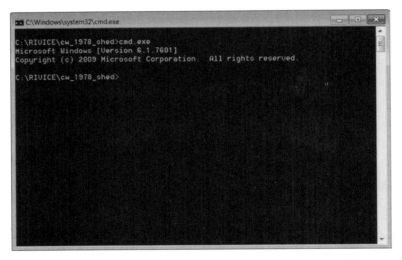

图 6.15　运行 RIVICE 的命令窗口

　　在命令窗口中键入"rivice.bat"以运行 RIVICE。应该会出现第二个命令窗口，如图 6.16 所示，指示模拟的时间步长和冰盖前缘的横截面位置（可能需要几秒钟的时间才能出现信息，这取决于你的计算机的速度）。模拟将运行 14400 个时间步长，如 TAPE5.txt 中第 6 行所示。同一行提供模拟的总长度，等于 432000s。因此，每个时间步长为 432000/14400＝30s。如 TAPE5.txt 中第 130 行所示，共 347 个截面，构成了完整的模型域，最上游横截面为 1，最下游横截面为 347。在一台配备了 2.70GHz 的 i7 核心处理器的电脑上，模型运行时间不到 4min。模拟完成后，第二个窗口将关闭。

　　一旦模型完成运行，将产生两种类型的输出文件，以"P_"为前缀的纵剖面图文件和以"H_"为前缀的水文关系图文件，也可以在"cw_1978_shed"文件夹中找到。最后一个时间步长 14400 的纵剖面图可以在文件"P_01_014400"中找到，在文本编辑器中打开此文件，然后单击进入。按"Ctrl"加"a"键，选择文件的所有内容。按"Ctrl"加"c"键复制数据。将复制的内容粘贴到一个新的 Microsoft®Excel®文件中，通过右键单击

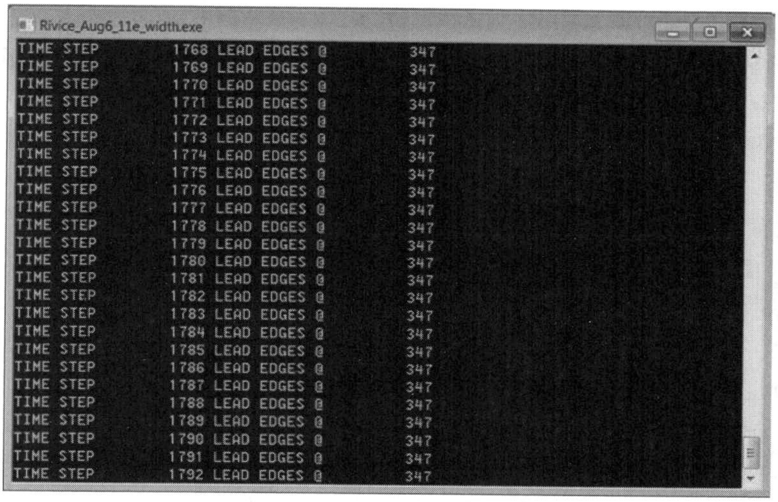

图 6.16 第二个命令窗口，显示模拟的时间步长和与冰盖前缘位置对应的横截面号码

左上单元格 A1，并选择菜单组合"HOME"→"粘贴"→"使用文本导入向导……"打开"文本导入向导"窗口。第一步是点击单选按钮"定界"，并按下"下一步"按钮。第二步是检查"空格"，并按下"完成"按钮。应该出现 10 列数据。通过选择第 1 行并单击菜单组合"HOME"→"插入"→"插入图纸行"来插入标题行。输入以第一列数据开头的标题："距离（m）""地面高程（m）""水深（m）""排放量（cms）""流速（m/s）""曼宁系数 N""谢才系数 C""面积（m^2）""RH（m）"和"冰厚（m）"，如图 6.17所示。"RH"代表水力半径。

	A	B	C	D	E	F	G	H	I	J	K
1		DISTANCE (m)	SURFACE ELEVATION (m a.s.l.)	WATER DEPTH (m)	DISCHARGE (cms)	FLOW VELOCITY (m/s)	MANNING N	CHEZY C	AREA (m2)	RH (m)	ICE THICK (m)
2		0	245.014	4.263	215	0.511	0.023	51.5	421.07	2.77	0
3		50	245.012	4.264	215	0.513	0.023	51.5	419.11	2.75	0
4		100	245.01	4.266	214.9	0.51	0.023	51.5	421.66	2.75	0
5		150	245.009	4.267	214.9	0.507	0.023	51.5	423.97	2.75	0
6		200	245.007	4.269	214.7	0.504	0.023	51.5	425.92	2.75	0
7		250	245.006	4.271	214.8	0.502	0.023	51.5	427.96	2.75	0
8		300	245.004	4.272	214.6	0.499	0.023	51.5	430.33	2.76	0
9		350	245.003	4.274	214.6	0.496	0.023	51.5	432.53	2.76	0
10		400	245.001	4.275	214.5	0.494	0.023	51.5	434.39	2.76	0
11		450	245	4.277	214.5	0.491	0.023	51.5	436.69	2.77	0
12		500	244.998	4.279	214.3	0.488	0.023	51.5	439	2.77	0
13		550	244.997	4.28	214.4	0.486	0.023	51.6	440.99	2.78	0
14		600	244.995	4.282	214.2	0.483	0.023	51.6	443.15	2.78	0
15		650	244.994	4.284	214.2	0.481	0.023	51.6	445.4	2.79	0
16		700	244.992	4.285	214.1	0.478	0.023	51.6	447.43	2.8	0
17		750	244.991	4.287	214.1	0.476	0.023	51.6	449.86	2.81	0
18		800	244.989	4.289	213.9	0.473	0.023	51.7	451.97	2.82	0
19		850	244.988	4.291	214	0.471	0.023	51.7	454.72	2.83	0
20		900	244.986	4.292	213.8	0.468	0.023	51.7	457.02	2.84	0

图 6.17 来自纵剖面图结果文件的数据表

在单元格 L1 中包含标题"Thalweg"，并将公式"=C2−D2"插入单元格 L2 中，用相同的公式填充下面的单元格。在单元格 M1 和 N1 中，分别插入标题"冰顶"和"冰底"。由于冰的比重为 0.92，8% 的冰厚在水面之上，92% 的冰厚在水面下。因此，冰盖表层（Ice_{top}）和底面（Ice_{bottom}）在每个横截面处的高程分别为

$$Ice_{top} = W_{surface} + 0.08 \times Ice_{thick} \tag{6.29}$$

$$Ice_{bottom} = W_{surface} - 0.92 \times Ice_{thick} \tag{6.30}$$

在 M2 中插入公式"＝C2＋0.08K2"，在 N2 中插入公式"＝C2－0.92K2"。用相同的公式填充下面的所有单元格。要绘制出部分结果，按下"Ctrl"键，依次选择 B、C、L、M、N 列，选择菜单组合"插入"→"散点图"→"折线散点图"，与图 6.18（a）相似。x 轴表示桩号（m），y 轴表示高程（m）。在 Excel 文件"result_profile.xlsm"中提供了一个答案，也可以在"cw_1978_shed"子文件夹中找到。由于桩长 0～6600m 处的冰厚度为 0，水面曲线与冰顶和冰底曲线重合。再往下游走，冰盖层很明显，其厚度在冰的顶部和底部表面之间。关于这个模拟的更多细节将在下一章中提供。

现在将重复模拟，但有更高的排放量，以更好地显示冰的干扰效应。找到 TAPE5.txt 文件的第 140～146 行，并将所有排放值从 215m³/s 更改为 415m³/s。确保"P_01_014400.TXT"文件已关闭。通过在命令窗口中输入"rivice.bat"（按"↑"和"↓"键，之前输入的 DOS 命令再次出现在命令行中）来删除 RIVICE。重复上述步骤，从新的"P_01_014400.TXT"文件中绘制数据，得到一个类似图 6.18（b）所示的图表。请注意，随着排放量的增加，干扰越严重，退水期也越长。

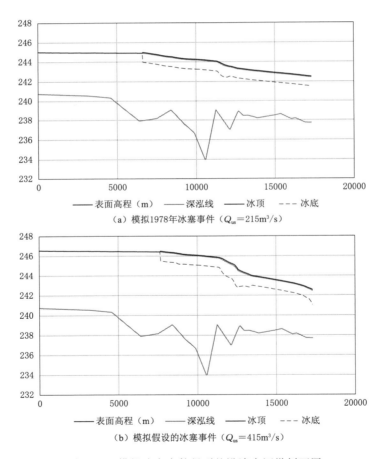

（a）模拟1978年冰塞事件（Q_{us}＝215m³/s）

（b）模拟假设的冰塞事件（Q_{us}＝415m³/s）

图 6.18　模拟冰塞事件得到的沿清水河纵剖面图

本章参考文献

Beltaos，S. (1996). *User's manual for the RIVJAM model*. National Water Research Institute Contribution 96 - 37，Burlington，Canada.

EC. (2013). *RIVICE—User's manual*. Environment Canada. Available at：http：//giws. usask. ca/rivice/Manual/RIVICE_Manual_2013 - 01 - 11. pdf

Lindenschmidt，K. - E. (2017). RIVICE—A non - proprietary，open - source，one - dimensional river - ice and water - quality model. *Water*，9，314. https：//doi. org/10. 3390/w9050314.

Matoušek，V. 1984). *Regularity of the freezing - up of the water surface and heat exchange between water body and water surface*. International Association for Hydro - Environment Engineering and Research (IAHR) Ice symposium 1984，Hamburg，Germany，pp. 187 - 200.

Newbury，R. W. (1968). *The Nelson River：A study of subarctic river processes*. Ph. D. thesis，Johns Hopkins University.

Nezhikhovskiy，R. A. (1964). Coefficients of roughness of bottom surface on slush - ice cover. In *Soviet hydrology* (pp. 127 - 150). Washington，D. C. ：American Geophysical Union.

Pariset，E. ，Hausser，R. & Gagnon，A. (1966). Formation of ice covers and ice jams in rivers. *Journal of the Hydraulics Division*，*Proceedings of the American Society of Civil Engineers*，92 (HY6)，1 - 24.

Sheikholeslami，R. ，Yassin，F. ，Lindenschmidt，K. - E. & Razavi，S. (2017). Improved understanding of river ice processes using global sensitivity analysis approaches. *Journal of Hydrologic Engineering*，22 (11)，04017048. https：//doi. org/10. 1061/ (ASCE) HE. 1943 - 5584. 0001574.

第7章 河冰过程的数值建模（应用）

本章提供了一个 RIVICE 应用的例子，通过模拟河流沿程的冰塞和模拟场景，以研究缓解冰塞洪水的措施。在本章的末尾提供了一个建模练习，向读者展示在一个自动化模型多次运行的框架中设置 RIVICE。该框架是冰塞洪水随机模型的蒙特卡罗模拟的必要条件，将在下面的章节中进行描述。

7.1 背景

阿萨巴斯卡河沿岸的麦克默里堡镇经常饱受高危险等级的冰塞洪水困扰，一般是在春季的开河期。大大提高冰的过流能力是一项有效的缓解策略（Ettema et al.，1994）。提高运输能力的一种方式是在最容易发生堆积冰和拥堵的地区疏浚河床沉积物（Burrell et al.，2015）。通过与 RIVICE 一起，Lindenschmidt（2013）的建模练习展示了沿红河下游的疏浚如何减少冰塞和随后的阶段的严重程度。影响最大的是在冰塞前部的上游和其覆盖层。每年在红河沿岸的重要地点进行水深调查，以监测沿河沉积物沉积的速率和数量，这些沉积物可能会限制冰的流动，堵塞并导致河流沿岸额外的冰堆积。位于瑞典和芬兰边境的托恩河，其沿岸的托尔尼奥市也进行了疏浚，加深河道使冰流经城市，并将潜在的冰塞移到下游（Lindenschmidt et al.，2018）。这一策略也可应用于阿萨巴斯卡河和清水河汇合处，以降低清水河下游的洪水水位。

然而，疏浚工作也有一些缺点。在阿勒格尼河沿岸宾夕法尼亚州石油城，一次疏浚工作形成了一个大水池，并在上面迅速形成了一个坚实的冰盖。然而，这个池子变成了封冻期上游产生的水内冰的陷阱，然后阻塞并减少了流量的横截面积。另一个例子是作为魁北克省圣雷蒙德·德·波特纽夫市（St. Raymond de Portneuf）防洪战略的一部分而进行的疏浚工作（Kovachis et al.，2017），用于缓解敞水，但对可能出现的由吊冰坝和冰塞引起的洪水无效。

在清水河支流和阿萨巴斯卡河干流的汇合处，也有一个冰塞危险区。由于两个河段合并成一个河段的形态变化导致流量、沉积物和冰的突然变化，河流汇合往往易导致冰塞和冰塞洪水（Ettema，2008）。过去做了大量的工作来研究干流及其支流的冰盖形成和破裂对汇流处冰塞的影响，例如密西西比州/密苏里州（Ettema et al.，1997；Ettema et al.，2001）、麦肯齐/利亚德（Prowse，1986）、弗雷泽/内卡科（Hirschfield et al.，2012）、波库派恩/蓝鱼（Jasek，1997）以及皮斯/斯莫基（Lindenschmidt et al.，2016）河流汇流。

本章重点介绍位于麦克默里堡镇的阿萨巴斯卡河/清水河汇流处，过去多次发生大规模的洪水。通过对阿萨巴斯卡河和清水河进行计算机建模，可以深入了解水流和河冰过程的重要性如何在这两条河流之间转换，以及关注冰塞和随后的洪水。1977 年的冰塞事件是麦克默里堡市中心有记录以来最具灾难性的冰灾之一，人们对此给予了额外的关注，深入了解该极端事件的过程以及潜在的缓解措施的可行性，特别是疏浚工作。利用前一章中讨论的河冰计算机模型 RIVICE 来研究这种策略。此外，以下有些内容节选自 Lindenschmidt（2017b）并已获得许可。

7.2 位置描述

麦克默里堡镇位于阿尔伯塔省东北部，在阿萨巴斯卡河和清水河的交汇处（见图7.1）。市中心的商业区从汇合处沿着清水河的左侧（向下游）滩地向上游延伸，非常容易受到洪水的影响。

图 7.1 麦克默里堡位于阿萨巴斯卡河（干流）和清水河（支流）的交汇处

有几个因素使汇合处容易发生冰塞和冰塞洪水。阿萨巴斯卡河的河床坡度由汇合处上游 0.0010m/m 急剧变化到汇合处及下游 0.0003m/m。阿萨巴斯卡河河床坡度平坦，导致冰流减速，使汇合区非常容易受到冰层堆积的影响。陡峭的河床，以及在阿萨巴斯卡镇和麦克默里堡之间的阿萨巴斯卡河上游有断断续续的急流，是厚厚的碎石冰块的主要来源。许多冰堵塞—冰释放—冰流动发生在这个范围内（She et al.，2006；She et al.，2009），大量累积的水和冰被释放到汇合区。汇合处及下游有许多岛屿和沙洲，为阻止结冰提供了停留点，导致冰瓦砾的堆积和拥堵。该清水河支流较阿萨巴斯卡河干流的坡面平坦（<0.0002m/m）。此外，两条河流的河床在汇合处相互对齐，从清水河河口和阿萨巴斯卡河的相邻截面可以看出（见图7.2）。这两种条件都有利于阿萨巴斯卡河沿岸的冰塞和洪水造成的退水进入清水河。

加拿大水资源调查局（WSC）测量仪提供了"麦克默里堡下面的阿萨巴斯卡河"（以下在本章中称为"阿萨巴斯卡水位计"）和"德雷珀的清水河"（以下简称"德雷珀水位计"）每日流量和水位的扩展记录。图7.3显示了开河时两个水位记录的径流频率超标分布。对于这些事件，在阿萨巴斯卡水位计处的流量大约是德雷珀水位计处的3倍。由于

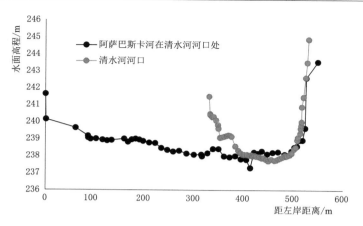

图 7.2　横跨清水河河口和毗邻阿萨巴斯卡河的部分调查

阿萨巴斯卡水位计位于汇合处的下游，从阿萨巴斯卡河上游流出的流量近似为清水河流量的 2 倍。阿萨巴斯卡河流量-频率分布中流量增加的速率大于清水河，这反映了每个集水区的大小（麦克默里堡大桥处的阿萨巴斯卡河 $\approx 100000 km^2$；清水河河口 $\approx 32000 km^2$）。

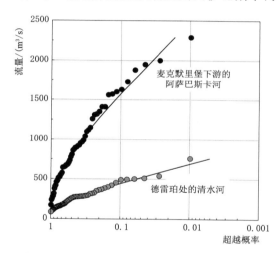

图 7.3　"麦克默里堡下游的阿萨巴斯卡河"和"德雷珀处的清水河"开河后的流速-频率分布

图 7.4 显示了冰塞、开河后（最后一个 B 标志；见方框 3.1）、封河（第一个 B 标志；见方框 3.1）以及根据阿萨巴斯卡水位计和德雷珀水位计记录计算出的开放水阶段的水位-频率分布。冰塞阶段使用了瞬时最大值（见方框 8.1），以及开河后、封河、开放水阶段日水位升高的平均值。很明显，阿萨巴斯卡河冰上、冰下的河流条件之间的阶段比清水河沿岸的阶段范围更大，再次表明阿萨巴斯卡河比清水河更有利于冰堆积。Beltaos（2014）指出，春季开河时槽蓄水释放过快和封河时水位较低，会增加冰塞和洪水的严重程度。针对 1977 年、1978 年和 1979 年的事件沿阿萨巴斯卡河和清水河建模。在阿萨巴斯卡水位计上，这些事件分别对应于每年的超越概率（AEP），分别约为 1∶10 年、1∶2 年和 1∶25 年。在清水河下游，各 AEP 值分别为 1∶40 年、1∶2 年和 1∶10 年。1977 年的事件是清水河有记录以来最严重的冰凌洪水事件之一，麦克默里堡洪水的严重程度从图 7.5 中可以看出。

　　阿萨巴斯卡河沿岸的冰塞洪水的水位很高（Andres et al.，1984；Doyle，1977）。阿萨巴斯卡水位计和德雷珀水位计都有大量的水位和流量记录，可以追溯到 20 世纪 50 年代。伍德布法罗市政当局（RMWB）的水位计提供了短期的水位记录（2015 年至今）："清水河北方运输有限公司场地"（以下简称"NTCL 场地水位计"）和"沃特韦斯清水

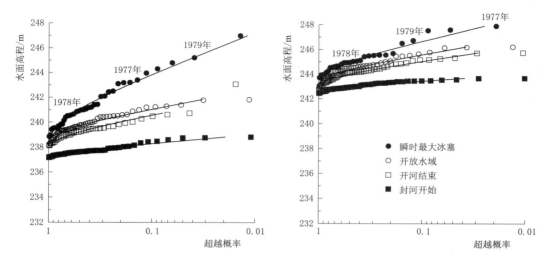

图 7.4　由于冰塞事件造成的瞬时最大值的水位-频率分布，以及"麦克默里堡
下游的阿萨巴斯卡河"（左图）和"德雷珀处的清水河"（右图）
上记录的开放水域、开河后和封河的日水位平均值

图 7.5　1977 年麦克默里堡市中心的冰凌洪水（从西北方向向东南方向看）
［资料来源：Machielse（2014），https：//albertawater.com/ice-jams；经许可使用］

河"（以下简称"沃特韦斯水位计"）。Doyle（1977）也提到了一种名为"清水学校附近
的清水河"（以下简称"清水学校水位计"），但只适用于 1977 年的冰塞事件。

　　清水河河口没有长期的水位记录；然而，通过从 Lindenschmidt（2017a）中提取的阿
萨巴斯卡河冰塞事件的模拟集合，构建了瞬时水位最大值的水位-频率分布。水位-频率分
布如图 7.6 所示，以及由德雷珀水位计记录的瞬时水位最大值。随着超越概率的降低，从
清水河河口模拟阶段计算出的分布以更高的速率增加，并接近与德雷珀水位计记录的水位
相同的退水水位（$p < 0.01$）。

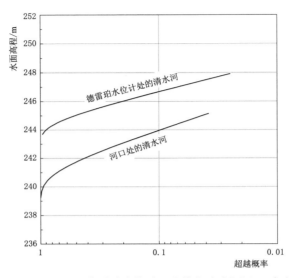

图 7.6　记录于德雷珀水位计上的模拟清水河河口瞬时
最高水位的水位-频率分布

7.3　计算机建模设置与模型分析

利用河冰模型 RIVICE 对阿萨巴斯卡河和清水河沿线的流量和冰的状态进行了模拟。在上一章中提供了对该模型的描述。用阿萨巴斯卡河和清水河两个 RIVICE 模型来模拟1977 年、1978 年和 1979 年的冰塞事件过程。每个模型域的上下游边界如图 7.1 所示。

7.3.1　横截面

需要河流的横截面来捕获沿河横截面流通面积，这是精确模拟流量、流速和水位的重要先决条件。横截面由沿河床横断面的测量海拔点组成。沿阿萨巴斯卡河横断面的示例如图 7.7 所示，显示麦克默里堡上游陡峭河道以及城镇下游较不陡峭河道之间宽度和流通面积的差异。采用 55 个横截面建立阿萨巴斯卡河模型，沿着图 7.1 中所示的区域延伸了51.4km，来自 NHC（2014）的 22 个横截面建立清水河模型，从德雷珀水位计下游到两条河的汇合处延伸 17.3km。

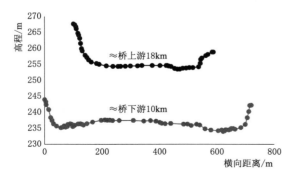

图 7.7　阿萨巴斯卡河模型使用的横截面示例
［Lindenschmidt（2017b）；经许可使用］

7.3.2　边界条件

通常情况下，当模拟冰塞时，水流速率作为上游边界条件，而水位高程作为下游边界条件。德雷珀水位计处记录的流量作为清水河模型的上游流量边界条件，从阿萨巴斯卡水位计记录的流量中减去这些流量，并作为阿萨巴斯卡河模型的上游流量边界条件。阿萨巴斯卡河模型有一个额外的横向流量输入，代表来自清水河的流量。

阿萨巴斯卡水位计记录的水位高程向下移动，以提供阿萨巴斯卡河模型下游边界条件的水位估计。对于清水河模型，德雷珀水位计记录的流量提供了上游边界条件值，而清水河河口下游边界条件的水位高度来自 Doyle（1977）、Andres 和 Doyle（1984）的观测以及 Lindenschmidt（2017a）提取的模拟值。

根据 Doyle（1977），阿萨巴斯卡水位计和德雷珀水位计以及沃特韦斯水位计、NTCL 场地水位计和清水学校水位计记录的水位高度，用于模型校准。最初的冰盖和冰碎石的厚度是从 Doyle（1977）及 Andres 和 Doyle（1984）中得来的。这两个参考资料中也提供了阿萨巴斯卡河沿线的高水位标记。其他参数，如冰孔隙度、厚度和力参数（如 $K1TAN$ 和 $K2$）也采用了为阿萨巴斯卡河模型校准的参数（Lindenschmidt，2017b）。

7.3.3　局部敏感性分析

对上一章介绍的河冰参数和边界条件值进行了局部敏感性分析，以确定它们对退水期输出的影响。从校准后的模型开始，通过将参数和边界条件值降低相同的百分比（10％）来干扰参数和边界条件值，以确定输出的变化，即冰塞住宿位置上游 5km 处的水位变化。每个参数/边界条件值一次扰动一个，即只增加一个参数/边界条件值，以确定校准输出的输出差，然后在扰动下一个参数/边界条件值之前将其重置为原始值。灵敏度 S 的计算结果如下：

$$S = \frac{\Delta O}{\Delta P} \times \frac{P}{O_C} = \frac{O_P - O_C}{O_C} \times \frac{P}{1.1P - P} = 10 \times \frac{O_P - O_C}{O_C} \tag{7.1}$$

式中：ΔO 为输出值的变化，即校准的输出 O_C 与被扰动的输出 O_P、P 之差为被扰动的参数或边界条件的值，即增加 10％。

7.4　模拟

从阿萨巴斯卡模型中，对所有三个冰塞事件的计算结果如图 7.8 所示。"开阔水域的剖面"揭示了冰盖和堵塞发生了多少分期。对曼宁粗糙度系数 n_{bed} 为 0.025 进行校准，以将模拟的开放水位高度与水位计记录的水位高度（蓝点）相匹配。包括在每次冰塞洪水事件峰值时达到的调查水位高度（粉色菱形），以指导剩余河冰参数的校准和评估模型性能。一般来说，冰塞洪水剖面与测量的水位标高点吻合较好。1978 年的冰塞事件很难校准，并在模拟的和观测到的水位剖面之间产生了较大的偏差。这是由于冰塞上游的流量（1850m^3/s）远远超过水位计记录的下游流量（544m^3/s）。为了实现连续性，上游额外的水可能被分流到堵塞周围，这在模型中没有考虑到。在 1977 年的事件中，Doyle（1977）也报道了类似的改道，他说："洪水淹没了岛屿桥梁下游右侧的冰，但冰盖完好无损，而岛屿左侧的冰盖被打破，所有的水流都在岛的左侧流动。"增加模拟冰塞水位剖面的流量，以适应测量的水位点，需要冰塞坡脚下游的冰盖略微抬升，以便在冰塞坡脚下允许额外流量，并保持计算稳定性。利用上游 1500m^3/s 的边界流量，在略微低估的上游水位剖面和略微高估的下游冰覆盖高度之间达到了"帕累托"平衡。在其他研究事件中，上游流量和下游水位计流量读数之间存在一些差异，但与 1978 年的冰塞程度不同。Andres 和 Doyle（1984）估计 1977 年冰塞上游的流量范围为 1135～1600m^3/s，水位计记录为 934m^3/s。1979 年，当水位计读数显示为 1480m^3/s 时，上游流量估计在 1300～1850m^3/s 之间"（Lindenschmidt，2017b；第 9～10 页）。

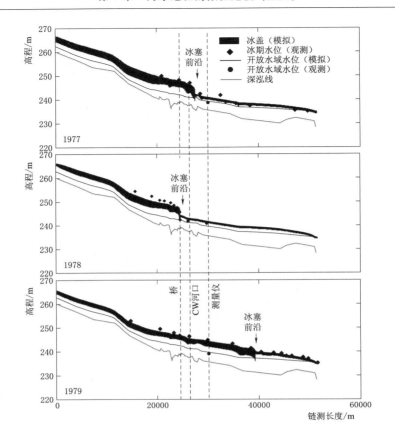

图 7.8　1977 年（上图）、1978 年（中图）和 1979 年（底图）冰塞模拟的冰盖
和水位轮廓模拟［虚线表示麦克默里堡大桥的位置，它穿过阿萨巴斯卡河（桥）、
清水河河口（CW 口）和阿萨巴斯卡流量计（水位计）］
（资料来源：Lindenschmidt，2017b；经许可使用）

　　"1978 年的冰塞事件是一个特殊的情况，因为它的冰塞脚下位于桥墩上，这为堵塞提供了额外的支持和力量，以保持其高容量的碎石冰和高退水水平。一些额外的支撑这么大阻塞所需的强度可以包含在模型中，考虑到水中的桥墩，SHED 系数增加了 5，将冰盖中的大部分纵向压应力横向作用到河岸和桥墩上。然而，它可能没有全部分散，一些这种大小的冰塞纵向压应力可能会垂直作用到河岸上，也许还会沿着冰坝的各个点作用到河床或沙洲上。这种力的作用还没有包括在模型中，是未来模型开发中需要解决的问题"（Lindenschmidt，2017b；第 10～11 页）。

　　阿萨巴斯卡河和清水河模型首先在无冰处理的开放水域水力模式下运行，以校准河床粗糙度系数（n_b），阿萨巴斯卡河和清水河的河床粗糙度系数分别为 0.025 和 0.023。图 7.9 中提供了一个清水河开放水域校准的纵向水位剖面的例子，结果表明，模拟值与观测值吻合较好。

　　在 1977 年、1978 年和 1979 年进行了清水河冰塞洪水模拟，这些事件提供了一系列有记录以来最严重的冰塞洪水数据（1977 年，AEP≈1∶40 年）、10 年一遇（1979 年，AEP≈1∶10 年）和两年一遇（1978 年，AEP≈1∶2 年）。采用一个范围来确定模型参数

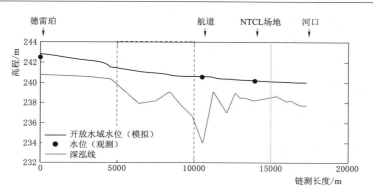

图 7.9 2015 年 9 月 29 日和 30 日清水河模型开放水域校准（流量为 61m^3/s）

和边界条件对变量（退水水位）的敏感度变化，以及清水河沿线每个冰-洪水事件的主导过程，并将其敏感度与 1977 年的阿萨巴斯卡河模型进行了比较。

图 7.10 显示了 1977 年、1979 年和 1978 年（冰塞严重程度的降低）清水河下游模拟

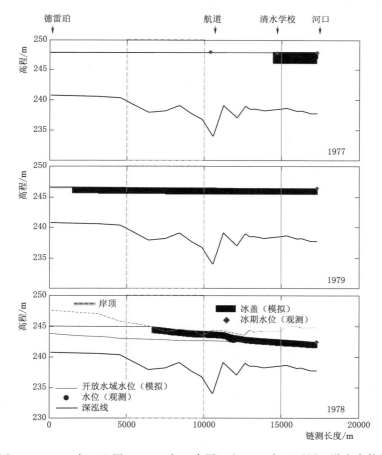

图 7.10 1977 年（上图）、1979 年（中图）和 1978 年（下图）洪水事件的
退水水位纵向剖面（按严重程度降低的顺序排列）
［下图中的河岸顶部高程剖面图引自 NHC（2014）］

退水水位的纵向剖面。模拟的水位高度与在野外观察到的水位高度始终一致。关于河口上游冰盖范围的信息有限，但可以通过将德雷柏水位位置模拟的水位海拔与德雷柏水位读数相匹配，通过流入冰量 V_{ice} 进行校准。冰盖的形成对清水河下游的退水期不是一个非常敏感的因素，特别是在洪水更严重的情况。对于极端洪水事件，下游水位边界条件是控制清水河退水水位的重要因素。这种边界条件取决于阿萨巴斯卡河的流量和冰情。德雷珀水位计上游的排放边界条件对沿河的分段有一定影响，但可能只在如图 7.10 中下图冰塞水位剖面所示的更频繁（较低的返回期）、较不严重的事件时产生影响。

7.5　敏感性分析

阿萨巴斯卡河和清水河河冰模型的局部敏感性分析结果如图 7.11 所示。参数和边界条件值分为：①流入的水和冰；②冰塞覆盖特性；③流动阻力参数；④堵塞前到位的冰盖的特性；⑤冰下输送参数。

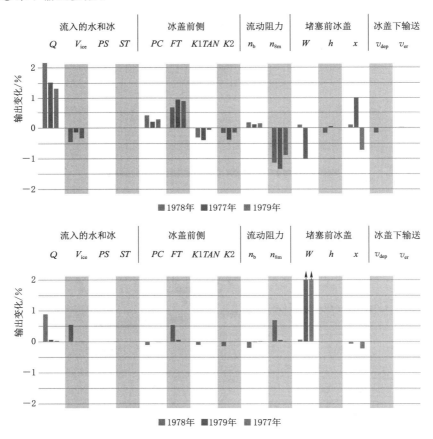

图 7.11　模拟阿萨巴斯卡河（上图）和清水河（下图）冰塞事件中河流模型冰塞趾部上游 5km 退水水位对局部参数和边界条件的敏感度（按严重程度增加的顺序排列）

对于阿萨巴斯卡河模型，冰塞趾部（ice-jam toe）位于沿河不同的横截面。每个横截面将具有不同的河流地貌特征，如河床坡度、弯曲度和宽深比，这也将影响水力和冰期的过程，从而影响敏感性结果。与其他两个事件相比，1978年的冰塞位于最远的上游，它也位于清水河河口的上游。1977年的冰塞位于清水河河口和阿萨巴斯卡河水尺之间，1979年的冰塞发生在水尺的下游。清水河模型的冰塞趾部总是设置在该模型的最下游一端，与河口的位置相吻合。图7.11比较了冰塞趾部上游5km处的退水面高程对参数或边界条件值每次变化（10%）的局部敏感性。敏感度的正值表明，参数或边界条件值的增加会导致退水段深度的增加，负值则表示深度下降。

对于清水河模型，只有1978年最不严重的冰塞洪水的参数对该河沿线的退水期水位有一定的影响。下游水位边界条件值对1977年和1979年更极端事件的水位具有压倒性的影响。这种敏感性不平衡的部分原因是这条河下游河段的坡度很低。因此，麦克默里堡镇洪水的控制因素是清水河河口的水位，这是由阿萨巴斯卡河的水流和冰况决定的。

7.5.1　流入的水和冰

上游流量边界条件 Q 是影响阿萨巴斯卡河退水水位的最敏感因素，其敏感度随着冰塞事件严重程度的增加而下降。只有对于影响程度最轻的事件，清水河模型的退水段才对 Q 敏感。冰的流入量 V_{ice} 与阿萨巴斯卡河的退水水位在敏感性方面呈负相关关系（即冰量的增加会导致退水分期深度的减少），但与清水河的退水水位在敏感性方面呈正相关关系（即冰量的增加会导致退水分期深度的增加）。碎石冰性能参数 PS 和 ST 对两种模型的退水段均无影响。浮冰只会增加冰的体积，形成冰塞。

7.5.2　冰塞冰盖

冰盖孔隙度 PC 仅对阿萨巴斯卡河的退水水位表现出一定的敏感性。冰前厚度 FT 也对冰塞是正敏感，因为对冰盖施加更多的推力，导致更多的冰挤压，使冰塞变厚，导致退水阶段增加。参数 $K1TAN$ 和 $K2$ 对阿萨巴斯卡河冰塞的退水水平负敏感，使堵塞上的摩擦和阻力在对抗沿河冰塞增厚方面发挥更重要的作用。

7.5.3　水流阻力

下方冰塞的粗糙度 n_{8m} 对阿萨巴斯卡河死水位的上升非常敏感，但对清水河不那么敏感，而且只对最不严重的洪水敏感。两种模型对河床的粗糙度 n_b 都不敏感。

7.5.4　冰坝前的完整冰盖

对于清水河模型，与清水河模型的所有其他参数和边界条件值相比，下游水位边界条件 W 对退水段的影响最大。在阿萨巴斯卡河模型中，W 是1977年冰塞事件中对水位最为敏感（负的）的参数。由于1977年的冰塞前沿位于河流相对于其他河段较宽的地方，与其他两个事件相比，某些地貌特征可能对水力和冰情的影响更大。河流形态的重要性也反映在冰塞前沿 x 的位置对该事件分段的较高的敏感性上。冰塞下游冰盖的厚度 h 对冰塞的上游段影响不大。

7.5.5　冰盖下运输

沿冰盖底部沉积和侵蚀的速度阈值 v_{dep} 和 v_{er} 对退水水平基本没有影响，因为破裂的冰塞增厚和分段的主要机制是内部浮冰的推力。

7.5.6 将疏浚方案作为一种缓解策略

1977 年在清水河沿岸发生的冰灾洪水事件是该河有记录以来最严重的事件之一。

图 7.12　1977 年阿萨巴斯卡河沿线
冰塞前沿的位置

［地图来源：Google Earth；数据来源：Doyle（1977）］

Doyle（1977）报告说，大量快速移动的冰和水从阿萨巴斯卡河上游进入汇合处地区，这可能是造成事件严重程度的一个重要因素。冰流的体积可能大大超过了汇合处下游的阿萨巴斯卡河的排冰能力，冰在那里积累并形成了堵塞（见图 7.12 中冰塞趾部的位置）。冰坝前沿位于一个河流宽度很窄、另外还受到岛屿影响的区域。

在前一年，似乎不太可能出现额外的沉积物沉积，因为阿萨巴斯卡河和清水河的流量都高于阿萨巴斯卡河和德雷珀河记录的日平均和中位数流量。Doyle（1977）还发现，1977 年调查的许多横断面剖面与前一年在同一样带调查的横断面剖面没有显著差异。此外，在 1976—1977 年的冬季，累积结冰天数不太多，这就降低了出现非常厚的冰盖的可能性。

作者认为挤在阿萨巴斯卡河上游的冰和水大量的释放，冰塞释放波的快速运输至汇合处，以及汇合处密集堆积的冰和河道内汇合处下游堆积的冰，所有这些都造成了 1977 年严重的冰塞洪水，并将水和冰从阿萨巴斯卡河分流到清水河的河口和下游。当冰向汇合处移动时，可能发生的低

衰减也许会加剧阻塞，这是由于冰的高压缩形成了堵塞，随后持续和缓慢释放［见Doyle（1977）］。这使得预报这种堵塞的发生和严重程度变得极具挑战性，因为它可能需要对阿萨巴斯卡河上游的冰堵塞—堵塞释放的行为和运行序列进行密集的特征监测。麦克默里堡上游的阿萨巴斯卡河绵延很长，流经一片难以进入的偏远森林地区。

使用 1979 年阿萨巴斯卡河沿线极端冰塞事件的阿萨巴斯卡河模型模拟了疏浚情景（见图 7.13 上图中冰盖的纵向剖面）。阿萨巴斯卡河疏浚的沉积物通过降低疏浚区域的高度来模拟，图 7.12 中为"疏浚区（模型）"。分别模拟了河床海拔 0.5m、1m、2m、3m 和 4m 的下降，图 7.13 的下图显示了减少 4m 时冰盖的纵向剖面。与校准后的模型相比，冰盖有明显的下降，疏浚区域沿线和上游的水位也有类似的下降。

对于这一特殊的截面，仅疏浚顶部 2m 的河底沉积物时，可使清水河河口水位高度下降达到最大值（见图 7.14）。值得注意的是，在这个特定位置清除更多的沉积物可以将该

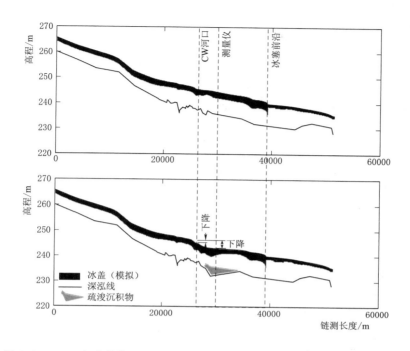

图 7.13　1979 年事件期间，阿萨巴斯卡河沿线模拟冰塞覆盖物的纵向剖面图
［其中上图为原始校准模型（改编自 Lindenschmidt，2017b）；下图为降低
截面模拟，模拟从汇合处下游的阿萨巴斯卡河河床疏浚出的 4m 沉积物］

横截面冰盖下的平均速度降低到足够低的水平，这在图 7.13 中疏浚区域的上游部分很明显。因此，建议对位于更具战略意义的疏浚位置的其他横断面进行建模，以实现清水河河口水位高度的最低下降，减少洪水。图 7.12 中这样的一个区域被指定为"疏浚区（建议）"；阿萨巴斯卡河的河道有明显的收缩，这是 1977 年事件中最持久的冰塞趾的位置。然而，从这个准确位置的横截面却无法确定疏浚对阿萨巴斯卡河和清水河汇合处地区水位下降的影响。

对战略疏浚位置的进一步调查需要测量附加的横断面，以获得更短的横断面间距。

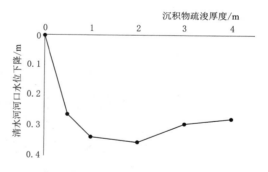

图 7.14　清水河河口水位下降（y 轴）与汇合处下游阿萨巴斯卡河疏浚的底部沉积物厚度（x 轴）相比（其位置见图 7.12）

7.6　缓解冰塞的其他方法

对于不那么严重的冰塞洪水事件（如 1978 年），清水河与阿萨巴斯卡河类似，其中水

力状态（特别是 Q）、冰塞冰盖（由 PC、FT、$K1TAN$ 和 $K2$ 控制）和水流阻力（尤其是 n_{8m}）对更频繁事件的退水期影响更大。虽然这类事件的洪水危害较小，但它们仍然可以越过河岸。

在 1977 年和 1979 年的极端事件中，清水河下游水位边界条件 W 对其回水分期的高敏感性非常明显。其他参数和边界条件基本不会影响洪水，除了在很小程度上影响冰塞趾的位置。这进一步证实了这样一个事实，即清水河下游的极端洪水主要是由阿萨巴斯卡河的水流和冰情所控制的，而不是清水河本身。这一事实很重要，因为它将防洪能否成功的重点放在阿萨巴斯卡河沿岸实施的措施上。然而，这使得缓解洪水问题变得非常困难，因为限制来自阿萨巴斯卡河的水和冰流入清水河河口和下游几乎是不可能完成的任务。安装结构性的减少洪水破坏（防洪）措施（如堤坝）（NHC，2014）可能是保护麦克默里堡市中心最可行的方法。

本节提供了关于清水河下游沿岸冰塞洪水的缓解和冰控制结构的见解和建议。该建议虽然不全面，但它总结一些可能适用于清水河及其他类似或更小规模河流的冰洪减缓和冰控制措施，特别是在开河期。

临时缓解洪水的方法，包括使用大型 Hesco（https://www.hesco.com/products/flood-barriers/floodline/）沙袋，如图 7.15 所示。2011 年 5 月，这些袋子被用来保护马尼托巴省的布兰登市免受阿西尼博因河洪水的侵袭，在沙袋墙上覆盖一种防水织物以减少渗水，水位几乎达到了沙袋墙的顶部，成功地阻止了城市的洪水灾难。在很短的时间内（几天），可以建立一条高而长的防御墙来保护城市的市中心地区。然而，这些沙袋可能很容易受到冰的冲刷和划伤的影响。Hesco 沙袋的替代品是 Hesco 沙篮，一个成功的例子可以在 http://www.npr.org/2011/05/29/136771621/miles-of-flood control-minus-the-sandbags 里找到。

图 7.15　用来保护马尼托巴省的布兰登免受阿西尼博因河上涨危害的 Hesco 沙袋
（资料来源：Topping，2011；经许可使用）

另一种防止洪水侵袭的临时方法是洪水管，如图 7.16 所示，相对较长的管子可以充满水以提供保护。这种措施不像以前的例子那样可以防御高水位洪水，它适用于较低深度的洪水。快速部署是洪水管最大的优势。但这些管道很容易被冰挖走，只能部署在浮冰无法到达的河岸上。

图 7.16　2011 年 4 月，在马尼托巴省的梅利塔市部署了洪水管
(资料来源：Topping，2011；经许可使用)

　　另一种临时的防洪方法是可拆卸的防洪屏障（例如，参见 https：//www. flickr. com/ search/？ text＝demountable％20flood％20barriers）。关于这种结构对浮冰影响的耐久性，我们知之甚少。防护墙倾斜而不是垂直于地面设置更能抵抗浮冰的冲击。河岸和屏障之间有一排较大的树木，也有助于把浮冰和屏障分离，减少冰对墙壁的冲刷和挖凿。即便如此，浮冰对树木及防洪屏障的影响也可能是有害的（见图 7.17）。冰流冲击力大小的例子可以在 https：//www. youtube. com/watch？ v＝B1Js7 Ooyg－M＆t＝4s 中看到。对可拆卸防洪屏障的冲击力仍未经测试，建议开展小规模的实地研究，以确定这些防洪屏障防御冰凌洪水的有效性。

　　加拿大育空地区道森市的堤坝，是一个防御冰塞和冰塞洪水的永久性建筑的例子。堤坝沿着育空河和克朗代克河的河岸延伸，可防止 200 年一遇的洪水事件。如果洪水水位超过这一超越概率，育空河对岸的漫滩仍然可以自由泛滥。这座堤坝建于 1979 年大冰塞洪水之后的 1987 年，自有记录以来，已经记录了 22 次冰塞洪水。一条 2.5～3km 的人行道沿堤顶延伸（见图 7.18）。养护道路沿着堤岸的下部平台延伸，堤坝面向河流的一侧有抛石护面，以防止冰塞洪水期间的冰冲刷（见图 7.19）。

图 7.17　育空地区克朗代克河下游由于冰塞浮冰造成的树木冲刷及可能的破坏
(作者拍摄于 2017 年 7 月 14 日)

图 7.18　沿着育空地区道森市堤坝的人行道
（作者拍摄于 2017 年 7 月 14 日）

图 7.19　沿着堤岸下阶地的路（堤坝面向河流的一侧有碎石护面，
以防止冰塞洪水期间的冰冲刷）
（作者拍摄于 2017 年 7 月 14 日）

7.7　展望

　　分析表明，阿萨巴斯卡河的水情和冰清对清水河下游极端的冰凌洪水事件影响极大。提高阿萨巴斯卡河沿岸河道狭窄区域输冰量的策略，可能对缓解清水河下游的冰凌洪水具有很大潜力。疏浚工程是过去在马尼托巴省红河下游实施的一项措施，是减少洪水灾害的一种潜在选择，需要进一步研究，以验证其在阿萨巴斯卡河上运用的可行性。每年在沿河战略点进行水深测量，以确定可能需要疏浚的沉积区域，增加排冰的能力，并减少因河道收缩处冰塞导致严重的冰堵塞和随后的回水洪水的风险。

　　从这个敏感度分析建模练习中可以得出一些重要的结论。在不太严重、超越概率较高的冰塞洪水情况下，河冰过程对清水河的回水分期有影响。然而，这种情况仍然可能导致清水河下游的河岸漫顶。阿萨巴斯卡河的流量和冰清是控制沿清水河下游的极端冰塞洪水的一些最重要的因素。除了在麦克默里堡提供沿河的结构性洪水防御外（NHC，2014），缓解策略可能需要集中于减少阿萨巴斯卡河的回水分期，这是一项潜力巨大且代价高昂的尝试。疏浚阿萨巴斯卡河沿岸排冰能力降低地区的沉积物，如河道收缩，可能是减少清水河下游洪水灾害的有效手段。该工作应协同每年的水深测量计划，以监测沉积物增加、可能限制冰通道的区域。为了有效缓解洪水灾害，需要进行额外的横截面建模，并采用更精细的空间分辨率，以确定战略疏浚位置。

7.8 建模练习：使用 RIVICE 进行局部敏感度分析

在本练习中，将用 RIVICE 模型对 1978 年清水河洪水事件的河冰参数和边界条件进行局部敏感度分析。式（7.1）将用于计算校准的基础运行和 15 个参数/边界条件值的变化，以计算它们对河流桩岸选定位置回水水位海拔的敏感度。因此，敏感度计算总共需要 16 次模拟——1 次基础运行和 15 个参数/边界条件值的 15 次变化。仿真是使用 PEST（模型独立的参数预报和不确定性分析）软件包中的 SENSAN（敏感度分析）模块进行自动化的。该模块提供了 RIVICE 模型，并得到了 PEST 开发人员约翰·多尔蒂的许可。最新版本的 PEST 可以从 http：//www.pesthomepage.org/免费下载。将仅为 1978 年事件制作一幅类似于图 7.11 下图的图形（为了简化本练习中的步骤，将存在一些差异）。本练习是在下一章中使用 RIVICE 进行完整的蒙特卡罗分析的先驱。

使用 RIVICE 的免责声明在介绍中有所说明。使用 PEST 的免责声明声明，软件用户接受其风险并使用。"作者没有就 PEST 软件作出任何形式的明示或默示保证。作者也不对因提供、使用或执行软件而产生的附带或间接损害负责"（PEST，2010）。

首先，首先在 Windows 资源管理器中点击"C:"，在"C:"驱动器上创建一个"SENS"目录。右键单击驱动器，并选择"新的"→"文件夹"，以创建一个"新的文件夹"。将该文件夹重命名为"SENS"。从该书的网络链接的"第七章"文件夹（在介绍页上提供）中下载压缩文件"cw_1978_sens.exe"至个人电脑，转到刚刚创建的"SENS"文件夹，双击该文件以提取文件夹"cw_1978_sens"。点击"自解压缩 ZIP 文件"消息中的"OK"按钮，点击进入"cw_1978_sens"子文件夹中以查看这些文件。

对于每个模拟，将使用模板文件"TAPE5.tpl"创建一个新的控制文件"TAPE5.txt"。在文本编辑器中打开"TAPE5.tpl"（记事本＋＋是一个很好的选择），通过右键单击该文件并从弹出菜单中选择一个文本编辑器。打开文件后，请注意第一行中的命令"ptf #"，该命令指示在创建新的控制文件"TAPE5.txt"时，整个文本文件中包含变量名的两个"#"之间的空格将自动替换为数值。例如，在相同的"TAPE5.tpl"的第 12 行中，"# nb #"嵌入在行中，为河床粗糙度 n_{bed} 的值提供一个占位符，这个值是从"riPARVAR.dat"文件中读取的，也在"cw_1978_sens"文件夹中，如图 7.20 所示。使用文本编辑器打开"riPARVAR.dat"文件，请注意，"nb"是该文件第一行中的第十个头名。第二行中的第十个值等于"0.0230"。第一个模拟马上开始，当生成一个新的"TAPE5.txt"控制文件时，值".0230"将自动插入占位符"# nb #"中。其他参数/边界条件的占位符包含在"TAPE5.tpl"文件中。向下滚动经过"TAPE5.tpl"文件的第

184 行，以查看其他河冰参数占位符，如图 7.21 所示。

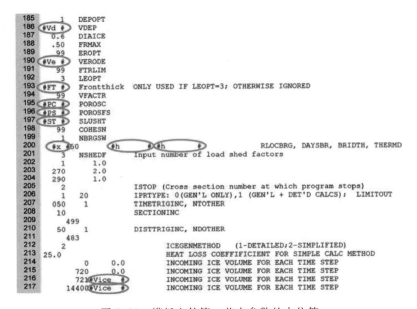

图 7.20　文本文件 "riPARVAR.dat" 包含要插入到模板文件的占位符中的值
（如图 7.21 所示）（每个模拟都用自己的值线表示）

图 7.21　模板文件第一节中参数的占位符

注意在 "riPARVAR.dat" 的第二行，纵剖面结果文件，每一个都以字符 "p_" 开头，文件扩展名为 ".txt"（如 "P_01_011400.txt"），将被复制到子文件夹 "out001"中；因此 DOS 命令在行末尾插入 "copy/yp * .txt run1 \ out001"。下面的行表示额外的模拟，连续编号，结果将存储在子文件夹 "out002""out003"……"out016"中。

"riPARVAR.dat"的数据是从 Microsoft® Excel® 文件 "parameters_cw1978sens.xlsx"中复制过来的，也可以在文件夹 "cw_1978_sens"中找到，如图 7.22 所示。打开 Excel®文件，注意数据的结构与 "riPARVAR.dat"中相同。表头被放置在第一行，基本运行模拟的校准值填充第二行的单元格 A2 至单元格 O2。除了每一行的一个参数/边界条件值发生变化且都用黄色突出显示外，下面行中的值都重复。例如，在第三行，参数 PS（浮冰的孔隙率）增加了 10%。单元格 A3 中的公式 "＝A＄2 * ＄R＄2"绝对参考了单元格 R2中 1.1 的 "增加%"（对应于增加 10%）。此模拟的配置文件结果将存储在文件夹

"out002"中，如单元格 P3 中的 DOS 命令所示。每个参数/边界条件值都会在以下各行中连续增加，对于 N 列中的下游水位边界条件，增加必须根据深度而不是高程计算。在本练习中，使用下游水位边界处的水柱深度，并存储在单元格 R16 中。N16 中的公式变成了"＝（N2－R＄16）＋（＄R＄16＊＄R＄2）"，这绝对参考了 R16 中的水深。尽管用于校准的 O 列中的冰塞趾 x 的位置应为横截面 347，即模型域的最后一个横截面，但该值不能增加 10%，因为增加值会将冰塞趾定位在模型域之外。因此，只有在这个练习中，基本运行模型被设置为 x 等于 315，这样 10% 的增加将使冰塞趾仍位于模型域内，在单元格 O17 中提供的最下游横截面上。从单元格 A1 到单元格 O17 的所有值都被选择、复制并粘贴到一个空的"riPARVAR.dat"中，以开始重复模拟。

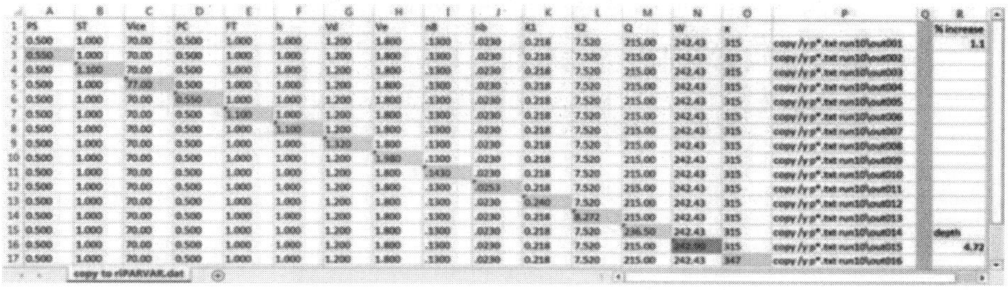

图 7.22　Excel 文件"parameters_cw1978shed.xlsx"
（其中包含要在"riPARVAR.dat"文本文件中复制的数据）

　　要启动 16 个模拟集，首先通过双击"cw_1978_sens"子文件夹中的"donminds.bat"文件来打开一个 DOS 命令窗口。应该出现图 7.23 所示的窗口。

图 7.23　运行 SENSAN 的命令窗口

　　在命令窗口中输入"sensanrivice.sns"以运行 SENSAN。出现了第二个命令窗口，就像图 6.16 中 RIVICE 在上一章的建模练习中运行时的命令窗口一样，显示了模拟的时间步长和冰盖前缘的横截面位置。第一个命令窗口指示运行号码，如图 7.24 所示，显示正在执行第三次运行。在一台拥有 2.70GHzi7 核心处理器的计算机上，总共将运行 16 次模拟，大约需要 1h 才能完成。关于 SENSAN 函数更详细的信息可以从 PEST 手册第 12 章获得，可通过 https：//www. nrc. gov/docs/ML0923/ML092360221. pdf 进行访问。

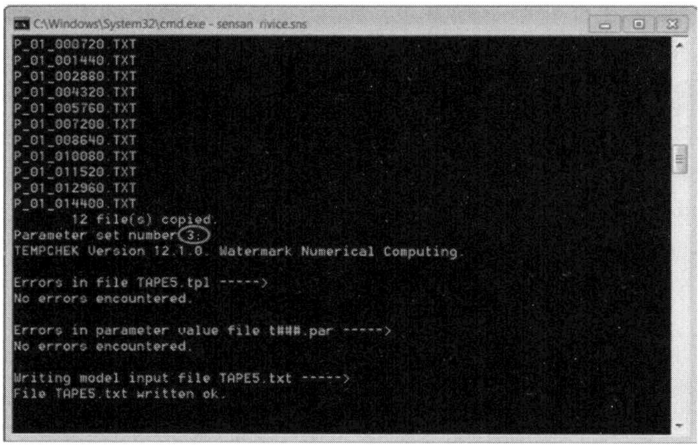

图 7.24　显示当前正在执行的 16 个模拟集中第三个运行（画圈处）的
第一个命令窗口

以 "P_" 为前缀的纵剖面文件在子文件夹 "run1" 中的 "out001" "out002" ……
"out016" 子文件夹，每个子文件夹根据运行号码编号。最后一个时间步长 14400 的纵剖面可以在 "P_01_014400. txt" 文件中找到。可以通过双击 "run1" 子文件夹中的 Python 脚本 "plot. py" 来查看这些概要文件的集合。该脚本的第一次运行应按方框 7.1 中的说明执行，如图 7.25 所示。

方框 7.1　安装 Python 打印库以运行打印脚本

Python 是一种可以免费下载、安装和使用的编程语言。为了安装以下绘图库，用户可能需要首先卸载任何 Python 浏览器软件，比如 Anaconda 浏览器。一旦安装了库，就可以重新安装浏览器软件，而不会与绘图库发生冲突。

为了运行 Python 脚本并绘制纵剖面文件的集合，需要执行的步骤如下：

1）从 https：//www. python. org/downloads/下载 Python，并安装在个人电脑上。

2）在 "run1" 子文件夹中，双击 "setup 库. bat" 文件，安装 Python 绘图库。

这些步骤只需要执行一次，就可以使用 "plot. py" 脚本。

为了提取模型域最远上游端（里程距离＝0m）的水位数据进行灵敏度计算，首先用文本编辑器打开 "out001" 子文件夹中的 "P_01_014400. txt" 文件。第一列对应河流里程距离，第二列对应各里程距离的水位。复制第二列中的第一个值，水位为 245.383，并将其粘贴到存储在 "run1" 文件夹中的 "sensitivity. xlsx" Microsoft®Excel® 文件的 C2 单元格中。关闭 "P_01_014400. txt" 文件。

现在使用文本编辑器打开 "out002" 子文件夹中的 "P_01_014400. txt" 文件。同样，第一列对应于河流的里程距离，第二列对应于每个里程距离的水位。复制第二列中的第一个值，水位为 245.383，并将其粘贴到存储在 "run1" 文件夹中的 "sensitivity. xlsx" 文

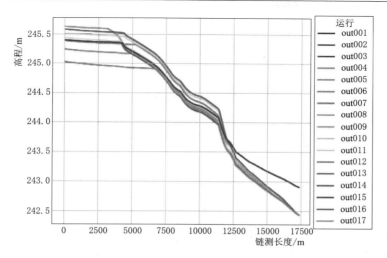

图 7.25　使用"plot.py"脚本绘制的纵向剖面图集合

件的单元格 C3 中。这是第二次运行的值，以确定 PS 对水位的敏感性。

　　重复相同的过程，直到每次运行的所有水位都粘贴到"sensitivity.xlsx"中 C 列的相应运行号码中（或者，所有运行的值都被捕获在文件"output_chainage0.0.txt"的第三个数据列中，该文件是在运行"plot.py"时创建的；里程距离输出可以在 Python 脚本中更改，这将在第 8 章的下一个建模练习中介绍）。D 列中的公式遵循式（7.1），再乘以 100，就可以将这些值转换为百分比。因此，单元格 D3 的公式是"＝100＊10＊（C3－C$2）/C$2"。用相同的公式填充下面剩余的单元格，从 D4 到 D17，选择 D3～D17 的所有单元格，并点击菜单组合"HOME"→"Fill"→"Down"。表单中已经提供了一个条形图，也显示在图 7.26（a）中。重复这些步骤，但要计算距离下游边界条件 5km 的上游，即里程距离为 12300m 处的水位敏感度。所得到的敏感度如图 7.26（b）所示。敏感度会随着沿河位置的不同而变化，这是由于整体包线内水位的范围不同，如图 7.25 所示，与建模区域的下游部分相比，模拟河段的上游部分，里程距离 0～5000m 的回水水位变化最大。

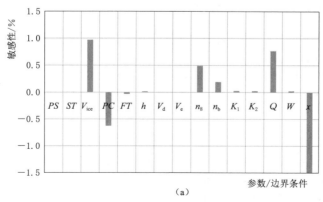

(a)

图 7.26（一）　河冰模型参数和边界条件对德雷珀水位计处水位的局部敏感度
（a）里程距离为 0m；（b）距离下游水位边界条件 5km 的上游（里程距离为 12300m）

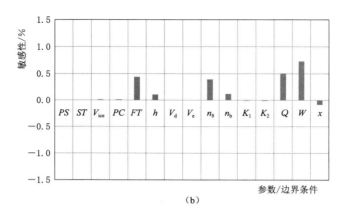

图 7.26（二）　河冰模型参数和边界条件对德雷珀水位计处水位的局部敏感度
（a）里程距离为 0m；（b）距离下游水位边界条件 5km 的上游（里程距离为 12300m）

本章参考文献

Andres，D. D.，& Doyle，P. F.（1984）. Analysis of breakup and ice jams on the Athabasca River at Fort McMurray，Alberta. *Canadian Journal of Civil Engineering*，11，444 – 458.

Beltaos，S.（2014）. Comparing the impacts of regulation and climate on ice – jam flooding of the Peace – Athabasca Delta. *Cold Regions Science and Technology*，108，49 – 58.

Burrell，B. C.，Huokuna，M.，Beltaos，S.，Kovachis，N.，Turcotte，B.，& Jasek，M.（2015）. *Flood hazard and risk delineation of ice – related floods：present status and outlook.* 18th Workshop on the Hydraulics of Ice Covered Rivers，Quebec City，CGU – HS CRIPE.

Doyle，P. F.（1977）. *Breakup and subsequent ice jam at Fort McMurray*（Report SWE – 77/01）. Report by the Alberta Research Council，Transportation and Surface Water Engineering Division.

Ettema，R.（2008）. Management of confluences. In S. P. Rice，A. G. Roy，& B. L. Rhoads（Eds.），*River confluences，tributaries and the fluvial network*（pp. 93 – 118）. Chichester：John Wiley & Sons Ltd..

Ettema，R.，& Muste，M.（2001）. Laboratory observations of ice jams in channel confluences. *Journal of Cold Regions Engineering*，15（1），34 – 58.

Ettema，R.，Andres，D. D.，Carson，R. W.，& Crissman，R. D.（1994）. *Criteria for increased ice discharge capacity of the upper Niagara River.* Trondheim：IAHR Ice Symposium.

Ettema R.，Muste，M.，Kruger，A.，& Zufelt，J.（1997）. *Factors influencing ice conveyance at river confluences*（Report No. 97—34）. US Army Cold Regions Research and Engineering Laboratory，Hanover. https：//www. researchgate. net/publication/235089501_Factors_Influencing_Ice_Conveyance_at_River_Confluences

Hirschfield，F.，& Sui，J.（2012）. *Analysis of climate variables and ice jams for the Nechako River in Canada.* 10th international conference on Hydroinformatics，Hamburg，Germany. https：// www. researchgate. net/profile/Faye_Hirshfield/publication/234701522_ANALYSIS_OF_CLIMATE_VARIABLES_AND_ICE_JAMS_FOR_THE_NECHAKO_RIVER_IN_CANADA/links/02bfe50ff938243c98000000. pdf

Jasek，M.（1997）. *Ice jam flood mechanisms on the Porcupine River at Old Crow，Yukon Territo-*

ry. Proceedings of 9th workshop on River Ice, Fredericton, New Brunswick, pp. 351 – 370. http：// cripe. ca/docs/proceedings/09/Jasek_1997. pdf

Kovachis, N., Burrell, B. C., Huokuna, M., Beltaos, S., Turcotte, B., & Jasek, M. (2017). Ice – jam flood delineation：Challenges and research needs. *Canadian Water Resources Journal*, 42 (3), 258 – 268.

Lindenschmidt, K. – E. (2017a). Using stage frequency distributions as objective functions for model calibration and global sensitivity analyses. *Environmental Modelling and Software*, 92, 169 – 175. https：//doi. org/10. 1016/j. envsoft. 2017. 02. 027.

Lindenschmidt, K. – E. (2017b). RIVICE – A non – proprietary, open – source, one – dimensional river – ice and water – quality model. *Water*, 9, 314. https：//doi. org/10. 3390/w9050314.

Lindenschmidt, K. – E., Sydor, M., van der Sanden, J., Blais, E., & Carson, R. W. (2013, July 21 – 24). *Monitoring and modeling ice cover formation on highly flooded and hydraulically altered lake – river systems*. 17th CRIPE workshop on the Hydraulics of Ice Covered Rivers, Edmonton, pp. 180 – 201. http：// cripe. ca/docs/proceedings/17/Lindenschmidt – et – al – 2013. pdf

Lindenschmidt, K. – E., Das, A., Rokaya, P., & Chu, T. (2016). Ice jam flood risk assessment and mapping. *Hydrological Processes*, 30, 3754 – 3769. https：//doi. org/10. 1002/hyp. 10853.

Lindenschmidt, K. – E., Huokuna, M., Burrell, B. C., & Beltaos, S. (2018). Lessons learned from past ice – jam floods concerning the challenges of flood mapping. *International Journal of River Basin Management*, 16 (4), 457 – 468. https：//doi. org/10. 1080/15715124. 2018. 1439496.

Machielse, M. (2014, April 29). *Flood and drought mitigation*. Alberta's watershed management symposium：Flood and drought mitigation. https：//www. slideshare. net/YourAlberta/matt – machielse

NHC. (2014). *Fort McMurray flood protection conceptual design*. Report submitted by Northwest Hydraulic Consultants Ltd. for the Regional Municipality of Wood Buffalo, Fort McMurray, AB, Canada.

PEST. (2010). *Model – independent parameter estimation – User manual part* 1 (5th ed.). Watermark Numerical Computing. https：//www. nrc. gov/docs/ML0923/ML092360221. pdf.

Prowse, T. D. (1986). Ice jam characteristics, Liard – Mackenzie rivers confluence. *Canadian Journal of Civil Engineering*, 13, 653 – 665.

She, Y., & Hicks, F. (2006). Modeling ice jam release waves with consideration for ice effects. *Cold Regions Science and Technology*, 45, 137 – 147.

She, Y., Andrishak, R., Hicks, F., Morse, B., Stander, E., Krath, C., Keller, D., Abarca, N., Nolin, S., Tanekou, F. N., & Mahabir, C. (2009). Athabasca River ice jam formation and release events in 2006 and 2007. *Cold Regions Science and Technology*, 55 (2), 249 – 261.

Topping, S. (2011). *Highlights of Manitoba's Flood of* 2011. Luncheon presentation for the Manitoba Branch of the Canadian Water Resources Association, May 2011, Winnipeg, Manitoba, Canada.

第8章 随机建模框架

本章旨在介绍一种新的预报冰塞洪水方法。首先,根据 Lindenschmidt et al. (2019) 等前期研究成果,对该方法的发展阶段进行了详述。为了进一步理解预报方法背后的基本概念,与前面几章一样,本章也提供了电子表格形式的案例习题,并采用分段的方式将模型简化为一个个组件,从而实现循序渐进的学习。通过本章的学习,可为读者开展冰塞洪水预报研究打下良好的基础。在上章建模练习的基础上,本章将增加 RIVICE 模型的建模练习,RIVICE 模型现已嵌入到随机模型框架。至此,建模练习全部完成。

8.1 方法

冰塞的发生具有无规律性、散乱性、突发性等特征,每次冰塞的发生位置以及沿河的水文、水力和冰情等条件都各不相同。冰塞的形式与冰塞体上游的壅水水位之间没有直接关系,主要表现为:①在冰塞发生位置以及水力、冰情条件差异较大情况下,上游壅水水位有时却比较接近;②在冰塞发生位置以及水力、冰情条件差异较小情况下,上游壅水水位有时却可能差别很大。因此,为了能够反映冰塞洪水事件的不规律性,需要采用随机建模方法来研制冰塞洪水预报模型。一般来说,应当首先确定河冰模型边界条件及参数值的频率分布。然后,对河冰模型开展数百次或上千次的模拟运算,每次模拟的边界条件和参数值都是从各自的频率分布中随机设置或随机选取的。这种随机选择不同模型输入的重复模拟称为蒙特卡罗分析(MOCA)。模型的输出结果为一组壅水剖面线,根据这些剖面线,可为每个关注断面绘制水位的频率分布。

由于冰塞的形成结构、大小和持续时间具有混沌性质,比如会受到各种各样的边界条件影响,因此冰塞的预报难度很大。图 8.1 展示了冰塞事件发生的 3 个主要边界条件——上游来水流量(Q_{us})、冰塞拥堵的浮冰体积(V_{ice})和冰塞下游的水位(W_{ds})。当为这些边界条件设置一组特定值时,将形成特定的冰塞结构。然而,如果任何边界条件偏离这些值,则可能会出现不同的冰塞结构和形态,进而导致出现不同的冰塞壅水水位。

冰塞体底部所处位置不同,冰塞体所处河道的宽度、水深、河底坡度及弯曲度等河流地貌条件也不同,进而形成不同形状的冰塞体,甚至冰塞体的稳定性也会发生变化。不同的流量和来冰量也会改变冰塞的形态,如果冰塞壅水过高,可能会在某个时间发生冰塞溃决。虽然下一章介绍了一种计算可能出现的最大冰塞洪水的方法,但冰塞从稳定状态变为不稳定状态的临界点,仍然很难确定。由于下游水位决定了冰下过流面积和流速,进而影响冰塞体上游的壅水水量,因而下游水位也是影响冰塞的严重程度的一个主要因素。

随机建模方法的优点主要包括以下几个方面:

1)在模拟系统中与确定性模型组合后,仍可以反映冰塞形成的物理过程。

2)利用频率分布随机生成参数和边界条件,而不是给定单一值,从而可反映不同冰

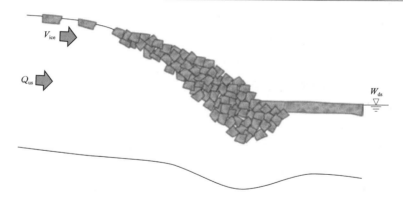

图 8.1 冰塞模拟需要的三个主要边界条件：上游来水流量（Q_{us}）、
冰体积（V_{ice}）和冰塞下游水位（W_{ds}）

塞条件的概率性质。

3）在蒙特卡罗框架内随机选择参数和设置边界条件，重复多次进行模型模拟计算，由此生成的模拟结果集合可实现对冰塞洪水随机特征的模拟。

4）利用该方法获得的概率结果可很好地适用于对冰塞洪水后续危险和风险的定量化计算。

通过对比冰塞洪水和敞流期洪水的流量与最高水位关系线，可以看出冰塞洪水的随机属性。如图 8.2 所示，敞流期洪水的水位-流量关系曲线较为平滑，因此可采用确定表达式进行定量化计算。然而，冰塞洪水的水位-流量关系在包络区域内呈现更为散乱的形态。从图中可以看出一个有趣的现象，对于这条特定的河流，在同水位条件下，冰塞洪水的流量明显小于敞流期洪水。此外，如图中 A 和 B 所示，两次事件的壅水水位基本相同，但事件 A 的流量确仅有事件 B 的一半。与使用包络线相比，冰塞洪水的水位-流量关系用水位-频率关系来表示更简单，如图 8.3 所示。根据水位计中记录的数据，在图上绘制出冰

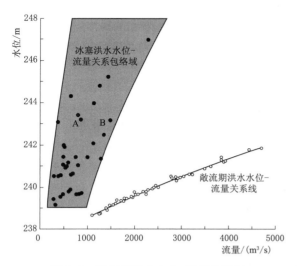

图 8.2 敞流期洪水水位-流量关系与
冰塞洪水水位-流量关系对比

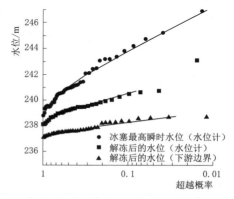

图 8.3 冰塞期最高瞬时水位-频率分布、解冻后
水位-频率分布以及当融冰移动到模型下
边界时的下边界处水位-频率分布对比图

塞期间瞬时最高水位和冰塞体溃破后日均水位的频率分布（瞬时最高水位和日均水位的描述详见方框 8.1）。在模型校准时需要用到下游边界水位，因此在图上也绘制了下游边界水位-频率分布情况。下游边界水位-频率的相关内容见下一节。

> **方框 8.1　瞬时最高水位与日平均水位的区别**
>
> 水位数据是按一定时间间隔（例如 10min 或 15min）定时采集的，瞬时最高水位是指一日采集的所有数据中的最大值（如方框中下图所示），日平均水位是指一日采集的所有数据的平均值；冰塞壅水达到最大时的水位一般为瞬时最高水位。
>
>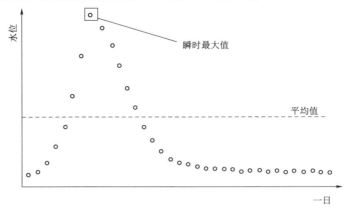

8.2　校验下游水位分布

由于模型边界条件的频率分布相关数据很难获取，因此在构建随机模型结构时，第一步就要对模型边界条件的频率分布进行校验。首先利用各种各样的冰塞实例对冰塞模型进行校验，所需的冰塞壅水水位数据一般从水位计中读取或根据洪水进行调查。为了能够真实的模拟冰塞壅水情况，针对不同的冰塞洪水，模型参数的取值也不同。通过实例校验，可获得模型参数的不同取值，加上相关文献中的数据，从而可得到模型参数的可能取值范围。根据经验，从水位计所处河段的冰盖破裂开始，到河段内的冰块全部流走后水位恢复到畅流期水位条件为止的这段时期称为冰塞溃破期。

首先，对下游水位边界条件进行校验 [图 8.4ⓑ]。在下游边界处设置水位计可以捕捉到从冰塞发生到溃破结束期间的情况，但如果下游边界处没有水位计，则需要在冰塞溃破结束时，利用上游水位计的水位数据对冰塞发生期间下游水位的频率分布进行近似计算，计算结果比直接采用封冻期水位更接近实际分布情况。当发生冰塞时，随着冰下流量的不断增加，冰盖会被不断抬高，通常情况下冰盖由此会发生链式破裂，甚至冲出河岸。因此，当下游冰盖出现不断升高的情况时，说明该位置可能将要发生冰塞。最后一个 B 标志处记录的水位数据可看做冰塞溃破结束时的水位，次日的流量可看作是冰塞体溃破结束是的流量，其中流量数据可以根据畅流期的率定曲线来确定。冰塞溃破期结束时的流量频率曲线可为随机模型提供重要的输入数据 [图 8.4ⓐ]，其中冰塞溃破期结束时的流量情况如图 8.7 所示。在冰塞体溃破时，当浮冰流过水位计时，堆冰量设置为 0 [图 8.4ⓒ]。由

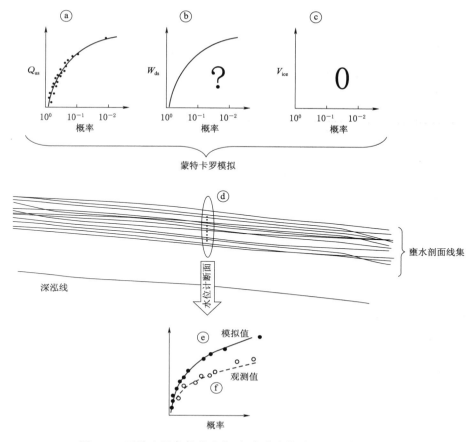

图 8.4 下游边界条件的水位-频率分布校验理念（水位 W_{ds}）

于冰盖在通过水位计时可能仍是完整的，无法提前确定冰盖前缘的准确位置，因此，在模拟时根据链式位置均匀分布（本书未给出该分布）来估算。

通过调整甘贝尔分布的位置和参数范围，来估计下游边界的水位分布。因为我们采用的样本系列相对较短（少于 40 个事件），因此采用甘贝尔分布是合适的。此外，在仅需对两个参数而不是三个参数进行调整时，采用广义极值等其他分布对下游边界的水位分布进行校验更简单。为了反映冰盖破裂时的水位增加情况以及为模型提供初始的水位边界条件，需要将封冻期的水位分布向上移动。至此，模型就可以进行运算了。模型每次运算时，都会从边界条件分布［见图 8.4ⓐ、ⓑ］中随机选取边界水位数值，同时从均分分布（图 8.4 未给出）中随机给参数取值。型运算的次数，则是根据水位计在冰塞体溃破结束期间记录的水位-频率分布需要的年份数来设置。模型运算结束后，根据生成的壅水水位纵剖面线，可以提取出水位计所在位置［见图 8.4ⓓ］的水位数据。基于这些模拟水位数据，可绘制出水位-频率分布，从而可与水位计的观测值进行对比分析［见图 8.4ⓕ］。例如，通过对比发现，模拟的水位-频率分布比观测值偏大，说明下游边界条件的水位分布估算过大。通过对分布进行移动（比如向下移动），来调整甘贝尔分布的位置和参数范围［见图 8.5ⓑ］，请注意图中的数字变化）。然后，再次运行模型，利用生成的水位数

据，可得到一组新的频率分布模拟结果［见图 8.5ⓔ］。通过不断调整下游水位-频率分布
参数，反复进行模拟运算，直至模拟的频率分布与观测值基本一致时为止。从同一分布中
随机抽取不同的数值，反复进行模型模拟运算，生成水位-频率分布集合包络域，当观测
值的水位-频率分布能够大致通过该包络域的中值时，认为下游水位边界的校验频率分布
是可信的［见图 8.5ⓖ］。

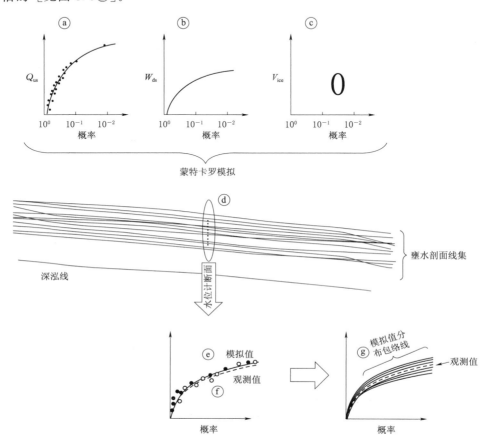

图 8.5　通过调整下游水位分布统计参数的位置和范围，使水位计处集合水位的
模拟水位分布与水位计处观测值的水位分布相匹配

8.3　校验堆冰体积分布

通过前述内容，下游水位边界条件的频率分布已经完成校验（见图 8.6ⓑ，该图源自
图 8.5ⓑ）。接下来的关注的重点是形成冰塞的堆冰体积的频率分布（见图 8.6ⓒ），此外，
作为重要的输入条件之一，还需要流量的频率分布（见图 8.6ⓐ）。冰盖完整条件下的冰
下过流曲线和畅流条件下的流量曲线都比较好，而冰塞通常发生在完整冰盖条件向畅流条
件过渡的期间，没有较好的流量曲线，因此冰塞期间的流量是很难确定的。为了粗略估算
冰塞期间的流量，需要经常对水位计在完整冰盖和畅流条件之间变换率定曲线。由于冰塞

发生在冰盖破裂期结束前后，因此，冰塞期流量的频率分布和冰盖破裂期结束时的流量分布形状通常比较相似（见图 8.7）。

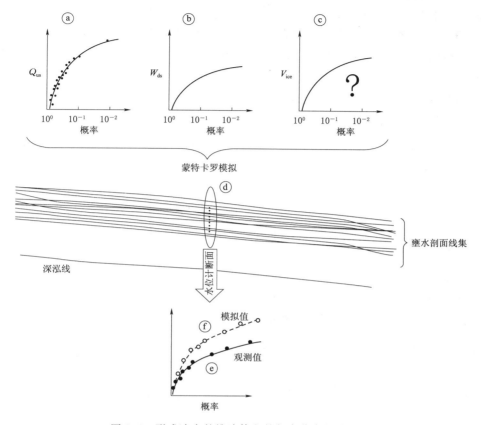

图 8.6　形成冰塞的堆冰体积的频率分布校验思路

如果没有其他可用数据，冰盖破裂期结束时的流量分布可能是，冰塞期流量的频率分布的良好替代物。如果水位计下游沿河许多地方都可能发生冰塞，那么冰塞体位置的分布将是均匀的。假设冰的体积遵循极值原则，则可采用甘贝尔分布来估计冰体积的频率分布（见图 8.6ⓒ）。根据甘贝尔分布随机提取冰体积数值，加上已随机提取的流量、下游水位边界（见图 8.6ⓐ、ⓑ）以及冰塞体位置（未给出图示），可以反复进行

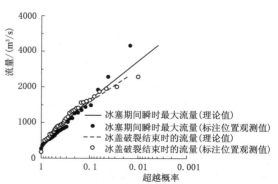

图 8.7　冰塞期间瞬时最大流量-频率分布及冰盖破裂结束时日平均流量-频率分布

模型运算，从而获得一个壅水剖面线（见图 8.6ⓓ）。从壅水剖面线上可以切取水位计所处位置的水位数据，进而可绘制出水位-频率分布（见图 8.6ⓔ）。瞬时最高水位是指冰塞期间壅水达到峰顶时的水位（见方框 8.1 中关于瞬时最高水位的解释）。通过将模拟的水

位–频率分布与瞬时最高水位–频率分布进行对比（见图 8.6ⓔ、ⓕ），可以得出，当频率分布的模拟值比观测值偏小时，需要将基于甘贝尔分布的冰体积位置和取值范围向上调整（见图 8.8ⓒ，注意图中数值的变化）。然后，反复进行模型运算，直至模拟的水位–频率分布与观测值一致（见图 8.6ⓔ、ⓕ）。模型运算生成的大量数据，可形成一个包含所有模拟水位–频率分布的包络域（见图 8.8ⓖ），且观测值频率分布应从包络域中间穿过。

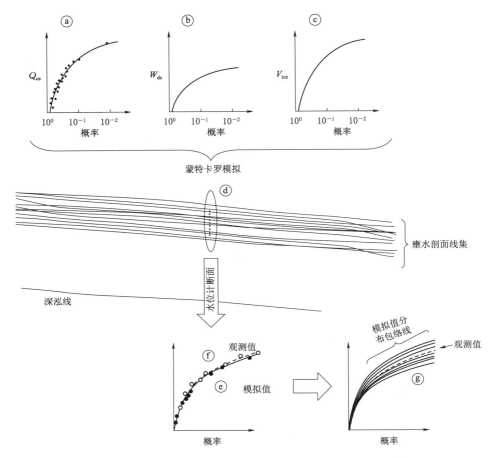

图 8.8 通过与观测值频率分布对比，反复调整冰体积的统计参数、
位置和范围，推求水位计所处位置的水位分布域

8.4 预报模型结构的基本概念

在对下游水位边界条件频率分布和冰体积频率分布，完成上述校验后，随机模型即可用于对冰塞洪水进行预报。在模拟时，当上游的冰盖出现破裂时，冰塞情况随时都可能发生。随着模拟结果越来越多，则边界条件分布的可用范围则会越来越小。此时，将上游预报流量用作模型的输入流量。2019 年，Lindenschmidt 等采用 Rokaya 等建立的阿萨巴斯

卡河流域水文学模型（MESH）对上游来水进行预报，并将其作为阿萨巴斯卡河局部河段冰塞预报的输入流量。MESH 模型需要的气象变量包括最低和最高气温、降水量、短波和长波辐射、风速、大气压力以及湿度。加拿大气象中心（CMC）利用全球确定性预报系统（GDPS）可获得这些资料未来 10 天的预报结果。根据气象变量的预报成果，MESH 模型可进行未来 10 天的流量预报。MESH 模型设置、率定及验证等不在本次研究的范围内，如果读者想要了解更多的详细内容可参考 Lindenschmidt、Rokaya 等发表的相关文献。流量预报也采用经验相关等其他方法，比如 Warkentin、Berry 等将峰值流量与冬季开始时的前期湿度条件、冬季结束时的积雪深以及春汛期间的降雨量建立经验相关关系。目前，该经验相关法已应用于位于马尼托巴省的红河流量预报。即使测量仪器位于冰盖破裂处上游较远的地方，其观测值也可作为流量估算的一个依据。图 8.9 提供了一个流量预报实例：利用位于麦克默里堡的测量仪器对阿萨巴斯卡河 2018 年春季发生冰盖破裂期间的流量进行预报，并给出未来 9 天流量过程的 6 个不同预报成果，分别编号为 1～6。在 9 天中，冰盖破裂的具体时间及在麦克默里堡河段形成冰塞的具体时间仍无法确定。例如，对于图 8.9 中的 6 号预报成果，冰塞可能会在 4 月 26 日至 5 月 4 日这 9 天中发生，但无法准确确定具体是哪一天。因此，需要对这 9 天预报期内的最大、最小日均流量估算，分别约为 $1015\text{m}^3/\text{s}$、$1150\text{m}^3/\text{s}$。

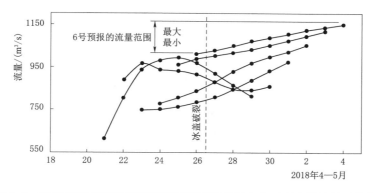

图 8.9　2018 年春季冰盖破裂期间阿萨巴斯卡河上位于麦克默里堡下游的
水位计对下游河段 10 天流量进行的 6 次预报（编号分别为 1～6）结果

　　在进行蒙特卡罗模拟时，只在上游来水流量-频率分布范围内随机进行抽样（见图 8.10ⓐ）。通过构建下游水位的最小值频率分布（见图 8.10ⓑ），以跟踪分析测量设备处的水位升高情况。由于堆冰量的不确定性，导致很难进一步缩小冰体积频率分布（见图 8.10ⓒ）的取值范围。上游来冰量将会进一步增加冰塞体的堆冰量，上游来冰量的多少由冰盖平均宽度以及冰厚决定，其中冰盖平均宽度可通过遥感影像、GIS 数据以及现场调查来确定。冰厚是河冰体积衍生过程中不确定性最大的变量，在冰盖破裂期间很难给出确定的值。虽然在冰盖开始破裂前，可以通过直接测量或遥感（如星载雷达图像）等手段来测量冰厚（遥感测量相关内容已在 5.3 小节中进行介绍），但冰盖破裂期间冰的消融量却很难量化。由于河流沿岸、河心洲或其他可能限制冰块运动的障碍物都会滞留一些冰块，因此，冰塞上游的来冰量将小于上游冰盖长度、宽度与厚度的乘积。然而，当上游更远处的冰盖或支流里的冰盖突然也发生破裂，并顺流而下时，将会进一步增加冰塞的堆冰量，从而导致更严重的冰塞壅水。这些意外情况的发生，将会导致发生超预估的冰塞洪水。因此，建议在冰塞预报时采用完整的冰体积校验分布。

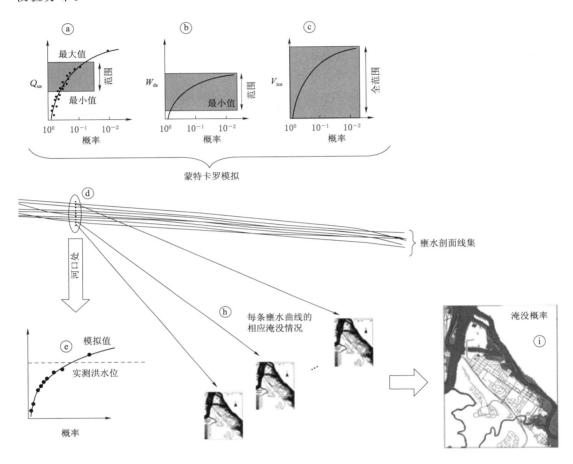

图 8.10   用于冰塞洪水作业预报的随机建模框架

当为模型边界条件和参数随机选取数值时，就意味蒙特卡罗模拟已经开始，通过数百次的模拟运算，将生成冰塞壅水水位预报剖面线集合。从该集合中可提取任何关注点的模拟水位，而通常关注点为洪水风险高的区域。利用这些模拟水位，不仅可以构建甘贝尔或广义极值等水位-频率分布，还可以确定超过某个基准高程（如河岸高程）的概率（参见图 8.10ⓔ）。在本次以麦克默里堡为案例的研究中，我们提取了清水河河口的水位，并在水平面上将其进行外延至下游洪泛区。由于清水河的河床相对平坦，尤其是当发生超过 10 年一遇重现期（AEP）的较大洪水时，壅水水位剖面线基本呈水平状，在第 7 章清水河建模练习时已有图示。根据从每条剖面线上提取水位可绘制洪水风险图（见图 8.10ⓗ），从而可确定洪水淹没范围的概率（见图 8.10ⓘ）。

8.5 利用框架进行作业预报

如上所述，对 2018 年春季阿萨巴斯卡河麦克默里堡河段进行了 6 次冰塞洪水预报。为了说明在预报之前（预报前设置）是如何校验预报结构，以及在预报期间预报模型是如何实施，下面提供了一个使用实际数据的示例。通过该示例，可以进一步强化对前面讨论的输入因素的频率分布和作业预报等概念的理解。

8.5.1 作业预报前的校验设置

在准备开始作业预报前，需要首先对随机模型架构中的下游水位和冰体积等边界条件的频率分布进行校验。图 8.11 展示了基于图 8.4 的概念如何利用实测数据对下游水位频率分布进行校准，使用冰盖破裂结束时的流量-频率分布（图 8.11 中的 a 图）与图 8.7 是

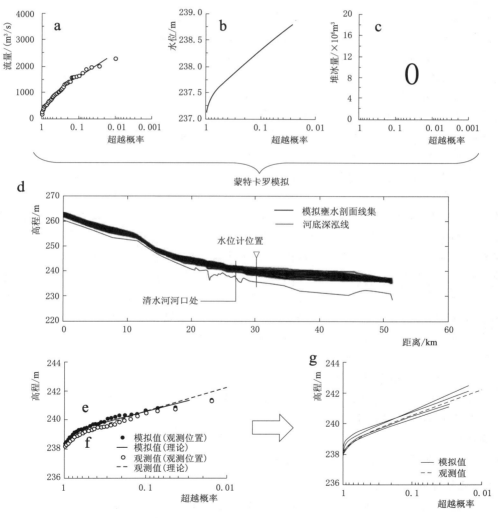

图 8.11　利用实测数据对下游边界条件及水位-频率分布进行校验

相同的。需要对初始下游水位-频率分布进行估算，而冰盖破裂结束时的冰体积分布不需要频率分布。在使用 RIVICE 模型进行每次模拟时，都需要从上游来水流量-频率分布中随机选取数值。设置的参数尽管来自均匀分布，但也是采用随机方式选取的。图 8.11 中的 d 图给出了 38 条水位剖面线的集合。根据这些剖面线，可提取出水位计所在位置的相应水位数据，并根据这些水位数据绘制出模拟水位-频率分布（见图 8.11 中 e 图）。将模拟水位-频率分布与水位计观测的 38 个水位-频率分布（见图 8.11 中 f 图）进行对比，需要注意的是对于模拟和观测的频率分布的数量必须相同。在模拟开始时，这两种分布并不一致，通过对最初用于输入的下游水位-频率分布的统计学极值参数（图 8.11 中的 b 图）进行调整，反复进行 38 次模拟计算（图 8.11 中的 d 图），每次模拟计算都重新随机选择新的边界条件和参数值。再次将模拟结果与观察的频率分布进行比较，查看两者是否一致。重复前述过程，直到两个频率分布达到较为合理的重叠。当两个频率分布表现为一致，则表明下游边界条件频率分布（图 8.11 中的 b 图）已完成校验。为了获得可信的校验结果，反复多次进行蒙特卡罗模拟，以生成模拟的水位-频率分布包络域（如图 8.11 中的 g 图所示），从而确保观测的水位-频率分布大致位于包络域的中间。

下一步作业预报前的模型准备工作是校准冰体积 V_{ice} 频率分布。图 8.12 采用与图 8.6 是相同的冰体积 V_{ice} 校验概念形式，只是在图 8.12 中使用了实际数据。图 8.12 中的 a 图中上游来水流量-频率分布是从图 8.7 中提取的，该分布在冰塞期间需要根据观测的瞬时最高水位进行估算。图 8.12 中的 b 图下游水位-频率分布已经在前述校准步骤中确定。在对 38 个模型进行蒙特卡罗模拟运算之前，需要对图 8.12 中的 c 图冰体积的频率分布进行初步估计。每次模拟运算都需要单独设置一组参数值，这些参数值是从 3 种边界条件（上游来水流量、下游水位以及冰体积）的频率分布中随机提取的。图中给出了 38 条纵向水位剖面的一个集合实例。从图 8.12 的 d 图中提取水位计所处位置的水位值，从而绘制出模拟水位-频率分布，如图 8.12 中的 e 图所示。将模拟水位-频率分布与冰塞期间水位记观测的瞬时最高水位-频率分布进行对比（见图 8.12 中的 f 图），如果两个分布相互偏离，则需要对最初用于冰体积频率分布（见图 8.12 中的 c 图）输入的统计学极值参数进行调整，并反复进行蒙特卡罗模拟（见图 8.12 中的 d 图），从而生成新的模拟水位-频率（见图 8.12 中的 e 图）。重复该过程，直到图 8.12 中的模拟频率分布（e 图）和观测频率分布（f 图）吻合。利用该模拟频率分布重复多次蒙特卡罗过程，生成模拟水位频率曲线的包络域（图 8.12 中的 g 图），当观测水位-频率曲线从包络域的中间穿过时，说明该模拟频率分布通过置信检验。

图 8.13 对两个校验步骤得到的模拟水位-频率分布包络域进行了对比，结果与预期相同，与冰盖破裂结束时相比，瞬时最高水位-频率包络域的中值线更高。出现这种情况的原因时是冰塞期间的壅水水位要高于最后一块冰流过水位计时的水位。值得注意的是，瞬时最高水位-频率包络域的范围也更大，这可能表明，与冰盖破裂结束时的水力和冰情条件相比，冰塞期间的壅水更严重、特性更复杂。

8.5.2 预报模式

当所有的边界条件都已确定好时，随机模型即可用于进行冰塞洪水预报。图 8.14 是根据图 8.10 所述的预报结构概念，利用真实案例数据进行的模拟过程。虽然冰塞期的

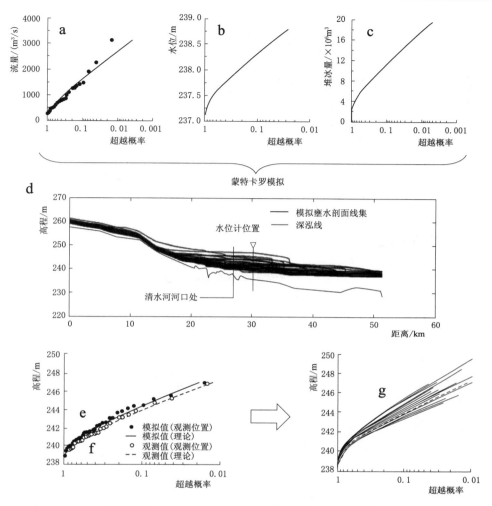

图 8.12 利用实际数据对冰体积频率分布进行校验

估算流量分布被用作模型的上游来水边界（见图 8.14 Ⓐ），但在利用 MESH 模型（详见图 8.7）进行蒙特卡洛模拟时，仅从最大流量和最小流量之间的范围内随机选取数值。在 6 号预报发布时，麦克默里堡上游的冰盖已经发展到后期（Lindenschmidt et al.，2019），麦克默里堡地区随时都可能发生冰塞。此时，相比之前的预报结果，本次预报的流量更大，但相对而言，最大流量至最小流量的范围也进一步缩小，如图 8.14 Ⓐ 所示。在准备进行 6 号预报时，也就是 2018 年 4 月 25 日早上，水位计处的水位约为

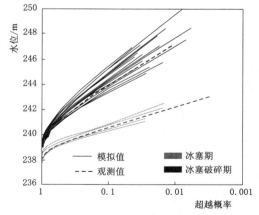

图 8.13 冰塞期间与冰盖破裂结束时的水位-频率分布对比

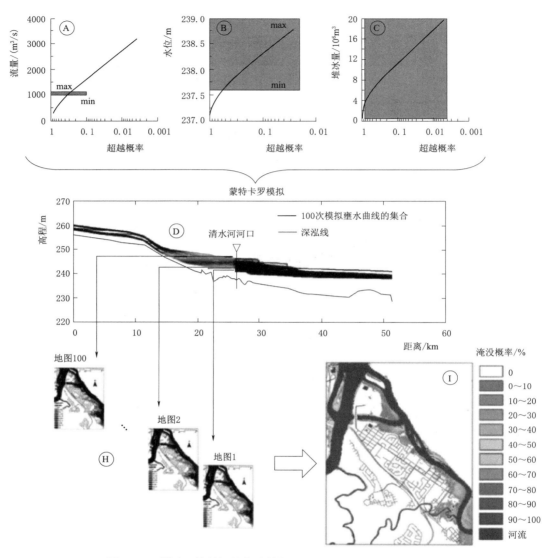

图 8.14 利用 6 号预报的实时数据给出图 8.10 提出的模拟架构

239.05m，根据图 8.3 冰盖破裂结束时的频率分布，该水位的相应超越概率为 0.6。相同概率下，下游边界处的水位约为 237.60m，该值可作为下游水位-频率分布（见图 8.14 Ⓑ）取值范围的最小值。而最小值以上的取值则为开放式，因此不需要给定下游水位-频率分布（见图 8.14Ⓑ）取值范围的最大值。虽然尚未达到破裂结束时间，但在选择水位-频率分布范围时，一种保守的方法是采用冰盖破裂结束时的水位曲线，依据水位计处的水位对下游边界频率分布的最低水位进行定向估算。为了在进行蒙特卡罗模拟时随机提取数据，冰体积保留完整的频率分布（见图 8.14Ⓒ）。图 8.14Ⓓ给出了进行 100 次模型运算后生成的 100 条水位纵剖线。从图 8.14Ⓓ中提取阿萨巴斯卡河与清水河交汇处的水位，并水平外推至清水河下游漫滩区域。基于此，来确定麦克默里堡数字高程模型中的淹水单元数量。图 8.14⑪ 给出了利用上述 100 个水位绘制的 100 张洪水淹没图。根据这些洪水淹没图，计算每个单元被淹没的次数，从而可推求出相应单元的淹没概率。对所有单元的淹没超越概率进行汇总，可得到"淹没概率"图，如图 8.14① 所示。

由于目前预报区域的冰塞洪水样本数量很少，因而很难对预报结果进行验证。2018年洪水过后，对清水河沿岸进行了航空摄影（见图 8.15）；根据 6 号预报，图中洪水淹没区域的洪水淹没概率为 80%~90%。

图 8.15 顶部的图拍摄于洪水最明显的地区，颜色较深的区域代表被水淹没的草地、
小路、停车场和空地，图中还显示了洪水退去时滞留下的冰块；底部的图为
麦克默里堡市中心的东南角，位于清水河河口上游约 5km 处，
柏油路和一些小路被洪水淹没
［经 Elsevier 许可后，转载自 Lindenschmidt et al.（2019）］

8.6 电子表格练习：使用甘贝尔分布进行水位-频率分析

现在结合案例，一步一步地练习推求冰塞或冰堆积事件时瞬时最大壅水的水位-频率分布。在加拿大水资源调查局的水位表中记录有历次春季冰盖破裂期间出现的瞬时最大值。在 Microsoft®Excel® 文件"水位频率分析 1.xlms"中的"W_instantMax"工作表的 A 列记录了 40 年的瞬时水位。因为要确定超越概率，因而应该将这些数据按降序排列。如果数据不是降序排列，则可以通过选择整个 A 列，然后在"主菜单"功能区点击"排序和筛选"，然后选择"按照从 Z 到 A 排序"或"按照从最大到最小排序"，从而完成按降序排序。选择单选按钮"继续当前选择"，然后在弹出"排序警告"消息窗口时选择"OK"。

根据 Gringorten（1963）提出的占位绘图法，每个水位数据的超越概率 P 计算公式如下：

$$P = \frac{m - 0.44}{n + 0.12} \tag{8.1}$$

式中：m 为每个数据点的秩；n 为数据点的个数。最大的水位数据对应的序号 $m=1$，因此，在单元格 B2 中插入数值"1"，在单元格 B3～B41，依次用数值 2～40 进行填充，如图 8.16 中的 B 列所示。根据 B 列中的秩和 B 列的数据点数量，将式（8.1）应用到 C 列中的单元格。使用函数"count（）"可自动统计 B 列数据点的数量。在 C2 单元格中插入公式"=（B2−0.44）/（COUNT（B：B）+0.12）"，然后将 C2～C41 之间的所有单元格选中，单击组合菜单"home"→"Fill"→"Down"，从而在 C2 以下的单元格中填充相同公式，依此方式得到数值应与图 8.16 中 C 列中的数值相同。

　　推求瞬时最大水位高程 x 的理论分布，可采用 Gumbel 在 1941 年提出的极值分布 $F(x)$：

$$F(x) = 1 - e^{-e^{-\frac{u+x}{\alpha}}} \tag{8.2}$$

式中：u 为位置参数；α 为范围参数。

　　两个参数可通过以下公式来推求：

$$\alpha = 0.7797\sigma \tag{8.3}$$

$$u = 0.5772\alpha - \mu \tag{8.4}$$

式中：σ 为标准差；μ 为均值。

	A	B	C	D	E	F	G	H	I
1	inst. max. W	rank	Gringorton	mean	std	alpha	u	F	W (observed)
2	247.000	1	0.014	241.379	1.875	1.462	-240.535	0.012	247.000
3	245.221	2	0.039	241.379	1.875	1.462	-240.535	0.040	245.221
4	244.800	3	0.064	241.379	1.875	1.462	-240.535	0.053	244.800
5	244.312	4	0.089	241.379	1.875	1.462	-240.535	0.073	244.312
6	243.959	5	0.114	241.379	1.875	1.462	-240.535	0.092	243.959
7	243.400	6	0.139	241.379	1.875	1.462	-240.535	0.131	243.400
8	243.197	7	0.164	241.379	1.875	1.462	-240.535	0.149	243.197
9	243.176	8	0.188	241.379	1.875	1.462	-240.535	0.151	243.176
10	243.100	9	0.213	241.379	1.875	1.462	-240.535	0.159	243.100
11	242.500	10	0.238	241.379	1.875	1.462	-240.535	0.230	242.500
12	242.429	11	0.263	241.379	1.875	1.462	-240.535	0.239	242.429
13	242.100	12	0.288	241.379	1.875	1.462	-240.535	0.290	242.100
14	242.063	13	0.313	241.379	1.875	1.462	-240.535	0.296	242.063
15	241.436	14	0.338	241.379	1.875	1.462	-240.535	0.417	241.436
16	241.406	15	0.363	241.379	1.875	1.462	-240.535	0.424	241.406
17	241.210	16	0.388	241.379	1.875	1.462	-240.535	0.468	241.210
18	241.170	17	0.413	241.379	1.875	1.462	-240.535	0.477	241.170
19	241.061	18	0.438	241.379	1.875	1.462	-240.535	0.502	241.061
20	241.000	19	0.463	241.379	1.875	1.462	-240.535	0.517	241.000
21	240.984	20	0.488	241.379	1.875	1.462	-240.535	0.521	240.984
22	240.908	21	0.512	241.379	1.875	1.462	-240.535	0.539	240.908
23	240.845	22	0.537	241.379	1.875	1.462	-240.535	0.555	240.845
24	240.657	23	0.562	241.379	1.875	1.462	-240.535	0.602	240.657
25	240.657	24	0.587	241.379	1.875	1.462	-240.535	0.602	240.657
26	240.573	25	0.612	241.379	1.875	1.462	-240.535	0.623	240.573
27	240.524	26	0.637	241.379	1.875	1.462	-240.535	0.635	240.524
28	240.513	27	0.662	241.379	1.875	1.462	-240.535	0.638	240.513
29	240.400	28	0.687	241.379	1.875	1.462	-240.535	0.666	240.400
30	240.145	29	0.712	241.379	1.875	1.462	-240.535	0.729	240.145

Instant Max

图 8.16　水位-频率分布计算练习

A 列中水位数据的平均值 μ 和标准差 σ，可分别采用函数"average（）"和"stdev.s（）"来计算，并将计算结果填入 D 列和 E 列。在 D2 单元格中插入公式"＝average（A：A）"，在 E2 单元格中插入公式"＝stdev.s（A：A）"，然后选中单元格 D2～E41，单击组合菜单"home"→"Fill"→"Down"，从而在单元格 D3～E41 内自动填充与 D2、E2 相同的公式，得到的数值应与图 8.16 中的 D 列、E 列中的数值相同。接下来，在 F 列和 G 列分别计算范围参数 α 和位置参数 u。在 F2 单元格插入公式"＝0.7797＊E2"，在 G2 单元格插入公式"＝0.5772＊F2－D2"，然后选中 F2 至 G41 之间的所有单元格，单击组合菜单"home"→"Fill"→"Down"，从而在单元格 F3～G41 内自动填充与 F2、G2 相同的公式，得到的数值应与图 8.16 中的 F 列、G 列中的数值相同。

此时，式（8.2）需要的范围参数 α（F 列）、位置参数 u（G 列）以及水位数据 x（A 列）都已准备好，可在 H 列中进行式（8.2）的计算了。在 H2 单元格中插入公式"＝1－EXP（－EXP（－（G2＋A2）/F2））"，然后选中单元格 H2～H41，单击组合菜单"home"→"Fill"→"Down"，从而在单元格 H3～H41 内自动填充与 H2 相同的公式，得到的数值应当与图 8.16 中的 H 列中的数值相同。为了便于绘图，需要在 I 列中可填充与 A 列相同的瞬时最高水位数据，可在 I2 单元格插入公式"＝A2"，然后选中单元格 I2～I41，单击组合菜单"home"→"Fill"→"Down"，从而在单元格 I3～I41 内自动填充与 I2 相同的公式。绘图时，将 H 列的数据作为 x 轴，将 I 列的数据作为 y 轴。图 8.16 给出的是最终的计算成果表格，该表格存储在 Microsoft®Excel®文件"水位频率分析 2.xlms"中。

下一步将介绍如何绘制格林戈顿超越频率 P 与水位 x 的散点关系图（C 列为 x 轴，I 列为 y 轴），并在同一个图上如何绘制甘贝尔分布 $F(x)$ 与水位 x 的折线关系图（H 列为 x 轴，I 列为 y 轴）。首先，按下"Crtl"键，仅选择 C 列和 I 列，然后单击组合菜单"INSERT"→"Scatter"→"Scatter"，绘制出格林戈顿散点图。右键单击 x 轴刻度标签，然后从弹出菜单中选择"设置坐标轴格式……"，在右侧的"设置坐标轴格式"窗格中，单击复选框"对数刻度"和"值顺序相反"，如图 8.17 的左图所示。为了将 y 轴的标签移动到轴的左侧，请右键单击 y 轴刻度标签，然后从弹出菜单中选择"设置坐标轴格式……"。在"设置坐标轴格式"窗格中，展开标签并从"标签位置"下拉框中选择"高"，如图 8.17 的右图所示。

在同一图中绘制第二个理论频率分布图的方法是：首先右键单击该图，然后从弹出菜单中选择"选择数据"，接着按"添加"按钮打开"编辑系列"窗口，点击"X 系列数值"文本框，选择 H2～H41 的所有单元格；然后，删除"Y 系列值"文本框中的所有条目，单击文本框并选择 I2～I41 的所有单元格，所有文本框中的输入条目如图 8.18 所示；按"OK"退出"编辑系列"窗口，再次按"OK"退出"选择数据源"窗口。要将新图形从点状更改为线型，请单击最新绘制的点，并依次选择"INSERT"→"Scatter"→"Scatter with Straight Lines"。Microsoft®Excel®文件"水位频率分析 2.xlms"中提供了完成该练习后绘制的图形。另外，读者也可自行选择其他格式，绘制出如图 8.19 所示的图形。在本章后续练习中，理论水位-频率分布将用于与模拟水位-频率分布进行比较。

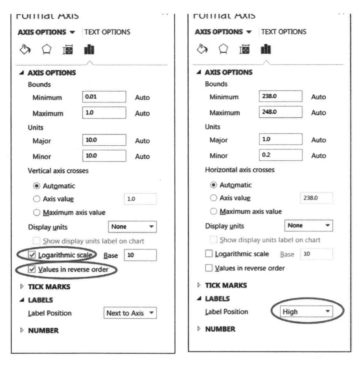

图 8.17　水位-频率分布图的 x 轴格式设置（左图）和 y 轴格式设置（右图）

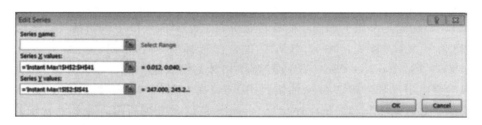

图 8.18　"编辑系列"窗口中用于绘制第二条曲线的最终输入条目

8.7　电子表格练习：使用 GEV 分布进行流量-频率分析

广义极值（GEV）分布是另一种常见的极值分布，与甘贝尔分布相比，它更适合处理阿萨巴斯卡河样本中的流量数据。GEV 函数可以表示为（Turkann，2014a）

$$F(x) = 1 - e^{-\left[1 + \xi 1\left(\frac{x - \mu 1}{\sigma 1}\right)\right]^{-\frac{1}{\xi 1}}} \tag{8.5}$$

式中，$\mu 1$、$\sigma 1$ 和 $\xi 1$ 为 GEV 的参数，分别表示位置、范围和形状。

打开 Microsoft®Excel®文件"流量频率分析 1. xlms"，然后切换到工作表"Q_GEV"，A 列为 38 次冰塞和堆冰事件期间记录的流量数据（如果在练习期间遇到某些问题，请参考 Microsoft®Excel®文件"流量频率分析 2. xlms"中已完成的练习案例）。

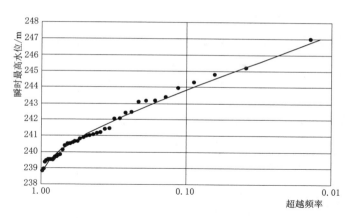

图 8.19 适用于瞬时水位最大值格林戈顿点位绘图的理论甘贝尔分布（线）

秩数（rank）、格林戈顿超越频率（格林戈顿）、平均值（mean）和标准差（std）的计算步骤与上一练习相同。将数值 1 插入 B2 单元格中，在 B3～B41 单元格，用值 2～38 填充。依据 B 列中的秩数及 B 列的数据点数量，可在 C 列将式（8.1）插入对应单元格。函数"count（）"可用于自动统计 B 列中的数据点数量，在单元格 C2 中，插入公式"=(B2−0.44)/(count(B:B)+0.12)"。首先选中 C2～C39 中的所有单元格，然后点击组合菜单"home"→"Fill"→"Down"。A 列中流量数据的平均值 μ 和样品标准差 σ 可在 D 列和 E 列中分别使用函数"average（）"和"stdev. s（）"来计算。在单元格 D2 中插入公式"=average（A：A）"，并在单元格 E2 中插入公式"=stdev. s（A：A）"，首先选中 D2～E39 中的所有单元格，然后点击组合菜单"Home"→"Fill"→"Down"。B 列到 D 列中的数值应与图 8.20 所示一致。

平均值和标准差是 $\mu1$ 和 $\sigma1$ 的初始估计值，经四舍五入后，在突出显示单元格 F2 和 G2 中分别手动输入数值 870 和 591。突出显示的单元格 H2 为 $\xi1$ 的初始估计值，应为一个较小的非零数（例如插入 0.05）。在 F 列、G 列、H 列的第 3～39 行的单元格中的数值应分别与单元格 F2、G2 和 H2 相同。因此，在单元格 F3 中插入公式"=F2"，在单元格 G3 中插入公式"=G2"，在单元格 H3 中插入公式"=H2"。然后选中 F3～H39 中的所有单元格，并单击组合菜单"Home"→"Fill"→"Down"，在 F、G 和 H 列的其余数据单元格中重复单元格 F3、G3、H3 中的公式，F、G 和 H 列中的值应与图 8.20 所示一致。

可用 $\mu1$、$\sigma1$ 和 $\xi1$ 来求解最大对数似然估计 LL（Turkann 2014b）：

$$LL = -n\ln(\sigma1) - \left(1+\frac{1}{\xi1}\right)\sum_{i=1}^{n}\ln\left[1+\xi1\left(\frac{x_i-\mu1}{\sigma1}\right)\right] - \sum_{i=1}^{n}\left[1+\xi1\left(\frac{x_i-\mu1}{\sigma1}\right)\right]^{-\frac{1}{\xi1}}$$

(8.6)

式中：n 为流量数据的数量。

为了在 Microsoft®Excel®中更易于管理，可将方程分解为

$$LL = constant - sum1 - sum2 \tag{8.7}$$

$$constant = -n\ln(\sigma1) \tag{8.8}$$

145

	inst. max. Q	rank	Gringorton	mean	std	μ1	σ1	ξ1	constant	sum1	sum2	constraint	LL	F	Q (observed)
1															
2	3170	1	0.015	869.816	591.440	870.000	591.000	0.05	-242.509	3.733784	0.028553	1.194585	-292.932	0.028149	3170
3	2290	2	0.041	869.816	591.440	870.000	591.000	0.050		2.38244	0.103416			0.098249	2290
4	1920	3	0.067	869.816	591.440	870.000	591.000	0.050		1.787226	0.182297			0.166646	1920
5	1480	4	0.093	869.816	591.440	870.000	591.000	0.050		1.056726	0.365533			0.306173	1480
6	1440	5	0.120	869.816	591.440	870.000	591.000	0.050		0.98903	0.389873			0.322857	1440
7	1350	6	0.146	869.816	591.440	870.000	591.000	0.050		0.835931	0.451073			0.363056	1350
8	1290	7	0.172	869.816	591.440	870.000	591.000	0.050		0.733242	0.497418			0.391901	1290
9	1260	8	0.198	869.816	591.440	870.000	591.000	0.050		0.681708	0.52244			0.406928	1260
10	1130	9	0.225	869.816	591.440	870.000	591.000	0.050		0.456922	0.647159			0.476469	1130
11	1130	10	0.251	869.816	591.440	870.000	591.000	0.050		0.456922	0.647159			0.476469	1130
12	1010	11	0.277	869.816	591.440	870.000	591.000	0.050		0.247246	0.79018			0.546237	1010
13	878	12	0.303	869.816	591.440	870.000	591.000	0.050		0.014208	0.986559			0.627143	878
14	850	13	0.329	869.816	591.440	870.000	591.000	0.050		-0.03556	1.03445			0.644578	850
15	823	14	0.356	869.816	591.440	870.000	591.000	0.050		-0.08367	1.082946			0.661403	823
16	804	15	0.382	869.816	591.440	870.000	591.000	0.050		-0.11759	1.1185			0.67323	804
17	788	16	0.408	869.816	591.440	870.000	591.000	0.050		-0.14619	1.14939			0.68317	788
18	766	17	0.434	869.816	591.440	870.000	591.000	0.050		-0.18559	1.193335			0.696792	766
19	754	18	0.461	869.816	591.440	870.000	591.000	0.050		-0.20711	1.218045			0.704192	754
20	700	19	0.487	869.816	591.440	870.000	591.000	0.050		-0.30422	1.336076			0.737125	700

图 8.20　用于计算 GEV 流量频率分布的初始表格设置（在执行"求解"功能之前）

$$sum1 = \left(1 + \frac{1}{\xi1}\right)\sum_{i=1}^{n}\ln\left[1 + \xi1\left(\frac{x_i - \mu1}{\sigma1}\right)\right] \tag{8.9}$$

$$sum2 = -\sum_{i=1}^{n}\left[1 + \xi1\left(\frac{x_i - \mu1}{\sigma1}\right)\right]^{-\frac{1}{\xi1}} \tag{8.10}$$

在单元格 I2 中，插入公式"＝－COUNT(A:A)*LN(G2)"。变量 $sum1$ 和 $sum2$ 分别在 J 列和 K 列中，通过引用 A 列（x）、F 列（$\mu1$）、G 列（$\sigma1$）和 H 列（$\xi1$）相应行号中的数据进行计算。对于变量 $sum1$，在单元格 J2 中插入公式"＝(1＋1/H2)*LN(1＋H2)*((A2－F2)/G2))"；对于变量 $sum2$，在单元格 K2 中插入公式"＝功率(1＋H2*((A2－F2)/G2)，－1/H2)"。$sum1$ 和 $sum2$ 以下的单元格需要填充相同的公式。因此，可选中 J2～K39 的所有单元格，然后单击组合菜单"Home"→"Fill"→"Down"，I、J 和 K 列中的数值应与图 8.20 所示一致。

通过引用单元格 I2 中的常量值和利用"sum（）"函数，可将式（8.7）在单元格 M2 中进行表示，其中"sum（）"函数用来计算 $sum1$ 和 $sum2$ 的总和。在单元格 M2 中，插入公式"＝I2－SUM(J:J)－SUM(K:K)"，需要在单元格 L2 中给出约束条件：

$$1 + \xi1\left(\frac{x - \mu1}{\sigma1}\right) > 0 \tag{8.11}$$

在单元格 L2 中插入公式"＝1＋H2"*(A2－F2)/G2"，使用公式"＝1－EXP(－POWER((1＋H2)*(A2－F2)/G2)，－1/H2))"将式（8.5）插入单元格 N2 中。选中单元格 N2～N39，并执行组合菜单"Home"→"Fill"→"Down"，在单元格 N3～N39 中填充与单元格 N2 相同的公式。为了便于绘制图表，需要在 O 列中输入与 A 列相同的流量数据，方法为：在单元格 O2 中插入公式"＝A2"，在单元格 O3 中插入公式"＝A3"，并依次类推处理 O 列中其余的单元格。所有数据和公式均已插入表格中，结果应与图 8.20 所示一致。

按下"数据"菜单功能区中的"求解"按键（如果该菜单项未出现，则按照方框 4.1 中的说明来激活"求解"函数），可在单元格 M2 中执行与式（8.6）和式（8.7）一样的最大似然函数。在"求解参数"窗口中（见图 8.21），应在顶部"设置目标"文本字段中将单元格 M2 设置为目标；选择"最大"单选按钮，以使得单元格 M2 中的值最大化。删除"通过更改可变单元格"文本框中的所有条目后，将光标放在文本框中，同时按住"Ctrl"键，依次选择突出显示的单元格 F2、G2 和 H2。通过点击"添加"按钮，添加约束。在"单元格参考"文本框中选择单元格 L2，从下拉列表中选择"＞＝"，在"约束"文本框（见图 8.22）中选择数值 0，然后点击"OK"。按下"求解"按钮，然后在弹出的"求解结果"窗口中按下"OK"，以得到求解结果。需要注意的是，F 列、G 列和 H 列中出现新的 $\mu1$、$\sigma1$ 和 $\xi1$ 值，如图 8.23 所示。

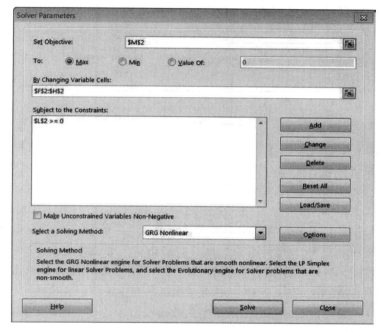

图 8.21 "求解参数"窗口（在单元格 L2 大于 0 的约束条件下，通过改变单元格 F2、G2 和 H2，使单元格 M2 的似然函数最大化）

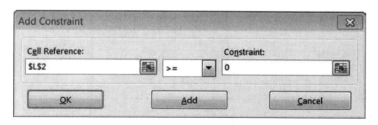

图 8.22 "添加约束"窗口

绘制图形的方法与上一个练习中的类似。绘制格林戈顿超越概率 P 与流量数据 x 关系散点图（x 轴为 C 列，y 轴为 O 列），然后在同一个图上绘制 GEV 分布 $F(x)$ 与流量数据 x 关系曲线图（x 轴为 N 列，y 轴为 O 列）。首先只选择 C 列和 O 列（按下"Crtl"按钮，选择 C 列和 O 列），然后单击组合菜单"INSERT"→"Scatter"→"Scatter"，绘出

	A	B	C	D	E	F	G	H	I	J	K	L	M	N	O
1	inst. max. Q	rank	Gringorton	mean	std	μ1	σ1	ξ1	constant	sum1	sum2	constraint LL		F	Q (observed)
2	3170	1	0.015	869.816	591.440	576.563	273.847	0.379027	-213.278	5.544014	0.017949	4.589536	-281.425	0.017789	3170
3	2290	2	0.041	869.816	591.440	576.563	273.847	0.379		4.42192	0.040496			0.039687	2290
4	1920	3	0.067	869.816	591.440	576.563	273.847	0.379		3.822513	0.062544			0.060628	1920
5	1480	4	0.093	869.816	591.440	576.563	273.847	0.379		2.951133	0.117654			0.110996	1480
6	1440	5	0.120	869.816	591.440	576.563	273.847	0.379		2.860506	0.125645			0.118072	1440
7	1350	6	0.146	869.816	591.440	576.563	273.847	0.379		2.647945	0.146584			0.136347	1350
8	1290	7	0.172	869.816	591.440	576.563	273.847	0.379		2.499009	0.163302			0.150665	1290
9	1260	8	0.198	869.816	591.440	576.563	273.847	0.379		2.422191	0.172657			0.158574	1260
10	1130	9	0.225	869.816	591.440	576.563	273.847	0.379		2.069188	0.223026			0.199906	1130
11	1130	10	0.251	869.816	591.440	576.563	273.847	0.379		2.069188	0.223026			0.199906	1130
12	1010	11	0.277	869.816	591.440	576.563	273.847	0.379		1.709831	0.289418			0.251301	1010
13	878	12	0.303	869.816	591.440	576.563	273.847	0.379		1.26866	0.398532			0.328695	878
14	850	13	0.329	869.816	591.440	576.563	273.847	0.379		1.167783	0.428778			0.348695	850
15	823	14	0.356	869.816	591.440	576.563	273.847	0.379		1.067785	0.461025			0.369363	823
16	804	15	0.382	869.816	591.440	576.563	273.847	0.379		0.995732	0.485754			0.384767	804
17	788	16	0.408	869.816	591.440	576.563	273.847	0.379		0.933928	0.508019			0.398313	788
18	766	17	0.434	869.816	591.440	576.563	273.847	0.379		0.847197	0.540996			0.417832	766
19	754	18	0.461	869.816	591.440	576.563	273.847	0.379		0.799003	0.560236			0.428926	754
20	700	19	0.487	869.816	591.440	576.563	273.847	0.379		0.573864	0.65959			0.482937	700

图 8.23 执行"求解"函数后，GEV 极值参数 $\mu1$、$\sigma1$ 和 $\xi1$ 的变化

格林戈顿散点图。右键单击 x 轴刻度标签，然后从弹出菜单中选择"设置坐标轴格式……"，在右侧的"设置坐标轴格式"窗格中，单击复选框"对数刻度"和"值顺序相反"。为了将 y 轴的标签移动到轴的左侧，请右键单击 y 轴刻度标签，然后从弹出菜单中选择"设置坐标轴格式……"。在"设置坐标轴格式"窗格中展开标签并从"标签位置"下拉框中选择"高"。

在图上点击右键，从弹出菜单中选择"选择数据"，来绘制第二条理论频率分布图。按下"添加"按钮，打开"编辑系列"窗口，点击"X 系列数值"文本框，选择 N2～N39 的所有单元格。然后，删除"Y 系列值"文本框中所有条目，单击文本框并选择 O2～O39 的所有单元格。点击"OK,退出"编辑系列"窗口，再次按"OK"，退出"选择数据源"窗口。要将新添加图形从散点型更改为线型，请单击最新绘制的点，并选择单击组合菜单"INSERT"→"Scatter"→"Scatter with Straight Line"，如图 8.24 所示。练习成果式样可参见 Microsoft®Excel®文件"流量频率分析 2.xlms"。

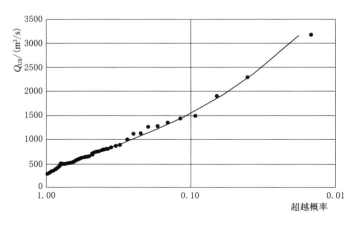

图 8.24 格林戈顿频率与流量关系图（散点）的理论 GEV 分布拟合曲线

建立理论 GEV 分布的一个重要目的是用来生成随机数据。能够根据已建立的理论生成随机数也很重要。式（8.5）的逆公式 $z(p)$ 可表示为（Turkann，2014a）

$$z(p) = \mu 1 - \frac{\sigma 1}{\xi 1} \times [1 - (\ln p)^{-\xi 1}]$$

(8.12)

式中：p 是均匀分布在 0 和 1 之间的随机数。

在 Microsoft®Excel®中，可以使用"＝rand（）"函数，来生成 $0 < p < 1$。在 Microsoft®Excel®文件"流量频率分析 1. xlms"（工作文件）和"流量频率分析 2. xlms"（应答键）中的"Q_random"工作表中进行 GEV 随机数计算。工作表"Q_random"的单元格 A2、B2 和 C2 中的数值，分别对应参数 $\mu 1$、$\sigma 1$ 和 $\xi 1$；工作表"Q_GEV"的单元格 F2、G2 和 H2 中的数值，分别对应参数 $\mu 1$、$\sigma 1$ 和 $\xi 1$；两个工作表中的各参数数值是相同的。在工作表"Q_random"中，A 列、B 列和 C 列中的其他单元格都与各列上一个单元格的数值相同，即每列单元格中的数值都是相同的。将式（8.12）在标题为"invCDF"的 D 列中表示，并引用 A 列（$\mu 1$）、B 列（$\sigma 1$）和 C 列（$\xi 1$）中的数据。

要实现 invCDF 数值按照秩数自动排序，需要在 F 列使用 RANK. EQ 函数，在 H 列使用 VLOOKUP 函数（方框 8.2 给出了 Microsoft®Excel®Help 的附加注释；更多详细说明可通过 Microsoft®Excel®Help 获得）。在工作表"rank＋sort_example"中提供了应用这些函数的简单示例。排序时，需要将秩数列（F 列）置于靠近要排序数值的左侧。因此，在对 invCDF 数值进行排序时，需要将 D 列中的 invCDF 值复制到 G 列中。H 列为排序结果，列标题命名为"Q_sort"。

为了检验使用 Q_sort 新值创建的 GEV 分布是否的相同，需要复制 H 列中的 Q_sort 数值，然后粘贴到工作表"Q_GEV"的 A 列中（粘贴时选择仅限粘贴数值，不包括公式，具体操作为：首先复制工作表"Q_random"中的 H2～H39 单元格，右键单击工作表"Q_GEV"中的 A2 单元格，然后从弹出菜单中选择"粘贴选项"中的"Values"）。再次使用"求解"功能，在单元格 M2 中重复上述最大似然求解的操作过程。当单元格 M2 中的似然函数最大化时，检验得到的位置（$\mu 1$）、范围（$\sigma 1$）和形状（$\xi 1$）3 个参数的数值与原来的数值是否近似。

方框 8.2　函数 RANK. EQ 和 VLOOKUP 的附加注释

RANK. EQ（number，ref，order）

　　number：需要获取排名的目标数字

　　ref：一组数或对一个数据列表的引用，在单元格索引前使用"＄"符号，来实现绝对引用（例如：＄G＄2：＄G＄39）。

　　Oder：排序方式，1 为升序，0 为降序。

VLOOKUP（lookup_value，table_array，col_index_num，range_lookup）

　　lookup_value：为需要在数据表第一列中进行查找的值，可以为数值、引用或文本字符串。

　　table_array：为需要在其中查找数据的数据表。

　　col_index_num：为 table_array 中查找到数据所在数据列的序号，返回相应列的数据；数据表中第一列的序号为 1。

　　range_lookup：1 为升序方式，0 为降序方式。

8.8 电子表格练习：对水位-频率分布的精确校准

本练习不再使用观测值和模拟值之间的差异对冰塞模型进行校准，而是将使用水位-频率分布作为目标函数，对第 4 章中练习的冰塞模型进行精确校准。

首先，打开 Microsoft®Excel®文件"冰塞水位 3b. xlsm"，可以看到"值""宽度""坡度"3 个工作表。这 3 个工作表来自第 4 章中的计算练习"电子表格练习：冰塞校准（多处堵塞，单参数集）"。随着"Q_GEV""Q_random""W_instantMax"3 个工作表的添加，该文件包含的内容得到进一步扩充。其中，工作表"Q_GEV"和"Q_random"来自上一个 Microsoft®Excel®文件"流量频率分析 2. xlsm"，工作表"W_instantMax"来自本章第一个练习"电子表格练习：使用甘贝尔分布的阶段-频率分析"生成的 Microsoft®Excel®文件"水位频率分析 2. xlsm"。考虑到将要对系列长度为 40 年的水位数据进行水位-频率分析的工作需要，已将工作表"Q_random"的最后一行，即第 39 行，复制到同一表格的第 40 行和第 41 行，以生成 40 个流量 Q 的随机数。F 列函数 RANK. EQ、H 列函数 VLOOKUP 中的行引用已由"＄39"更改为"＄41"。此外，D 列公式中的"RAND（）"函数已替换为 RANDBETWEEN（200，9800）/10000，以获得 0.02～0.98 之间的随机数，精确到小数点后两位。由于函数 RANDBETWEEN 只适用于整数，因此，需要用 200～9800 之间的数值除以 10000，才能获得 0.02～0.98 之间的随机值。为了避免出现极高或极低的随机流量数据，采用 0.02～0.98 这个范围比采用使用"RAND（）"函数生成的 0.00～1.00 范围更好。

在名称为"价值"的工作表中，点击 B 列中的里程数值，可以看到已应用函数 RANDBETWEEN 在 B 列中随机生成介于最小里程和最大里程之间的数值。单元格 A2 中的 40200m 为最大长度，单元格 A3 中的 30200m 为最小长度。该里程范围意味着冰塞体前缘的可能位置在阿萨巴斯卡水位计下游 10 km 区域内。C 列和 D 列的标题分别为"宽度"和"坡度"，这两列的单元格必须延长到系列末尾，即第 41 行。选中 C2～D41 区域内的所有单元格，然后单击组合菜单"Home"→"Fill"→"Down"。E 列［标题为"Q（cms）"］中所有的单元格与工作表"Q_random"的 D 列（标题为"invCDF"）相应行的单元格的数据均相等。通过选中 E2～E41 区域内的单元格，并单击组合菜单"Home"→"Fill"→"Down"，可将 E 列中的单元格延长到系列末尾，即第 41 行。可将 C 列、D 列和 E 列中的计算结果与图 8.25 中相同列中的数据进行比较，看是否相似。在一步一步地完成练习时，可经常查阅图 8.25 中的最终计算结果。由于利用随机数生成器获得的数值不同，工作表的计算结果会与图中的数值所有偏差，但相应数值的数量级应该是相同的。此外，在进行本练习期间，可随时查阅 Microsoft®Excel®文件"冰塞水位 4.xlsm"中提供的计算结果。

与之前的练习一样，应在单元格 F2、J2 和 K2 中分别给出校准值 f_o、μ 和 $\dfrac{f_i}{f_o}$ 的初始值 0.35、1.2 和 1.5。校准值 f_o 的所有数值必须全部相同，同样，μ 和 $\dfrac{f_i}{f_o}$ 的所有值也应

range	chainage (m)	width (m)	slope (-)	Q (cms)	fo	q (m2/s)	h (m)	ξ (xi)	μ (mu)	fi/fo	η (eta)	H (m)	t (m)	H_field (m)	t_field (m)	error	error_total
30200	30407	473.6	.0003	408.4	0.35	.862	2.797102	43.88527	1.2	1.5	37.06483	5.321	2.524	9.1	3.65	4.905	4.905
40200	31958	569.1	.0003	560.2	0.350	.984	3.055046	39.88883	1.200	1.500	34.77972	6.000	2.945				
	37977	669.8	.0003	332.8	0.350	.497	1.936599	21.48408	1.200	1.500	23.91088	4.855	2.918				
	30361	470.5	.0003	983.8	0.350	2.091	5.048073	79.72383	1.200	1.500	56.87207	8.111	3.063				
	40121	578.9	.0003	1319.0	0.350	2.279	5.345655	68.61507	1.200	1.500	50.83699	8.921	3.576				
	37752	673.4	.0003	509.5	0.350	.757	2.563314	28.28465	1.200	1.500	28.00676	5.717	3.154				
	33146	639.8	.0003	470.6	0.350	.736	2.515571	29.21558	1.200	1.500	28.55909	5.539	3.023				
	38338	660.5	.0003	1255.5	0.350	1.901	4.737334	53.29462	1.200	1.500	42.37115	8.484	3.746				
	36562	657.7	.0003	1157.5	0.350	1.760	4.500038	50.84058	1.200	1.500	40.99623	8.174	3.674				
	30681	489.0	.0003	1308.7	0.350	2.676	5.950927	90.42695	1.200	1.500	62.6218	9.283	3.332				
	39713	596.5	.0003	430.7	0.350	.722	2.484789	30.95289	1.200	1.500	29.58519	5.350	2.865				
	34388	712.4	.0003	628.1	0.350	.882	2.838577	29.60731	1.200	1.500	28.79098	6.218	3.379				
	38668	648.9	.0003	1289.1	0.350	1.987	4.87866	55.86566	1.200	1.500	43.80548	8.617	3.738				
	37976	669.8	.0003	554.6	0.350	.828	2.722331	30.20076	1.200	1.500	29.14169	5.917	3.195				
	32809	621.4	.0003	532.5	0.350	.857	2.785265	33.30561	1.200	1.500	30.96567	5.833	3.048				
	34701	684.5	.0003	612.1	0.350	.894	2.865582	31.10724	1.200	1.500	29.67607	6.158	3.292				
	38345	660.5	.0003	771.0	0.350	1.167	3.422589	38.50384	1.200	1.500	33.98277	6.804	3.382				
	31569	544.4	.0003	355.0	0.350	.652	2.32145	31.6857	1.200	1.500	30.01626	4.954	2.632				
	34508	704.8	.0003	612.2	0.350	.869	2.810531	29.63089	1.200	1.500	28.80492	6.154	3.344				

图 8.25 使用水位-频率分布进行冰塞校准的计算表的第一部分

全部相同。也就是，每个设置初始值的单元格下方的所有单元格应与其上方的单元格相等。因此，在单元格 F3 中插入公式"＝F2"，在单元格 F4 中插入公式"＝F3"，依此类推，直至单元格 F41 中包含公式"＝F40"。按照同样的方法，对 J 列和 K 列中的所有单元格进行上述操作。

与之前的练习一样，将式（4.3）、（4.6）和（4.1）中的特定流量 q、冰塞体下的水深 h 以及无量纲流量 ξ，分别在单元格 G2、H2 和 I2 中表示为"＝E2/C2""＝POWER(G2/SQRT(4 * 9.81 * D2/F2)、2/3)"和"＝POWER(G2 * G2/9.81/D2,1/3)/C2/D2"。通过选中 G2～I41 区域中的所有单元格，并单击组合菜单"Home"→"Fill"→"Down"，将上述各表达式复制到 G2、H2 和 I2 下面的所有单元格。重复上述练习中的步骤，将式（4.5）、（4.4）和（4.7）中的无量纲水位 η、壅水水深 H 和冰塞体厚度 t，分别在单元格 L2、M2 和 N2 中表示为"＝0.63 * POWER(F2,1/3) * I2＋5.75 * (1＋SQRT(1＋0.11) * J2 * POWER(F2,1/3) * K2. * I2))/J2""＝L2 * C2 * D2"和"＝M2－H2"。通过选中 L2～N41 区域中的所有单元格，并单击组合菜单"Home"→"Fill"→"Down"，将上述各表达式复制到 L2、M2 和 N2 下面的所有单元格。

本次练习不需要用到 O～R 列，已将它们作灰度显示处理。使用 S 列右侧的列继续计算。图 8.25 给出了本次练习第一部分的一个计算示例。

为了将计算的水位与水位计记录的高程进行比较，需要使用以下方程式将壅水水深 H 转换为壅水水位（可参考图 8.26）：

$$W_{gauge} = W_{thalweg} + H \tag{8.13}$$

式中：W_{gauge} 为水位计处的水位；$W_{thalweg}$ 为水位计处的深泓线高程；H 为稳定冰塞体上游的壅水水深。

可利用函数 LOOKUP（*lookup_value*、*lookup_vector* 和 *result_vector*）来确定 T 列中的 W_{gauge}：

1）—*lookup_value* 等于当前工作表"值"中 B 列的里程值。

2）—*lookup_vector* 也是里程列，但它引用的是"坡度"工作表中的 A 列。

3）—*result_vecto* 为 "坡度" 工作表中 D 列深泓线理想高程。

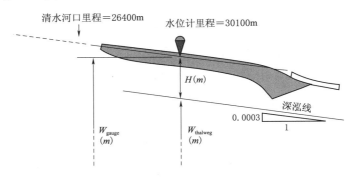

图 8.26 水位计处壅水水位及相应处深泓线高程、
稳定冰塞体上游壅水水深 H 示意图

单元格 T2 中的公式变为 "=LOOKUP（B2，slope！A：A，slope！D：D）"，并通过选中 T2～T41 区域的所有单元格，单击组合菜单 "Home" → "Fill" → "Down"，将上述公式填充至 T2 下面的所有单元格。

在 V 列中，通过引用 T 列中相应行的 $W_{thalweg}$ 数值和 M 列中相应行的壅水水深 H 来计算进行 W_{gauge}。可在单元格 V2 中插入公式 "=M2+T2"，通过选中 V2～V41 区域的所有单元格，并单击组合菜单 "Home" → "Fill" → "Down"，将上述公式填充至 V2 下面的所有单元格。T 列和 V 列中数值应与图 8.27 中相应数值相似。

	T	U	V	W	X	Y	Z	AA	AB	AC	AD	AE
1	W_thalweg	rank	W_gauge	W_gauge (	rank_chec	Gringorton	mean	std	alpha	u	F	W (observed)
2	233.842	4	246.016	248.952	1	0.014	241.966	2.228	1.737	-240.963	0.010	248.952
3	234.221	3	246.283	247.374	2	0.039	241.966	2.228	1.737	-240.963	0.025	247.374
4	233.584	8	243.115	246.283	3	0.064	241.966	2.228	1.737	-240.963	0.046	246.283
5	234.721	1	248.952	246.016	4	0.089	241.966	2.228	1.737	-240.963	0.053	246.016
6	233.327	27	240.838	244.264	5	0.114	241.966	2.228	1.737	-240.963	0.139	244.264
7	232.084	40	238.841	243.772	6	0.139	241.966	2.228	1.737	-240.963	0.180	243.772
8	231.887	39	238.870	243.397	7	0.164	241.966	2.228	1.737	-240.963	0.218	243.397
9	233.599	9	242.934	243.115	8	0.188	241.966	2.228	1.737	-240.963	0.251	243.115
10	234.448	15	242.284	242.934	9	0.213	241.966	2.228	1.737	-240.963	0.275	242.934
11	233.569	28	240.823	242.896	10	0.238	241.966	2.228	1.737	-240.963	0.280	242.896
12	233.706	14	242.411	242.858	11	0.263	241.966	2.228	1.737	-240.963	0.285	242.858
13	232.432	29	240.773	242.533	12	0.288	241.966	2.228	1.737	-240.963	0.333	242.533
14	233.372	19	241.776	242.426	13	0.313	241.966	2.228	1.737	-240.963	0.350	242.426
15	234.691	16	241.895	242.411	14	0.338	241.966	2.228	1.737	-240.963	0.352	242.411
16	231.856	34	239.824	242.284	15	0.363	241.966	2.228	1.737	-240.963	0.373	242.284
17	234.069	21	241.723	241.895	16	0.388	241.966	2.228	1.737	-240.963	0.443	241.895
18	233.842	5	244.264	241.826	17	0.413	241.966	2.228	1.737	-240.963	0.456	241.826
19	234.206	25	241.188	241.788	18	0.438	241.966	2.228	1.737	-240.963	0.463	241.788
20	233.039	2	247.374	241.776	19	0.463	241.966	2.228	1.737	-240.963	0.465	241.776
21	234.524	6	243.772	241.741	20	0.488	241.966	2.228	1.737	-240.963	0.472	241.741
22	232.372	30	240.600	241.723	21	0.512	241.966	2.228	1.737	-240.963	0.476	241.723
23	232.508	18	241.788	241.711	22	0.537	241.966	2.228	1.737	-240.963	0.478	241.711
24	233.781	17	241.826	241.632	23	0.562	241.966	2.228	1.737	-240.963	0.494	241.632
25	231.841	7	243.397	241.477	24	0.587	241.966	2.228	1.737	-240.963	0.525	241.477
26	234.160	24	241.477	241.188	25	0.612	241.966	2.228	1.737	-240.963	0.585	241.188
27	232.432	31	240.340	240.951	26	0.637	241.966	2.228	1.737	-240.963	0.635	240.951
28	233.842	22	241.711	240.838	27	0.662	241.966	2.228	1.737	-240.963	0.659	240.838
29	233.221	32	240.283	240.823	28	0.687	241.966	2.228	1.737	-240.963	0.662	240.823

图 8.27 使用水位-频率分布进行冰塞校准的计算表的第一部分

在 U 列中使用 RANK.EQ（*number*，*ref*，*order*）函数，按照降序方式计算所有数值的秩号，其中：

1）*number* 为 V 列中需要排序的相应行的数值。

2）*ref* 为 V 列中 V＄2～ V＄41 所有单元格中数值的向量（通过在行号前面放置"＄"符号，来实现绝对引用）。

3）*oder* 被设置为 0，来表示采用排序方式为降序。

例如，在单元格 U2 中插入公式"＝RANK.EQ.（V2，V＄2：V＄41，0）"，然后，通过选中 U2～U41 之间的所有单元格，点击组合菜单"Home"→"Fill"→"Down"，将上述公式填充到 U2 下面的所有单元格。V 列中的行号前面使用"＄"来进行绝对引用，而不是相对引用。秩号列（即 U 列）必须位于数值（W_{gauge}）待排序列（即 V 列）的左侧，以便在 W 列中使用函数 VLOOKUP（*lookup_value*，*table_array*，*col_index_num*，*range_lookup*），按降序方式对对 W_{gauge} 值进行排序：

1）*lookup_value*：设置为 ROW（）－1。

2）*table_array*：U 列和 V 列中采用行、列绝对引用的所有数据，设置为 ＄U＄2：＄V＄41。

3）*col_index_num*：设置为 2，表示将对数组 ＄U＄2：＄V＄41 中的第 2 列进行排序。

4）*range_lookup*：设置为 0，表示按降序方式排序。

例如，单元格 W2 中的公式应为"＝VLOOKUP（ROW（）－1，＄U＄2：＄V＄41，2，0）"。选中 W2～W41 之间的所有单元格，然后单击组合菜单"Home"→"Fill"→"Down"，将单元格 W2 中的公式填充到其他单元格。为了检查 W 列中数值是否按降序排列，需要在 X 列中再次输入函数 RANGK.EG，然后与 W 列中已排序的 W_{gauge} 值进行对比，见图 8.27。例如，在单元格 X2 中插入公式"＝RANK.EQ.（W2，W＄2：W＄41，0）"，通过选中 X2～X41 之间的所有单元格，并单击组合菜单"Home"→"Fill"→"Down"，将公式填充至 X3～X41 单元格。

通过进一步计算，可推求出已完成排序处理的 W_{gauge} 数值的水位–频率分布。计算方法与本章第一个练习"电子表格练习：使用甘贝尔分布进行水位–频率分析"中进行的水位–频率分析的方法类似。首先，复制工作表"W_instant–Max"中的 C～I 列，然后粘贴到工作表"值"中的 Y～AE 列。粘贴后，Y～AE 列中数值的量级应与图 8.27 所示相同。

在当前计算完成后，复制工作表"W_instantMax"中的图形（图形左边可能位于 O 列），然后粘贴到工作表"Values"中。通过以下步骤将 AD 列和 AE 列中的数据添加到图形中：

1）右键单击图形，从弹出菜单中选择"选择数据"。

2）在"选择数据源"窗口中，按下"添加"按钮。

3）删除文本字段中的所有字符。

4）将光标放在"Y 系列值"文本字段中，然后选择 AE 列中 AE2～AE41 之间的所有单元格。

5）将光标放在"X 系列值"文本字段中，然后选择 AD 列中 AD2～AD41 之间的所有单元格。

6) 单击"确定"两次。

由读者自行决定是否选择线条样式代替标记样式来表示新的"动态"曲线。当按下"公式"菜单功能区中的"开始计算"按钮时,将执行新的计算。每次点击"开始计算"按钮,都会生成新的曲线。根据本章第一个练习中的步骤,将水位计中记录的最大瞬时观测水位高程,绘制成水位-频率分布曲线,并看作是静态曲线。随着反复点击"开始计算"按钮,生成的动态曲线将反复落在静态曲线之上或之下。当动态曲线大部分时间与静态曲线重合时,即完成对位于单元格 F2、J2 和 K2 中的 f_o、μ 和 $\dfrac{f_i}{f_o}$ 数值的调整(校准)。例如,可尝试将单元格 F2 中的 f_o 设置为 0.3,并反复按"开始计算"按钮。

在工作表"ensemble"中,运行宏"copyToEnsemble"(使用组合菜单"视图"→"宏"→"查看宏"→""copyToEnsemble"→"运行"),生成 20 个动态阶段频率曲线实例,如图 8.28 所示。冰塞或冰块堆积事件会导致发生壅水事件,当最高壅水水位观测值的水位-频率分布位于已生成的 20 个水位-频率分布集合包络域内时,可以认为 f_o、$\dfrac{f_i}{f_o}$ 和 μ 的数值已被校准。向左滚动工作表"ensemble",可以看到该图形。当 $f_o = 0.3$、$\dfrac{f_i}{f_o} = 0.6$ 和 $\mu = 1.0$ 时,能获得较为合理的拟合结果。本次练习的最终计算结果可在"Microsoft®Excel®文件"冰塞水位 4.xlsm"中找到。建议读者尝试将 f_o、$\dfrac{f_i}{f_o}$ 和 μ 参数设置为其他数值,以期获得更好的拟合结果。

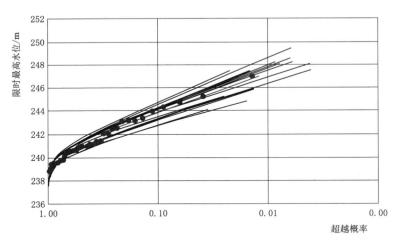

图 8.28 水位-频率曲线(点)与动态水位-频率曲线(线)集合的对比
(水位-频率曲线是根据冰塞或冰堆积事件中的最高壅水水位推求的)

8.9 电子表格练习:冰塞洪水预报

为了开展冰塞洪水预报,需要对在前述练习中完成的文件进行修改,并将修改后的

Microsoft®Excel®文件命名为"ice-jam staging4_forecast.xlsm"。可在该书网站（第1.5小节中提供了链接）中"第8章"文件夹中找到 Microsoft®Excel®文件"ice-jam staging4_forecast.xlsm"。在进行预报时，对用作输入的频率分布（比如，上游流量边界 Q_{us}）进行范围约束是一个重要步骤。图 8.29 展示的理论流量-频率分布来自前述练习，将该分布作为输入，并结合水位计中记录的瞬时最高水位的水位-频率分布，可实现对稳定冰塞体参数的校准。根据流量预报，可对流量分布进行范围约束，从而可得到范围更窄的水位超越概率预报。第一次流量预报的范围为 $1000 \sim 2500 \mathrm{m^3/s}$，如图 8.29 所示。随着时间的推移，离冰塞事件的发生越来越近，流量范围也被进一步约束，例如，第二次流量预报的范围为 $2000 \sim 2300 \mathrm{m^3/s}$。

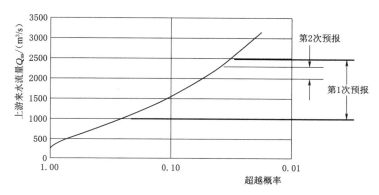

图 8.29　用于两次冰塞洪水预报的理论流量-频率分布约束范围
（理论流量-频率分布来自图 8.24）

下面开始对 Microsoft®Excel®文件"ice-jam Staging 4_forecast.xlsm"中的工作表"Q_random"进行操作，该工作表如图 8.30 所示。A～D 列与前面的练习相同；但对

	A	B	C	D	E	F	G	H
1	μ1	σ1	ξ1	invCDF	lower/upper	min/max		
2	576.5633	273.847	0.379027	1875.447	0.743	1003.0		
3	576.5633	273.847	0.379027	1581.625	0.969	2250.5		
4	576.5633	273.847	0.379027	1491.904				
5	576.5633	273.847	0.379027	1172.471				
6	576.5633	273.847	0.379027	1248.322				
7	576.5633	273.847	0.379027	1321.974				
8	576.5633	273.847	0.379027	1265.811				
9	576.5633	273.847	0.379027	1125.433				
10	576.5633	273.847	0.379027	1422.281				
11	576.5633	273.847	0.379027	1354.714				
12	576.5633	273.847	0.379027	1259.904				
13	576.5633	273.847	0.379027	2250.492				
14	576.5633	273.847	0.379027	1578.028				
15	576.5633	273.847	0.379027	1453.603				
16	576.5633	273.847	0.379027	1482.932				
17	576.5633	273.847	0.379027	1098.95				
18	576.5633	273.847	0.379027	1043.945				
19	576.5633	273.847	0.379027	1208.734				
20	576.5633	273.847	0.379027	1277.103				
21	576.5633	273.847	0.379027	1584.521				
22	576.5633	273.847	0.379027	1279.013				
23	576.5633	273.847	0.379027	1211.024				
24	576.5633	273.847	0.379027	1130.286				
25	576.5633	273.847	0.379027	1434.003				

‹ ► | values | width | slope | Q_GEV | **Q_random** | W_instantMax | ensemble |

图 8.30　工作表"Q_random"：用于根据设定约束的流量-频率分布生成流量

E 列和 F 列进行了一些修改。从式（8.12）中可以看出，通过参数 p 可生成随机数，p 表示基于均匀分布的介于 0 和 1 之间的随机数。因此，E 列中的数值为均匀分布的上限和下限，可用来约束 D 列中的 $invCDF$ 值。

通过改变 E 列中的下限/上限，可以控制生成的流量数据（位于 D 列）的范围。F 列中提供了 D 列的最小值和最大值。需要通过反复试验确定下限和上限。在第一次预报中，p 的下限和上限分别约为 0.743 和 0.969。选择 D 列，然后查看 Excel 底部状态栏中的"最小值"和"最大值"。如果 Excel 底部状态栏中没有出现"最小值"和"最大值"，则可右键单击该栏并选中"最小值"和"最大值"。当反复单击"公式"菜单功能区中的"开始计算"按钮时，F 列中的最小流量和最大流量的数值应该在 $1000\sim2600\mathrm{m^3/s}$ 之间变化。可以调整单元格 E2 和 E3 中的下限和上限，以便流量仍在约束范围内变化（大多数时间）。在工作表"值"的图形中，新生成的水位-频率分布曲线将发生偏移，如图 8.31 的上图所示。对流量范围进行了约束后得到的曲线将高于利用观测数据得到的水位-频率分布曲线，图 8.31 所示内容仅供参考。运行宏"copyToEnSemble"，可得到一组曲线集

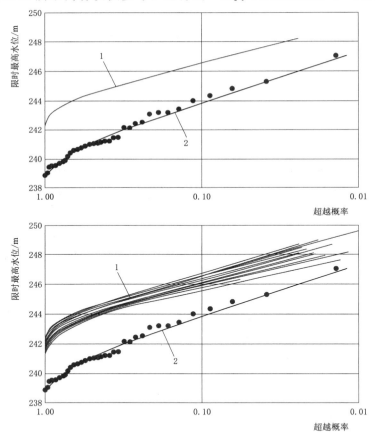

图 8.31　上图中线 1 为基于约束流量频率（输入范围为第 1 次流量预测结果）
进行变换的水位-频率分布，进行对比的线 2 为基于全流量频率输入的
原始水位-频率分布；下图中线 1 为移动水位-频率分布集合，
其他与上图相同

合。操作方法为：选择组合菜单"视图"→"宏"→"查看宏"，在"宏名称"文本字段中选择"copyToEnSemble"，然后单击"运行"。运行该宏后，将跳转到工作表"ensemble"，可能还需要向左滚动后才能看到该生成的图形，图形与图 8.31 的下图类似。根据曲线集合包络的近似中值线，概率 10% 对应的水位将略大于 246.00m。上述水位指的是水位计处的水位，因此，为了获得清水河口的水位（见图 8.26），需要将该水位分布进行移动。鉴于我们假设冰塞处于平衡状态，水位增加值与水位计所在位置至河口的距离成比例变化，故可将水位增加 $(30100-26400)\times0.0003=1.11m$，即可得到阿萨巴斯卡河与清水河交汇处的水位。

根据第二次流量预报，流量变化范围为 2000～2300m³/s，然后重复上述步骤。在工作表"Q_random"中的单元格 E2 和 E3 中分别输入数值 0.945 和 0.961。选择 D 列，然后查看 Excel 底部状态栏中的"最小值"和"最大值"。如果 Excel 底部状态栏中没有出现"最小值"和"最大值"，则可右键单击状态栏并选中"最小值"和"最大值"。最小值和最大值应分别为 2000、2300。多次单击"公式"菜单功能区中的"开始计算"按钮，以确保单元格 F2 中的最小流量和 F3 中的最大流量的数值保持在 2000～2300m³/s 范围内（大部分时间）。如果不是这样，可以调整单元格 E2 和 E3 中的"下限/上限"值。可在工作表"Value"中再次检查已完成移动的水位-频率分布，如图 8.32 的上图所示。再次选择组合菜单"视图"→"宏"→"查看宏"，在"宏名称"文本字段中选择"CopyToEnSple"，然后点击"运行"按钮，可重新生成，如图 8.32 的下图所示。根据该曲线集合包络域的中值线，10% 的超越概率对应的水位约为 247.80m，比第一次预报结果高 1.8m。

这些练习只是用来演示，旨在介绍利用随机模型进行冰塞洪水预报的原理。用来计算冰塞壅水水位的基本方程遵一种简化处理方法，即假设所有冰塞事件都处于平衡状态。事实上，一方面由于流入的冰花有限，并不是所有的冰塞都能发展完全或达到平衡状态，但它们仍然可能导致冰塞洪水发生；另一方面，从冰塞体上游释放的流冰和水流，当来势凶

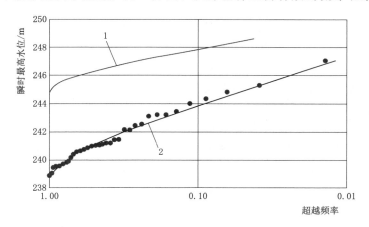

图 8.32（一） 上图中线 1 为基于约束流量频率（输入范围为第 2 次流量
预测结果）进行变换的水位-频率分布，进行对比的线 2 为基于全流量
频率输入的原始水位-频率分布；下图中线 1 为移动水位-频率
分布集合，其他与上图相同

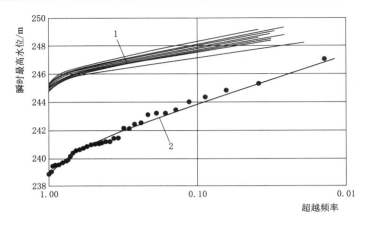

图 8.32（二）　上图中线 1 为基于约束流量频率（输入范围为第 2 次流量
预测结果）进行变换的水位-频率分布，进行对比的线 2 为基于全流量
频率输入的原始水位-频率分布；下图中线 1 为移动水位-频率
分布集合，其他与上图相同

猛时，可能会暂时出现壅水叠加，从而导致发生比基于平衡状态冰塞的计算结果更严重的
洪水。此外，该方法还需要流量预报成果，但是在冰塞洪水事件发生之前和发生期间，特
别是从冰盖覆盖形态向明渠水流条件的过渡期，流量在不断变化，难以确定。该方法未考
虑到的其他因素，也可能导致发生冰塞和冰塞洪水。因此，此处列出的简化处理方法应该
仅作为冰塞壅水及冰塞洪水的潜在量级计算的一个方向。仍然建议用户对冰盖破裂事件期
间任何潜在洪水危害、人员风险和后续损害（直接和间接）的所有可能原因和后果进行评
估，并采取减缓措施。

8.10　模型练习：冰盖破裂结束时的蒙特卡罗模拟框架

本练习是第 7 章"模型练习：使用 RIVICE 模型进行局部敏感性分析"的延续。在
本练习中，将采用随机建模框架的 RIVICE 模型嵌入 PEST -模型-独立参数估计和不确
定性分析软件包（该软件包可从网站 http：//www. pesthomepage. org/自行下载）。同
时，将随机建模框架用于模拟清水河沿线的水位-频率分布。将模拟分布与破裂结束时
德雷珀水位计记录的水位分布进行比较。本练习提供的 PEST 中的 SENSAN（灵敏性分
析）模块文件已获得 PEST 开发人员 John Doherty 的许可，允许用户根据自己的意愿进
行多次重复的 RIVICE 模拟。每次模拟时，SENSAN 会创建一个新的输入控制文
件（TAPE5. txt），RIVICE 模型运行时可调用该控制文件。每个控制文件都是基于模板
文件 TAPE5. tpl 创建的，如图 7. 20 所示，其中在每个"#……#"之间为占位符，
SENSAN 将从"riPARVAR. dat"文件中提取的数据来填充这些占位符，如图 7. 21 所
示。在进行本练习之前，建议读者温习一遍第 7 章的"建模练习：使用 RIVICE 模型进
行局部敏感性分析"部分。该部分介绍了局部敏感性分析的数据准备，其中模板文件
的输入值由用户预设。在本练习中，这些数据将按照随机建模方法的要求随机生成。
使用 RIVICE 和 PEST 的免责声明与绪言和前一章中所述的相同。

图 8.33 给出的水位-流量关系是根据清水河德雷珀水位计中记录的数据点绘的。在明渠水流条件下，水位和流量之间存在着平滑的经验关系，但在冰层覆盖条件下该平滑的经验关系则不存在。冰盖破裂期结束时，冰塞壅水高度与流量之间不存在一致关系，且冰塞和水力条件产生的极端壅水水位（瞬时最大值）高于明渠洪水的最高水位，阿萨巴斯卡河、皮斯河（见图 1.2）的情况都是如此。

图 7.4 中右图所示的水位-频率分布所用的水位数据来自图 8.33。在本练习中，使用蒙特卡罗框架内的清水河模型对德雷珀水位计所处位置的水位-频率分布进行模拟计算，并将模拟结果与冰盖破裂期结束时德雷珀水位计记录的水位-频率分布进行比较。

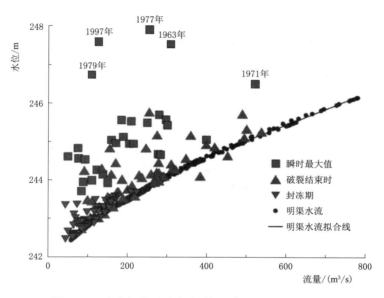

图 8.33　清水河德雷珀水位计记录的不同水力和冰况
条件下的水位-流量关系

图 8.4 给出的阿萨巴斯卡河随机模型结构原理也适用于清水河冰盖破裂末期，如图 8.34 所示。从阿萨巴斯卡河模型模拟的壅水水位剖面线集合中提取清水河河口处的水位（图 8.34ⓗ是从图 8.11 的 d 图中提取的），然后利用提取的水位推求用作清水河模型下游边界条件的水位-频率分布（如图 8.34ⓑ所示）。每年春季破裂期结束时的流量-频率分布被用作模型的上游边界条件（如图 8.34ⓐ所示）。在对破裂期结束时进行模拟时，将冰体积分布设置为 0（如图 8.34ⓒ所示）。从模拟的壅水剖面线集合中提取德雷珀水位计处的壅水水位（如图 8.34ⓓ所示），推求出水位计所处位置的壅水水位-频率分布（如图 8.34ⓔ所示）。将利用模拟水位推求的壅水水位-频率分布与每年春季破裂期结束时水位计记录的壅水水水位-频率分布（如图 8.34ⓕ所示）进行比较。当水位计实测水位-频率分布与模拟水位-频率分布集合的包络域表现为一致时（如图 8.34ⓖ所示），即完成了对清水河模型及阿萨巴斯卡河模型随机建模设置的验证。

首先在"C:"驱动器上创建一个"CWclear"目录：在 Windows 资源管理器中单击

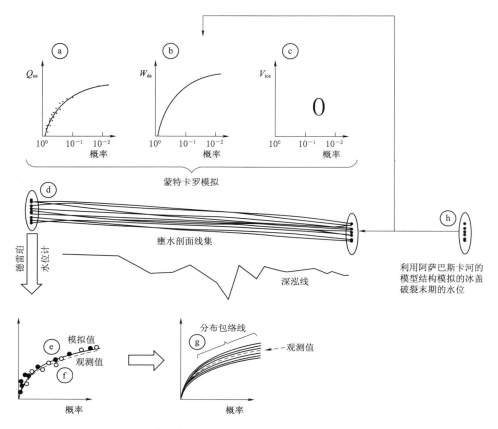

图 8.34　利用清水河随机模型结构原理模拟冰盖破裂末期
德雷珀水位计记录的水位-频率分布

"C:"驱动器,然后单击右键,选择"新建"→"文件夹",创建一个"新文件夹",并将
文件夹重命名为"CWclear"。从本书网站(参见第 1.5 小节)的"第 8 章"文件夹中,
将压缩文件"CWbreakupEnd. exe"下载到刚刚创建的"CWclear"文件夹中。压缩文件
"CWbreakupEnd"的提取方法为:双击该压缩文件,当弹出"自解压 ZIP 文件"消息时,
单击"确定"按钮。

点击进入"CWbreakupEnd"子文件夹,然后点击进入"run1"子文件夹。如果连续
编号为"out001""out002"……"out053"的 53 个输出子文件夹不存在,请双击
"dCommands. bat"文件,以创建这些输出子文件夹。在这些子文件夹中,存放着或将要
存放 53 个蒙特卡罗模拟结果。从这些模拟结果生成的壅水剖面线中提取水位高程,并与
图 7.4 右图所示的破裂期结束时(或破裂结束)水位-频率分布进行比较,其中破裂期结
束时水位-频率分布也是根据 53 个数据来建立的。用于对比的模拟水位-频率分布和观测
水位-频率分布采用的数据数量必须相同,这一点很重要。

返回到"CWbreakupEnd"文件夹,双击打开 Microsoft®Excel®文件"parameters_
breakupEnd. xlsx"。"riPARVAR. dat"工作表的第 2~54 行为用于 53 个模型运算的参
数和边界条件的数值。第一行为每列的标题标签。参数 PS、ST、PC、FT、h、Vd、

Ve、$n8$、nb、$K1$ 和 $K2$(有关这些参数的描述,请参阅第 6 章)所在列中的数值都是从均匀分布中生成的随机数,各参数的取值范围参见"ranges"工作表,且取值介于最小值("ranges"工作表的第 2 行)和最大值("ranges"工作表的第 3 行)之间。该工作表中未提供边界条件 V_{ice}、Q、W 和 x(分别表示流入冰量、上游流量、下游水位和冰塞体趾位置)的最小值和最大值,是因为这些值将以不同设置,手动插入到"riPAR-VAR.dat"工作表中,如下所述。

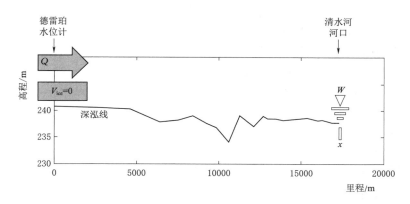

图 8.35 清水河模型模在模拟破裂期结束时的边界条件设置

返回到"riPARVAR.dat"工作表,并参考图 8.35,可以看到 C 列中的所有 V_{ice} 值都被设置为 0.0,这是基于一个假设:在每个破裂期结束时,冰花已经全部流过德雷珀水位计所处河段。此外,还假设:此时已经没有了完整的冰盖,且所有冰盖都已破裂成自由漂浮的冰花。因此,将 O 列中的所有 x 值都设置为最下游横截面的数字,即347。M 列中的上游流量边界条件的数值是根据德雷珀水位计在破裂期结束时记录数据的流量–频率分布(见图 7.3)随机生成,与"Q"工作表的 I 列各单元格数值相等。本章之前的练习"电子表格练习:使用 GEV 分布进行流量频率分析",详细介绍了从频率分布生成随机数的过程。位于 N 列的下游水位,是根据阿萨巴斯卡河模型框架(见图 8.11 中的 d 图)在清水河河口处(见图 8.36)的模拟结果得到的水位分布随机生成的,与"W"工作表的 I 列各单元格数值相等。

下面,将工作表"riPARVAR.dat"中的数据复制到文本文件"riPARVAR.dat"中。打开"CWbreakupEnd"文件夹,在

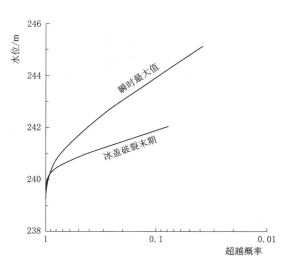

图 8.36 基于阿萨巴斯卡河模型,利用冰盖破裂末期水位(可参考图 8.11 中的 d 图)和冰塞期瞬时最高水位(可参考图 8.12 中的 d 图)分别生成的清水河河口处的水位-频率分布

文件"riPARVAR.dat"上单击鼠标右键,在弹出菜单中选择"Open with..."，并从下拉列表中选择一个编辑器,在文本编辑器中打开文件"riPARVAR.dat",删除文件"riPARVAR.dat"中的所有数据。选中 Excel 文件"parameters_breakupEnd.xlsx"的"riPAR-VAR.dat"工作表中的 A～P 列,然后按组合键"Ctrl"＋"c"复制所有数据。返回到文本文件"riPARVAR.dat",点击文件并按下组合键"Ctrl"＋"v",将数据粘贴到文件中。保存并关闭文件。通过双击"command.bat",打开一个 DOS 命令窗口,该命令也可以在"CWbreakupEnd"文件夹中找到。输入命令"sensan rivice.sns",以激活蒙特卡罗模拟功能。由于"riPARVAR.dat"文件中有 53 行数据,位于第 2～54 行,因此可进行 53 次运算,且每次运算产生的数据都写入子文件夹"run1"中的"out001""out002"……"out053"子文件夹。通过 53 次模拟运算,可生成 53 个德雷珀水位计所在位置的水位数值(参见图 8.34ⓓ);根据这些模拟水位数据,可建立模拟的水位-频率分布(参见图 8.34ⓔ)。可将得到的模拟水位-频率分布与观测的水位-频率分布进行比较(见图 8.34ⓕ),其中,观测的水位-频率分布是使用德雷珀水位计在破裂期结束时记录的 53 个水位数据建立的。

使用配置为 Intel i7 core 2.60 GHz 处理器的个人电脑,进行 53 次模拟运算需要近 4h。输出子文件夹中已经预先存放了以前的模拟运算结果,因此读者无需等待所有模拟运算都完成,即可继续进行本次练习。在"run1"子文件夹中,双击 Python 脚本"plot.py"(有关安装 Python 及其中一个用于运行绘图脚本的模块的说明,请参见方框 7.1),将能生成一个可显示所有(53 个)水面剖面线的图形,与图 8.37 类似。

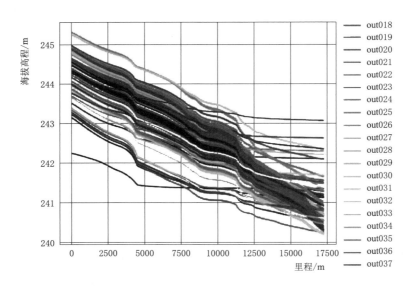

图 8.37 冰盖破裂末期情景下的模拟水面剖面图

提取出里程为 0m 处,即德雷珀水位计的位置的所有水位数据,该数据可用于计算水位-频率分布。利用脚本"plot.py",可将这些水位数据存入"output_chainage0.0.txt"

文本文件中。双击打开资源管理器中的"output_chainage0.0.txt"文件，查看数据列，如图 8.38 所示。已对图 8.38 给出的表格的各列间距进行压缩，以便更全面地展示数据。图中在每列顶部给出了标题标签，以帮助描述图中的数据，但在文本文件中没有这些标题标签。位于第 1 列的"运行"列表示 53 次模拟运算的 53 条结果，每条结果都包含里程（m）、水位（m）、水深（m）、流量（m^3/s）、流速（m/s）、曼宁粗糙度系数"n"、谢才粗糙度系数"C"、横截面积（m^2）、水力半径"rH"（m）和冰厚（m）等数据。在本案例中，各条目数据均来自第一个横断面（里程＝0m）。从不同的时间步长和里程中提取数据的方法可参见方框 8.3。

	run	chainage	elevation	depth	flow	velocity	n	C	area	rH	thick
1											
2	out001	0.0	243.137	2.386	90.0	0.623	0.0245	40.8	144.50	1.00	0.000
3	out002	0.0	242.240	1.489	22.4	0.344	0.0256	38.7	65.06	0.94	0.000
4	out003	0.0	243.974	3.223	231.7	0.871	0.0257	42.9	266.13	1.80	0.000
5	out004	0.0	243.496	2.745	129.8	0.661	0.0274	38.4	196.29	1.35	0.000
6	out005	0.0	243.860	3.109	196.3	0.787	0.0274	39.8	249.39	1.69	0.000
7	out006	0.0	243.361	2.610	114.2	0.646	0.0269	38.4	176.76	1.22	0.000
8	out007	0.0	244.473	3.722	358.0	1.052	0.0244	47.0	340.15	2.27	0.000
9	out008	0.0	244.912	4.161	449.1	1.107	0.0249	47.3	405.81	2.67	0.000
10	out009	0.0	244.580	3.829	350.2	0.984	0.0267	43.2	355.98	2.36	0.000
11	out010	0.0	244.271	3.520	296.7	0.957	0.0255	44.3	310.12	2.08	0.000
12	out011	0.0	243.686	2.935	180.9	0.808	0.0241	44.5	223.84	1.53	0.000
13	out012	0.0	244.534	3.783	320.7	0.918	0.0278	41.4	349.17	2.32	0.000
14	out013	0.0	244.059	3.308	249.3	0.895	0.0253	43.9	278.67	1.88	0.000
15	out014	0.0	244.600	3.849	366.2	1.020	0.0257	45.0	359.03	2.38	0.000
16	out015	0.0	243.829	3.078	201.7	0.824	0.0258	42.2	244.87	1.66	0.000
17	out016	0.0	243.224	2.473	93.0	0.593	0.0270	37.5	156.91	1.09	0.000
18	out017	0.0	243.978	3.227	229.5	0.861	0.0260	42.4	266.70	1.80	0.000
19	out018	0.0	244.173	3.422	279.2	0.945	0.0251	44.7	295.56	1.98	0.000
20	out019	0.0	244.355	3.604	318.3	0.987	0.0245	46.4	322.48	2.15	0.000
21	out020	0.0	244.916	4.165	400.4	0.985	0.0279	42.2	406.41	2.68	0.000
22	out021	0.0	243.329	2.578	120.5	0.701	0.0244	42.2	172.00	1.19	0.000

图 8.38　从每次运算结果中提取的里程为 0m 处的数据
（文本文件中没有每列的标题，但出于解释目的，图中显示了标题；
数据列之间的空间宽度也被压缩，以便更完整地显示文件内容）

点击进入文件"output_chainage0.0.txt"，选择所有数据（在 Notepad＋＋中，按下组合键"Ctrl"＋"a"，选择文件中的所有内容）。从"编辑"菜单选项中选择"复制"来复制数据（在许多文本编辑器中，也可采用组合键"Ctrl"＋"c"将内容复制到剪贴板）。打开 Excel 文件"stage frequency distributions_breakupEnd.xlsx"，该文件位于"run1"子文件夹中。在"output_chainage"工作表中选中单元格 A2，选择组合菜单主页→粘贴→"使用文本导入向导……"，打开"文本导入向导"窗口，单击"固定宽度"单选按钮，然后单击"下一步"，最后单击"完成"。在弹出消息窗口中，单击"确定"，此时已将原有数据用导入数据替换。将对位于工作表图形内的水位模拟值的水位-频率分布进行调整，并将其与水位观测值的水位-频率分布进行比较，如图 8.39 所示。以下操作留给读者自行完成：此练习可以重复多次，每个分布可保存并收集在单独的 Excel 文件中，用于绘制基于模拟值的水位-频率分布包络图，如图 8.40 所示。基于观测值的水位-频率分布大致沿着包络线的中位数分布，意味着已完成对阿萨巴斯卡河模型和清水河模型的设置和结果的验证。

方框 8.3　利用 Python 脚本"plot. py"从不同时间步长和里程位置提取数据的编辑方法

通过在 Python 脚本"plot. py"中进行特定编辑，可以从不同时间步长和里程位置处提取数据。用文本编辑器打开"plot. py"，第 36 行（或搜索"base_filename"）显示为"base_ file－name＝"P_01_014400"，这表示每个输出子文件夹"out001""out002"……"out053"中的所有"P_01_014400. txt"文件都被选中，从而用于这些剖面线的图形显示。数字"014400"指的是第 14400 个时间步长产生的模拟剖面线。当时间步长间隔设置为 30s 时，则总的模拟时间为

$$\frac{14400 \text{ 个时间步长} \times 30\text{s/时间步长}}{86400\text{s/天}} = 5 \text{ 天}$$

5 天是每次模拟的结束时时间。选取半天为增量，可以将早期模拟结果绘制出来；例如，第 3.5 天对应于时间步长：

$$\frac{3.5 \text{ 天} \times 86400\text{s/天}}{30\text{s/时间步长}} = 10080 \text{ 个时间步长}$$

计算得到的时间步长 10080，被存放在输出子文件夹"out001""out002"……"out053"中的所有"P_01_010080. txt"文件中。将"plot. py"文件第 36 行中的"base_filename＝"P_01_014400"更改为"base_filename＝"P_01_010080"，并保存该文件。在资源管理器中双击该文件，重新运行"plot. py"，以提取并绘制在该时间步长条件下的所有 53 个水位高程剖面线，并覆盖文本文件"output_chainage0.0. txt"中里程为 0 m 的数据。

里程位置的值也可以在"plot. py"文件的第 83 行（或搜索"chainageOut＝"）中更改。例如，模型模拟区域的最下游点位于里程 17350 m 处，通过将第 83 行中的"chainageOut ＝ 0.0"替换为"chainageOut ＝ 17350.0"，保存文件并重新运行"plot. py"（在资源管理器中双击其文件名称），该里程的数据可以存储在文本文件"output_chainage17350.0. txt"中。

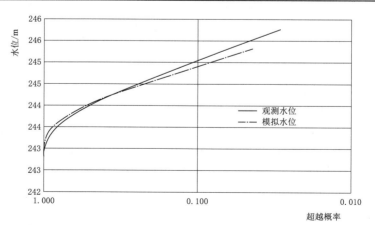

图 8.39　清水河德雷珀水位计在春季冰盖破裂末期的观测水位和
模拟水位的频率分布对比图

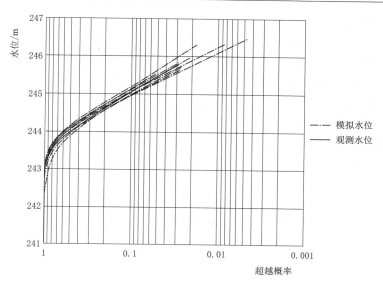

图 8.40 在春季破裂期结束时，德雷珀水位计的观测水位-频率分布与
模拟水位-频率分布包络线的中位数存在较好的一致性

8.11 模型练习：用于冰塞（冰堆积）模拟的蒙特卡罗框架

本练习是上述模型练习的延续。接下来，在本模型练习中，将练习模拟在清水河上形成冰塞或冰堆积的冰体积-频率分布。清水河下游麦克默里堡河段的河道比降非常小，在春季冰盖破裂期间，冰盖融化通常以热力方式而非机械方式。冰盖在热力融化和破裂过程中，会在弯道处发生堆积，但通常不会像阿萨巴斯卡河那样出现冰块多层堆叠情形（pers. comm. Jennifer Nafziger）。因此，在表述德雷珀水位计上记录的部分壅水水位（见图 8.41）的形成机制时，将使用"堆冰"一词，而不是"冰塞"。此外，德雷珀水位计处发生壅水的原因存在一些不确定性，可能是水位计下游的清水河发生堵塞，也可能是由于清水河河口水位较高，阿萨巴斯卡河回流至清水河所致。

图 8.41 左图：2017 年 4 月 16 日在德雷珀水位计附近的冰堆积；右图：
2015 年 4 月 8 日在清水河河口上游的冰堆积（水是从左向右流动的）
（照片来自阿尔伯塔省环境与公园局，且已取得使用许可）

同样，在使用 PEST 程序时，随机建模框架内的 RIVICE 模型将使用从频率分布中随机选择的参数和边界条件进行多次运行。图 8.42 给出了模拟方法的原理。从阿萨巴斯卡河冰塞随机模型中提取出清水河河口处的水位数据（见图 8.42ⓗ），基于这些数据计算的频率分布，可作为清水河随机模型（见图 8.42ⓑ）的下游边界条件。根据冰堆积期间记录的壅水瞬时最大水位估算的流量，可为计算作为上游边界条件（见图 8.42ⓐ）的流量-频率分布提供数据。需要通过选择一组分布的统计参数、位置和规模，来估算堆冰体积-频率分布的形状（见图 8.42ⓒ）。根据从模拟的壅水剖面线集合（见图 8.42ⓓ）中提取德雷珀水位计处的水位数据，可以建立基于模拟值的水位-频率分布（见图 8.42ⓔ）。如果该分布与基于观测值的水位-频率分布不一致（见图 8.42ⓕ），则可对冰体积-频率分布（见图 8.42ⓒ）的统计参数进行调整，并再次进行蒙特卡罗分析。重复该过程多次，直至基于模拟值的水位-频率分布和基于观测值的水位-频率分布（分别见图 8.42ⓔ和ⓕ）出现较为合理的重叠，且基于观测值的水位-频率分布大致位于基于模拟值的水位-频率分布包络域（见图 8.42ⓖ）的中值位置。

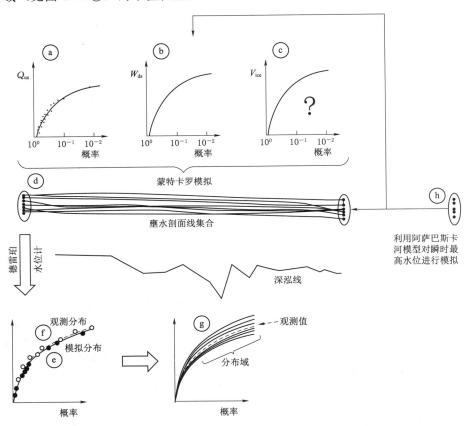

图 8.42　用于模拟冰堆积期间德雷珀水位计处的水位-频率分布的清水河随机模型框架原理

本练习的第一步是在"C："盘中创建一个"CWjam"目录，操作步骤为：首先在 Windows 资源管理器中单击"C："驱动器，然后右键单击驱动器，选择"新建"→"文件夹"，创建一个"新文件夹"，并重命名为"CWjam"。从本书网站（见第 1.5 小节）的

"第 8 章"文件夹中，将压缩文件"CWinstantMax. exe"下载到刚刚创建的"CWjam"文件夹中。双击该文件，当弹出"自解压 ZIP 文件"消息时，单击"确定"按钮，完成对"CWinstantMax"文件的解压。

点击进入"CWinstantMax"子文件夹，然后点击进入"run1"子文件夹。如果在"run1"子文件夹中不存在连续编号为"out001""out002"……"out029"的 29 个输出子文件夹，则可双击"dCommands. bat"文件创建这些输出子文件夹。这些子文件夹中已存放或将要用于存放 29 个蒙特卡罗模拟的结果。从每条模拟壅水剖面线中提取水位数据，并与图 7.4 右图所示的瞬时最大（冰堆积期间）水位-频率分布进行比较，其中图 7.4 中右图所示分布也由 29 个数据值建立。用于对比的基于观测值的水位-频率分布和基于模拟值的水位-频率分布采用的数据值的数量必须相同，这一点很重要。

返回到"CWinstantMax"文件夹，双击打开 Microsoft®Excel®文件"parameters_instantMax. xlsx"。在"riPARVAR. dat"工作表中，第 1 行为每列的标题标签，第 2～30 行中的数据为用于模型运算的 29 套参数和边界条件。参数 PS、ST、PC、FT、h、Vd、Ve、$n8$、nb、$K1$ 和 $K2$（关于这些参数的描述，请参阅第 6 章）在各列中的数值都是从均匀分布中提取的。冰堆积的坡脚 x 的数值，是在横断面号 100 和横断面号 260 之间基于均匀分布随机生成的，其中横断面号 100 和横断面号 260 对应于里程桩号分别为 5000m、13000m（横断面间距为 50m）。沿着里程桩，深泓线高程变化较大，可能是由于过去发生的冰塞和冰堆积事件造成的。因此，Microsoft®Excel®文件"parameters_instantMax. xlsx"的"ranges"工作表中的单元格 O2 和 O3 用来存放最小值和最大值，分别设置为 100 和 260。将"riPARVAR. dat"工作表的 O 列填充为介于 100～260 之间的随机数。由于里程 5000～13000m 河段的深泓线存在明显的凿槽（见图 8.43），因而该河段可能最易受冰堆积事件的影响。

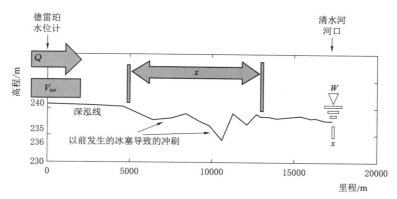

图 8.43　用于模拟冰堆积事件的清水河模型的边界条件设置

没有提供边界条件 Q、W 和 V_{ice}（分别为上游流量、下游水位和流入冰量）的最小值和最大值的原因是因为这些数据分别从工作表"Q""W"和"V_{ice}"的极值分布中随机生成。由于在瞬时最高水位出现时，无法给出此时的流量特征；因此，假设冰堆积是在接近冰盖破裂末期发生的，瞬时最高水位的相应流量-频率分布可与破裂末期的流量分布相同。发生冰堆积期间的瞬时最大值的流量分布和破裂期结束时记录的流量分布有时大致相等，如图 8.7 中基于阿萨巴斯卡河水位计记录的流量分布所示。工作表 "riPARVAR. dat" 的 N 列中的数值为随机生成的下游水位，且与工作表 "W" 的 I 列中数值相同。阿萨巴斯卡河模型框架被用于模拟阿萨巴斯卡河（见图 8.12 中的 d 图）沿线冰塞壅水的瞬时最大值水位，根据模拟的清水河河口处（见图 8.36）的水位分布，可随机生成上述下游水位数据。

接下来，需要对流入的冰体积-频率分布的参数、标度 α 和位置 u（见图 8.42ⓒ）进行估算。在工作表 "V_{ice}" 中，α 在单元格 A2 中被设置为 6，u 在单元格 B2 中被设置为 -9。基于该设置，在进行 29 次蒙特卡罗模拟后，得到的模拟瞬时水位最大值频率分布与基于观测值的瞬时水位最大值频率分布（分别见图 8.42ⓔ和ⓕ）之间存在合理的一致性。在工作表 "Vice" 的 F 列中生成了 29 个随机冰体积 V_{ice} 数据，这些数据占用的单元格数量与工作表 "riPAR - VAR. dat" 的 C 列中单元格数量相同。

然后，应将工作表 "riPARVAR. dat" 中的数据复制到文本文件 "riPARVAR. dat" 中。在 "CWinstantMax" 文件夹中，找到并打开文本文件 "riPARVAR. dat" 的方法：右键单击资源管理器中的文本文件 "riPARVAR. dat"，在弹出菜单中选择 "Open with..."，从下拉列表中选择一个编辑器。然后，删除文本文件 "riPARVAR. dat" 中的所有数据。在 Excel 文件 "parameters_instantMax. xlsx" 的工作表 "riPARVAR. dat" 中选择 A～P 列，然后按组合键 "Ctrl" ＋ "c"，复制所有数据。返回到 "文本文件 riPARVAR. dat"，点击文件并按下组合键 "Ctrl" ＋ "v"，将数据粘贴到该文件中，保存并关闭文件。双击 "command. bat"，打开 DOS 命令窗口，该命令也可以在 "CWinstantMax" 文件夹中找到。在命令窗口中，输入命令 "sensan rivice. sns"，然后按 "回车" 键激活蒙特卡罗模拟。由于文本文件 "riPAR-VAR. dat" 中有 29 行数据，分别位于第 2～30 行。这 29 行数据可用于执行 29 次模拟运算，每次运算的数据都写入 "run1" 子文件夹中的 "out001" "out002" …… "out029" 子文件夹中。这些运算数据可生成 29 个位于德雷珀水位计处的水位（见图 8.42ⓓ）。这些水位数据可用于创建基于模拟值的水位-频率分布（见图 8.42ⓔ），将该模拟分布与基于观测值的水位-频率分布进行比较（见图 8.42ⓕ）。其中，基于观测值的水位-频率分布是根据冰堆积或冰塞事件期间，德雷珀水位计记录的 29 个瞬时最高水位建立的。

使用配置为英特尔 i7 核心 2.70GHz 处理器的个人电脑，完成 29 次模拟运算大约需要 2.75h。在输出子文件夹中还预先填充了以前的运算数据，以便读者无需等待所有运行完成即可继续进行此练习。在 "run1" 子文件夹中，双击 Python 脚本 "plot. py"（有关安装 Python 及其用于运行绘图脚本的模块的说明，请参见方框 7.1），将生成一个包含所有 29 个水面剖面线的图形，类似图 8.44 所示。

里程为 0m 处的所有水位（即德雷珀水位计所处位置）都会被提取出来，并利用 "plot. py" 脚本，将这些水位数据放入文本文件 "output_chainage0.0. txt" 中，以用于进一步计算水位-频率分布。双击打开资源管理器中的文本文件 "output_Chainage0.0. txt"，查看数据列，如图 8.38 所示。图中展示的数据表格的列间距已被压缩，以便展示更完整的数据。同时，为了便于数据描述，图中还为每一列数据添加了标题标签。"运行" 列中显示的 29 条模拟运算，其中每一条运算数据都包含里程位置（m）、水位（m）、水深（m）、流量（m³/s）、流速（m/s）、曼宁粗糙度系数 "n"、谢才粗糙度系数 "C"、横

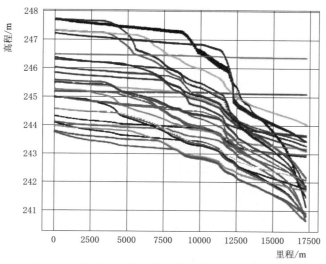

图 8.44 瞬时水位最大值情景下的模拟水面剖面线

截面积（m^2）、水力半径"rH"（m）和冰厚（m）。

点击进入文本文件"output_chainage0.0.txt"，并选择所有数据（在 Notepad＋＋中，按组合键"Ctrl"＋"a"，选择文件中的所有内容）。从"编辑"菜单选项中，选择"复制"来复制数据［这是大部分文本编辑器（如 Notepad＋＋）的典型操作顺序；也可以用组合键"Ctrl"＋"c"将内容复制到剪贴板］。打开位于"run1"子文件夹中的 Excel 文件"stage-frequency distributions_instantMax.xlsx"，然后选择"output_chainage"工作表。在该工作表中，选中单元格 A2，然后选择组合菜单"主页"→"粘贴"→"使用文本导入向导……"，打开"文本导入向导"窗口。单击"固定宽度"单选按钮，然后单击"下一步"，最后单击"完成"。在弹出消息窗中单击"确定"，此时已将原有数据用导入的数据替换。将对图形中基于模拟值的水位-频率分布进行调整，并将其与基于观测值的水位-频率分布进行比较，如图 8.45 所示。将本练习重复多次，建立基于模拟值的水位-

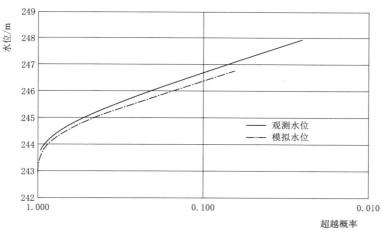

图 8.45 清水河德雷珀水位计瞬时最大值的观测水位-频率分布与模拟水位-频率分布对比

频率分布包络线（需要读者自己设置和编程），如图 8.46 所示。当基于观测值的水位-频率分布大致沿着包络线的中位数时，认为已完成对冰体积-频率分布的校准。

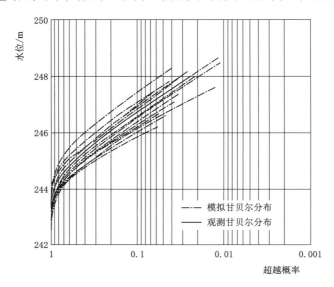

图 8.46　德雷珀水位计所处位置的瞬时水位最大值的观测水位-频率分布与
模拟水位-频率分布包络线中值之间具有良好的一致性

图 8.47 对阿萨巴斯卡河的冰体积-频率分布与清水河的冰体积-频率分布进行了对比，可以看出，阿萨巴斯卡河的冰体积-频率分布比清水河大一个数量级。这证实了阿萨巴斯卡河沿岸的壅水是由冰塞驱动的，而冰塞或冰堆积在清水河下游的壅水中只起到相对较小且无关紧要的作用。清水河下游发生洪水壅水的主要驱动力仍然是阿萨巴斯卡河的回水，该结论已在之前的模型练习中得到验证。

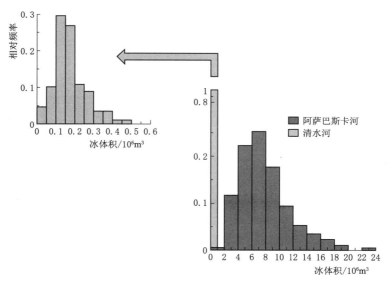

图 8.47　阿萨巴斯卡河的冰体积-频率分布与清水河的冰体积-频率分布对比

本章参考文献

Berry，P. L. J. （2016）. *An economic assessment of on - farm surface water retention systems*. MES（Master in Environment and Sustainability）thesis submitted to the School of Environment and Sustainability，University of Saskatchewan. https：//harvest. usask. ca/handle/10388/7646

Gringorten，I. I. （1963）. A plotting rule for extreme probability paper. *Journal of Geophysical Research*，68（3），813 - 814.

Gumbel，E. J. （1941）. Probability - interpretation of the observed return - periods of floods. *Transactions of the American Geophysical Union*，22（3），836 - 850.

Lindenschmidt，K. - E. ，& Li，Z. （2019）. Radar scatter decomposition to differentiate between running ice accumulations and intact ice covers along rivers. *Remote Sensing*，11，307. https：//doi. org/10. 3390/rs11030307.

Lindenschmidt，K. - E. ，Rokaya，P. ，Das，A. ，Li，Z. ，& Richard，D. （2019）. A novel stochastic modelling approach for operational real - time ice - jam flood forecasting. *Journal of Hydrology*，575，381 - 394. https：//doi. org/10. 1016/j. jhydrol. 2019. 05. 048.

Rokaya，P. （2018）. *Impacts of climate and regulation on ice - jam flooding of northern rivers and their inland deltas*. Ph. D. thesis submitted to the School of Environment and Sustainability，University of Saskatchewan. https：//harvest. usask. ca/handle/10388/9207.

Rokaya，P. ，Peters，D. ，Bonsal，B. Wheater，H. & Lindenschmidt，K. - E. （2019）. Modelling the effects of flow regulation on ice - affected backwater staging in a large northern river. *River Research and Applications*，35，587 - 600. https：//dx. doi. org/10. 1002/rra. 3436.

Turkann，N. （2014a）. MathCad script "GEV - Fit. xmcd"：Generalized extreme value（GEV）parameter estimation using method of moments. https：//community. ptc. com/t5/PTC - Mathcad/GEVFit - xmcd/td - p/449867. Accessed 18 October 2018.

Turkann，N. （2014b）. MathCad script "GEV - MLE - Fit. xmcd"：Generalized extreme value（GEV）parameter estimation using maximum likelihood（MLE）. https：//community. ptc. com/t5/PTCMathcad/GEV - MLE - Fit - xmcd/m - p/449888. Accessed 18 October 2018.

Warkentin，A. A. （1999）. *Hydrometeorologic parameter generated floods for design purposes*. Winnipeg：Water Resources Branch，Manitoba Department of Natural Resources，Manitoba Water Resources. http：//www. ijc. org/rel/pdf/alfsflood. pdf

第9章 可能最大冰塞洪水

本章将利用第 8 章介绍的随机模型架构来计算当发生冰塞时，可能最大冰塞洪水（PMF$_{ice}$）的壅水水位。可能最大冰塞洪水代表一种临界状态，当未达到该状态时，冰塞体将在一定时间内保持完整，而当超过该状态时，由于作用在冰塞体上的压力的增加，冰塞体变得不稳定，开始融化。可能最大冰塞洪水的估算，对冰塞洪水预报以及冰塞洪水风险管理和控制措施都具有实用价值。例如，在堤防最高防凌堤顶高程设计时，可能最大冰塞洪水水位就是其基准。由于冰塞的随机性，确定可能最大冰塞洪水是非常困难的，尤其是当数据较少或者数据信息不全时，困难更甚。

对开放水域河流来说（For open‐water events），PMF 是指在一定的气象和水文条件下，一年中的某个特定时间在某个地方可能发生的最大且合理的洪水（Ouranos，2015）。通常可能出现的最大洪水可根据可能出现的最大降水（有时为融雪量）和产洪条件来估算，而产洪条件与土壤饱和度、积雪量以及蓄水情况有关。PMF 经常被用于大坝设计和大坝安全评价，PMF 通常用洪峰流量和洪水过程线来表示。在大坝、泄洪道等主要水利工程设计时，通常将可能出现的最大洪水位作为设计防护高程。

对冰塞洪水来说，PMF$_{ice}$ 是指对某地在发生冰塞时可能出现的灾难性最大状态的估算。可能最大冰塞洪水也与冰塞的发展状态有关，而不是像最大可能洪水中的洪峰流量。此外，可能最大冰塞洪水的定义方法（Lindenschmidt et al.，已认可）与可能最大洪水定义方法是有很大区别的。至于最大可能冰塞洪水的这个状态是根据冰塞体的特性和假设的破裂流的范围来确定的，而不是根据假设的气候条件对可能出现的最大降雨（PMP）的估算。在易发生冰塞河流上设计桥梁和其他基础设施时应考虑最大可能冰塞洪水的影响，此外，在划定洪水风险区时也应将可能最大冰塞洪水作为基准。（Brian Burrell，pers. comm.）

本书以丘吉尔河下游为例，该河段位于加拿大西海岸的拉布拉多省。为了使读者进一步理解最大可能冰塞洪水的估算方法，在本章末尾附录有用来练习的电子表格。

9.1 背景资料

2017 年 5 月，位于加拿大拉布拉多省的丘吉尔河下游发生一次大的冰塞洪水事件，受此影响，沿河的基础设施和房屋被洪水破坏，尤其是靠近河口的马德湖社区和鹅湾欢乐谷镇停靠在郊外的船舶受影响最大。由于冰坝溃决造成洪水迅猛上涨，沿河居民需要快速撤离。这是丘吉尔河下游有记录以来最严重的冰坝洪水，并针对洪水成因开展了专题审查（Lindenschmidt，2017b）。这次专题审查未对类似冰坝洪水再次发生的可能性以及是否会发生比此次事件更严重的洪水的可能性进行分析。为了解决这些问题，前一章提出的随机计算机建模方法将被进一步扩展，以确定 2017 年 5 月 17 日那场冰塞洪水高程的超越概率，以及冰塞可能导致的最大洪水情势，即可能最大冰塞洪水（Lindenschmidt 和 Rokaya，已认可）。

由于水位计观测的数据以及高水位标记资料较少，同时还是采用假定基准参考，因此需要进行一些假设，以获得最好的模型校准。尽管这些假设及其对模型结果的影响存在不确定性，但这些结果确为估算 2017 年 5 月事件再次发生的概率指明了方向，并从中可以看出丘吉尔河下游极端冰塞洪水的发生与地形地貌、流量和冰情有密切关系。

在最大可能冰塞洪水研究期间，相关数据严重不足。在完成相关分析研究并撰写本章内容后，纽芬兰和拉布拉多省政府发起并资助了一个项目，名为"气候变化下的鹅湾欢乐谷镇和马德湖地区洪水风险图研究及洪水预报服务提升"（NFLD，2018）。提升丘吉尔河下游冰塞洪水预报能力是该项目的一个目的。在项目研究区域内的河流岸边及洪泛区将利用新测深法开展水深测量，另外增设水位计、气象站和水温测量仪器，从而获取更为丰富的数据，以支撑预报系统开发需要。这些测量可以提供大地测量基准，而以前只有相对基准；最近的一次横断面测量是 2006 年进行的，通过与本次新测的横断面资料进行对比可以看出，河流地貌已发生明显改变（Hatch，2007）。因此，在本项目中采用的数据、模型设置以及校准都会与可能最大冰塞洪水研究有所不同。这个示范案例仅用于教学和研究，旨在强调在数据不足且（或）不完整的情况下，可利用如下方法：

1）利用雷达数据来估算大地基准面，以作为水位与海平面差值的参考（详见第 9.5 小节"英式水位计的大地基准高程估算"）。

2）结合社区居民的当地知识，为模型校准提供额外的"软"数据（详见第 9.6 小节"附加高水位估算"）。

3）通过使用重复数据资料延长时间序列数据，以绘制更为可行的极值分布（详见图 9.22）。

有设计需求的读者，最好参阅 2019 年底完成的最新项目报告，该报告对洪水预报系统开发所需的洪水壅水形式模拟提出了一种更为保守的方法。

9.2　位置描述

丘吉尔河（大西洋）发源于加拿大拉布拉多西部丘吉尔瀑布水电站上游的斯莫尔伍德水库，河流先向东南方向流动，然后转向东北偏东方向，最后流入拉布拉多东部的梅尔维尔湖。河长 856km，流域面积 79800km²，出口处平均流量 1620m³/s［https：//en. wikipedia. org/wiki/Churchill_River_（Atlantic）］。目前，在马斯克拉特瀑布下面正在修建一座带有水电站的大坝，并计划于 2019 年秋季开始发电。本章的研究重点为图 9.1 中所示河流的下游末段，也就是丘吉尔河下游，鹅湾欢乐谷镇位于河道北岸，马德湖社区位于河道南岸，马德湖的北岸无线基站位于河流出口附近。受冰塞事件影响，马德湖社区和它的无线基站区域会发生洪灾，有记录以来的最严重冰塞洪水发生在 2017 年 5 月 17—18 日。由于该河段缺少水位、流量的长期观测数据，因此很难估算该洪水的重现期。因此，人们开始尝试利用模型来估算基本无资料地区的洪水重现期和模拟冰塞成因的最大可

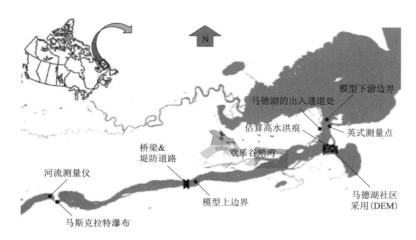

图 9.1　研究区域：丘吉尔河下游

能冰塞洪水的壅水情况。

　　加拿大水文调查局编号为"＃03PC001"的丘吉尔河英式点位水位计（以下简称"英式水位计"）对水位数据进行了记录。然而截至本研究完成时，只有从 2010 年秋季至 2017 年底的数据可用，并且这些水位数据还没有采用大地基准。图 9.2 是按时间顺序绘制的水位变化图，箭头指向的位置为发生冰塞和冰盖破裂事件的时间，从图上可以看出，冰塞壅水最高的年份为 2012 年和 2017 年。这些冰塞样本可用于对模型进行校准。

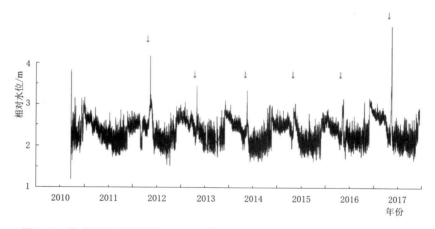

图 9.2　英式测量计观测的 2010 年秋季至 2017 年底水位（相对基面）变化
（箭头指向位置表明春季发生冰塞或冰盖破裂事件的年份）

　　在马斯克拉特瀑布大坝和发电站建设之前，加拿大水文调查局编号为"＃03OE001"的马斯克拉特瀑布上方的丘吉尔河测量仪（以下简称"马斯克拉特瀑布测量计"）一直在运行，观测有 1948—2015 年期间的水位和流量数据（见图 9.3）。在马斯克拉特瀑布发电站建设期间，纳尔科能源公司（Nalcor Energy）也对 2016 年 11 月至 2017 年 5 月（数据引自 Lindenschmidt，2017b）期间的流量进行了测量。20 世纪 70 年代初，丘吉尔瀑布发电站（其位置见图 9.4）建成后，河流的水文条件发生了一些变化，其中一个变化是低流量过程增多。因此，在分析时仅考虑丘吉尔瀑布发电站建设后的时期。

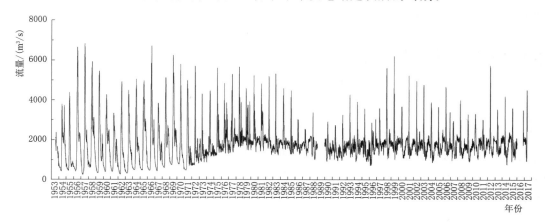

图 9.3　马斯克拉特瀑布 1953—2015 年（数据来自加拿大水文调查局）
及 2016 年 11 月至 2017 年 5 月流量变化
（来源：纳尔科能源公司，引自 Lindenschmidt，2017b）

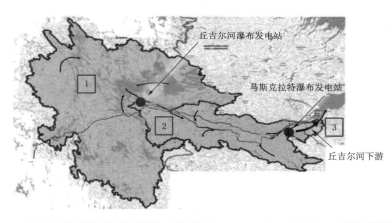

图 9.4　丘吉尔河流域的子流域划分（引自 Lindenschmidt，2017b；已获得使用授权）
1—上游出口为丘吉尔瀑布发电站；2—中游出口为马斯克拉特瀑布发电站；
3—下游水流直接流入梅尔维尔湖

　　马斯克拉特瀑布下游 6.15km 的丘吉尔河上也建有水位计，编号为"＃03OE014"，但由于该处水位会受马斯克拉特瀑布下游的悬浮坝的影响，故该水位计的观测数据无法使用。在梅尔维尔湖上也建有水位计，名为"利尔特河以东梅尔维尔湖水位计"（＃03PD001），由于该水位计不是大地基准，且数据系列较短，故无法用于随机模型的校准。

　　丘吉尔瀑布发电站运行后，丘吉尔河的流量得到了有效控制。根据 2010—2015 年数据统计，丘吉尔瀑布下泄流量占马斯克拉特瀑布年流量的 75%。然而，根据 2010—2015 年及 2017 年数据统计，在 5 月冰盖破裂期间，这个占比降为 38%。2010—2015 年，马斯克拉特瀑布的春汛洪峰流量只有 20%～30% 来自丘吉尔瀑布下泄，甚至在个别年份（比如 2017 年），占比只有 14%。春汛期间，马斯克拉特瀑布的大部分流量来自位于丘吉尔瀑布下游的中下游区域的自然融雪和产流（见图 9.4）。每年的 5 月，丘吉尔河下游最常发生春汛和冰盖破裂，在此期间的马斯克拉特瀑布的泄流资料可用于洪水频率分析。洪水频率分析方法可用来确定冰塞洪水和可能出现的最大洪水的重现期。

9.3 随机建模框架的扩展

利用第 8 章介绍的改进的随机建模框架，通过在蒙特卡罗框架内随机选择参数和边界条件，开展多次模拟计算，以期进行水位-频率分析。

图 9.5 为蒙特卡罗分析框架，最上面的 3 幅图分别为上边界的入流量（Q_{us}）、下边界的水位（W_{ds}）以及冰盖前端堆积的碎冰量（V_{ice}）的概率分布图（分别见图 9.5 的ⓐ、ⓑ、ⓒ），取值范围取决于随机数情况，利用均匀分布图（本书未给出）可获取参数的数值。

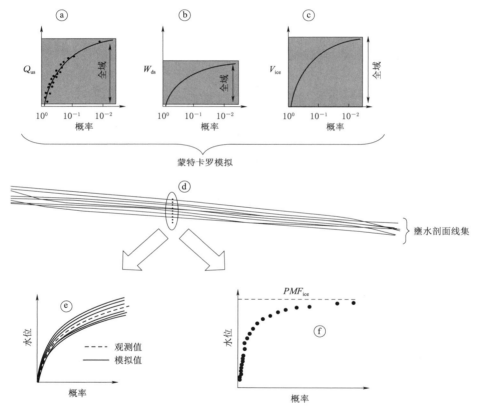

图 9.5　蒙特卡罗分析方法的原理

模型运行需要的参数和边界条件都是利用概率分布随机生成的，图 9.5ⓓ即为通过模拟计算得出的一组回水水位过程。通过滑动提取各关注点处的水位数据，可完成如下两个目标：

1）利用关注点处的水位-频率分布集（见图 9.5ⓔ），可估算 2017 年 5 月冰塞事件的重现期。

2）确定基于冰塞发生的可能最大冰塞洪水的最高水位（见图 9.5ⓕ）。

9.4 模型配置

通过对 2012 年 5 月 16 日、2017 年 5 月 17 日和 2017 年 5 月 18 日的 3 次冰塞事件进行建模，来对模型参数进行校准，从而有助于确定参数的分布范围。虽然后两场冰塞事件是连续发生的，但由于边界条件不同，有必要分别进行模拟。

在研究河段按照约 1km 的间隔布设横断面，以进一步分析 2017 年 5 月冰塞洪水（Lindenschmidt，2017b）。由于以下游河段为研究的重点，因此为了减少计算时间，将桥梁下端面作为模型的上游边界，而不是马斯克拉特瀑布。2006 年，依托一个水深测量项目在 24.6km 的河段中布设了 14 个横断面（Hatch，2007），这些断面也可用于水力学模型的构建。2006 年 9 月 7 日，对丘吉尔河下游的水面进行了激光雷达测量（Hatch，2010），测量成果将有助于河流水力模型校准。

模型的上边界输入采用马斯克拉特瀑布测量计记录的流量，下边界水位输入可参考英式水位计的观测数据，冰塞体积及发生位置可根据卫星遥感影像进行估算。如何利用卫星遥感影像进行估算可查看第 9.8 小节"模型校准结果"。

9.5 英式水位计的大地基准高程估算

由于英式水位计未采用大地测量参考系，因此，在利用其水位数据对冰塞模型进行校准分析时，需要对该水位计的相关基准与海平面的高差进行估算。根据赫氏报告中的数据估算，激光雷达测量开展日期大致为 2006 年 9 月 7 日，当日马斯克拉特瀑布的平均流量为 3100m³/s。根据英式水位计 2011—2016 年水位资料统计，31000m³/s 流量的平均相应水位为 2.08m。经测量，英式水位计处的相对高差为 −0.5m，则 31000m³/s 流量的平均相应水位应为 2.43m ［＝2.08−（−0.35）］。将英式水位计的原始记录值统一减去 2.43m，即为按照大地基准进行校正后的水位。虽然该方法属于粗略估计，但仍需要一个近似大地基准，以使水位能用于模型校准。根据 2018 年的测量分析结果，该水位计的基准海拔为 2.21m。因此，本研究给出的估测大地基准偏差仅为 0.22cm。

9.6 附加高水位估算

据估计，2012 年和 2017 年马德湖冰塞洪水事件的高水位标志位于模型下边界上游 4km 处（位置如图 9.1 所示）。根据当地信息得出了 2012 年 5 月 16 日冰塞事件中洪水在马德湖社区一个居民家中的淹没线，同时根据他家房子上的洪水淹没深度可估算出最高水位（见图 9.6 中左图）。根据 2006 年激光雷达测量数据构建的数字高程模型，可以提取出 2012 年 5 月 16 日冰塞洪水淹没范围的高程（见图 9.7）。利用 DEM 数据可估算出房子所处位置地面在海平面以上的高度，加上房子上的洪痕与地面的高度值（＝1.43m），即可得到 2017 年 5 月 18 日冰塞洪水的最高水位线。根据马德湖中学所在区域的 DEM 数据中的洪水淹没线高程，可确定 2017 年 5 月 17 日冰塞洪水的最高水位线，如图 9.6 中右图所示。但这些"软数据"可为高水位标记的高程计算提供参考。高水位标记在模型校准时是必不可少的。

图 9.6　马德湖区域的洪水淹没现场照片（如图 9.7 中的 A 点和 B 点所示）

［这些照片可以用来估算后续冰塞洪水事件中的最高水位线；左图为 2012 年 5 月 1 日、2017 年
5 月 18 日两场冰塞洪水事件，位于图 9.7 中的 A 点（图片来源：Lindenschmidt，2017b）；右图
为 2017 年 5 月 17 日冰塞洪水事件，位于图 9.7 中的 B 点（图片来源：纽芬兰省政府）］

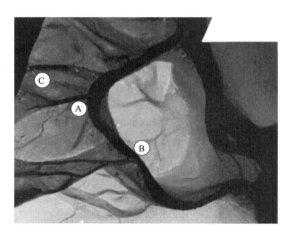

图 9.7　马德湖区域的雷达数字高程模型（Ⓐ点和Ⓑ点为图 9.6 中
两幅照片的位置；Ⓒ点为图 9.8 所示照片的位置）

（图片来源：Lindenschmidt，2017b）

9.7　漫滩流量和串沟流量

由于丘吉尔河下游等流经内陆三角洲的河流的河道岸坡较低，当发生洪水漫过堤坡，沿着周边沟道四散溢流情况时，对这些河流进行建模的难度很大。河流三角洲区域有多条沟渠流过，在洪水发生期间，漫溢洪水会沿着这些沟渠流向内陆。图 9.8 就这这类沟渠的

一个典型示例，图片的场景位于图 9.7 中的Ⓒ点。这些证据证明，当壅水水位超过河岸高度时，漫溢洪水将会流向内陆。

红河三角洲位于该河流汇入温尼泊湖口门处，Lindenschmidt、Williams 等在对该三角洲河段发生的冰塞事件建模时，都对漫溢洪水进行了概化处理。为了模拟冰塞壅水对皮斯河至皮斯阿萨巴斯卡三角洲沿岸的影响，Beltaos、Rokaya 等在构建皮斯河下游河冰模型时，也对漫溢洪水进行了概化处理。

图 9.8　流向马德湖的沟道（照片从河岸处拍摄）
（该位置位于图 9.7 中的Ⓒ点）

9.8　模型率定结果

9.8.1　畅流水域率定

首先对模型进行了畅流水域实例率定。根据上述方法，从 2006 年 9 月施测的激光雷达数据中提取水面高程线。马斯克拉特瀑布的下泄流量（1310m³/s）作为模型上游边界条件；河口的水位（−0.47m）作为模型的下游边界条件。考虑模拟壅水水位线与实测水位线的一致性情况，曼宁粗糙度系数 n_bed 取 0.05（见图 9.9）。

9.8.2　利用 2012 年 5 月 16 日的冰塞实例进行率定

2012 年 5 月 16 日发生的冰塞事件，其严重程度列有记录以来第三位。下游边界的初始水位设定为 0.4m，冰塞期间的水位过程可根据 2012 年 5 月冰塞事件中英式水位计的水位进行粗略估算，如图 9.10 所示。根据记录数据，作为上游边界条件的流量 Q_us 为

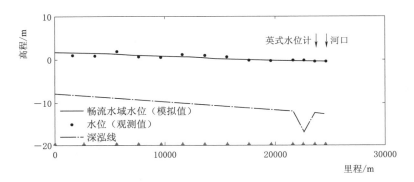

图 9.9　用于率定模型的明渠水流的模拟水位与实测水位纵剖面图
（沿底部 x 轴的三角形表示用于模型设置的横截面位置）

3780m^3/s。冰盖破碎后形成的冰塞体从河口处几乎延伸到上游的桥梁处，如图 9.11 所示。经率定，冰塞模拟中的堆冰量为 410 万 m^3。在模型中嵌入流量为 100m^3/s 的横向漫滩流量后，模拟的壅水水位与实测水位较为一致（见图 9.12），其中实测水位是根据马德湖的高水位标识及英式水位计的观测数据得到的估算值。本小节末尾处的表 9.1 中简要列出了用于模型率定的参数和边界条件。

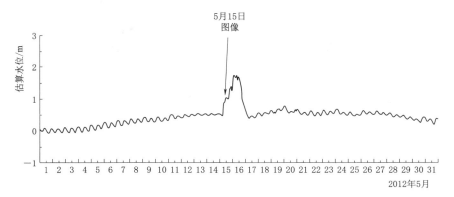

图 9.10　2012 年 5 月英式水位计的估算水位
（数据来自加拿大水资源调查局；带有日期的箭头对应位置为图 9.11 所示图像的采集时间）

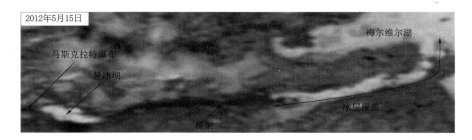

图 9.11　2012 年 5 月 15 日（UTC 时间 14：50）拍摄的丘吉尔河下游 MODIS 图像
（来源：NASA Worldview）

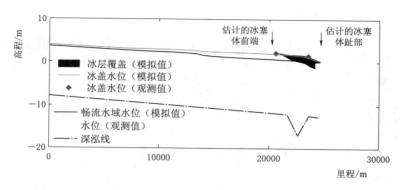

图 9.12　2012 年 5 月 16 日冰塞事件的沿程水位剖面的模拟结果

9.8.3　利用 2017 年 5 月 17 日的冰塞实例进行率定

为了对 2017 年 5 月 17 日的冰塞事件进行校验，需要将冰凌作为附加边界条件添加到明渠水流模型率定中。上游流量边界条件 Q_{us} 设置为 4300m³/s，下游水位边界条件 W_{ds} 的高程设置为 1.0m。图 9.13 中给出了英式水位计所处位置的水位估计值。根据 2017 年 5 月 17 日获取的卫星图像，可以确定出冰塞体趾的位置（见图 9.14 的下图）和冰塞体前缘的位置。然后，将冰塞体趾位置作为附加边界条件 x，输入到模型中。而冰塞体前缘位置则作为一个附加率定变量，其他率定变量为英式水位计处估算的水位和马德湖附近的洪痕线横截面等。图 9.15 中给出了经校准的冰盖剖面线和壅水剖面线，可以看出校验结果与观测结果吻合良好。图 9.15 为基于相同上游和下游边界条件的明渠水流模拟剖面线，从而可以更好地展现冰塞造成的壅水情况。经校验，冰塞体包含的冰体积为 890 万 m³。从 2017 年 5 月 16 日的影像图（见图 9.14 的上图）中可以看出，从冰塞体至上游桥梁之间的区域均为冰盖覆盖区域，这些冰盖破裂后，于 2017 年 5 月 17 日形成冰塞。为了在位于冰塞覆盖区域的马德湖洪痕水位和英式水位计水位之间取得良好的一致性，从主河道中分出了流量为 600m³/s

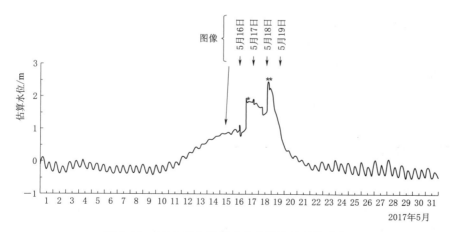

图 9.13　2017 年 5 月英式水位计处的估算水位

（数据来自加拿大水资源调查局；图中带有日期的箭头对应于图 9.14 和图 9.16 所示图像的采集时间；2017 年 5 月 17 日和 5 月 18 日的冰塞事件分别用 ∗ 和 ∗ ∗ 表示）

的漫滩流量。本小节末尾处的表 9.1 中简要列出了用于模型率定的参数和边界条件。

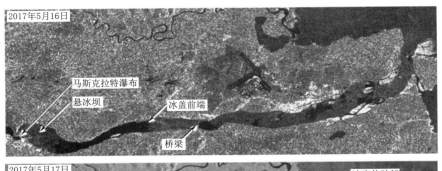

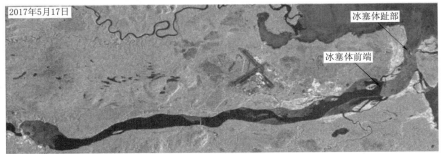

图 9.14　哨兵 1 号卫星拍摄的 2017 年 5 月 16 日（上图）和
5 月 17 日（下图）丘吉尔河下游影像图
（资料来源：欧洲航天局）

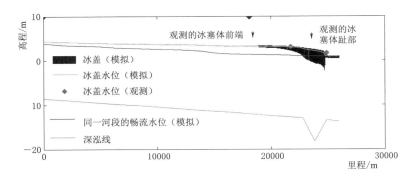

图 9.15　2017 年 5 月 17 日冰塞事件的水位剖面线模拟结果

9.8.4　利用 2017 年 5 月 18 日的冰塞实例进行率定

　　2017 年 5 月 18 日，冰塞进一步向下游移动。将上游流量边界条件 Q_{us} 设置为 4600m³/s、下游水位边界条件 W_{ds} 设置为 1.8m，对该次冰塞事件进行率定。根据图 9.13 给出的 2017 年 5 月 17 日开始时与 2017 年 5 月 18 日结束时的水位对比可以看出，2017 年 5 月 18 日冰塞事件的水位高于前一天的冰塞事件，这导致英式水位计处出现更高的壅水情况。此次冰塞事件期间没有可用的卫星图像，如图 9.13 中箭头所示。然而，从 2017 年 5 月 19 日的卫星图像（见图 9.16 的下图）上，可以看到冰塞溃破后的一些残余冰块，这些残余冰块可以为确定冰塞体趾位置提供一些表征。在进行冰塞和壅水模拟时，可假设冰塞前缘也向下游移动，如图 9.17 所示。模拟的水位剖面线与洪痕水位、英式水位计记录的水位较为一致。经估算，冰塞体包括的冰体积为 680 万 m^3，横向漫滩流量为 $700m^3/s$。本小节末尾处的表 9.1 中简要列出了用于模型率定的参数和边界条件。

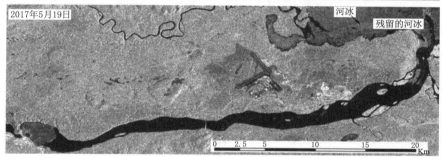

图 9.16　Cosmo SkyMed 卫星拍摄的 2017 年 5 月 18 日（上图）和
5 月 19 日（下图）丘吉尔河下游影像图
（资料来源：意大利航天局）

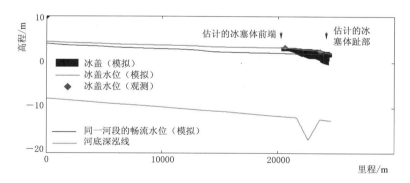

图 9.17　2017 年 5 月 18 日冰塞事件的水位剖面线模拟结果

9.8.5　局部敏感性分析

为了确定模型参数和边界条件对壅水水位剖面线的敏感性，对用于率定的 3 个冰塞实例都进行了局部敏感性分析。每次选择一个参数或一个边界条件，将其值增加 1%，其他参数和边界条件均不变，分析模拟的壅水水位剖面线的高度变化情况。在进行下一次模拟之前，需要将前次模拟选用增加 1% 的参数或边界条件值重置为其原始值，然后再将本次选择的参数或边界条件的值增加 1%。对于下游边界，1% 的增量指的是水深，而不是水位。

图 9.18 给出了壅水水位剖面线的变化百分比。在所有参数中，只有河床糙率系数 n_{bed}、冰糙率系数 n_{8m} 以及冰盖孔隙度 PC 对壅水水位有一定的敏感性（绝对灵敏度值为 0.2%～0.4%）。冰塞体前缘冰厚 FT、冰塞体趾下游冰厚 h 以及冰盖强度参数 $K1TAN$ 和 $K2$，对壅水水位剖面线几乎没有影响（绝对灵敏度值<0.1%）。流动冰块参数 PS、ST 及冰块输送速度阈值参数 v_{dep}、v_{er}，对壅水水位几乎没有影响。上游边界条件 Q_{us} 和下游边界条件 W_{ds} 对输出结果都非常敏感，即随着上游来水流量和下游初始水位的增加，冰塞造成的壅水水位也将抬高。冰塞事件约严重，下游水位对壅水水位剖面线的敏感性越大。从而，凸显了准确确定用于模型输入下游水位的重要性。需要强调的是，应该准确测量英式水位计和梅尔维尔湖水位计处的地面高度，从而提升模型的预报模拟能力。冰塞体趾位置 x 对壅水水位最为敏感，从而表明，需要获取冰塞破裂期间的连续卫星图像，才能准确描述冰塞特征。

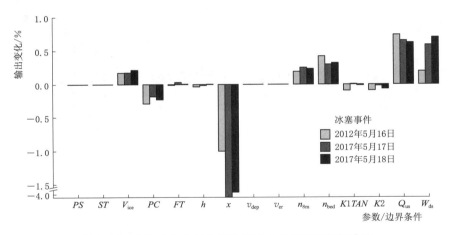

图 9.18　参数和边界条件对冰塞壅水水位的局部敏感性

表 9.1　　　　用于率定和蒙特卡罗模拟的参数、边界条件的取值及范围

参数	描述	单位	模型率定			蒙特卡罗模拟	
			5 月 16 日	5 月 17 日	5 月 18 日	范围或函数	
			2012	2017	2017	最小值	最大值
冰块							
PS	冰块的孔隙度	—	0.5	0.5	0.5	0.4	0.5
ST	冰块的厚度	m	0.5	0.8	0.8	$=f(h)=h-0.1$	
冰塞体							
V_{ice}	形成的冰体积	$10^6 m^3$	4.1	8.9	5.8	1.0	9.0
PC	冰盖孔隙度	—	0.5	0.5	0.5	0.4	0.6

续表

参数	描述	单位	模型率定			蒙特卡罗模拟	
			5 月 16 日	5 月 17 日	5 月 18 日	范围或函数	
			2012	2017	2017	最小值	最大值
PT	冰盖前缘厚度	m	0.5	0.8	0.8	$=f(h)=h-0.1$	
冰塞沉积							
H	冰塞体下游冰厚	m	0.6	0.93	0.93	0.4	1
x	断面数量	—	485	470	488	450	490
冰块输移							
$v_{deposit}$	沉积速度阈值	m/s	1.2	1.2	1.2	1.1	1.3
v_{erode}	侵蚀速度阈值	m/s	1.8	1.8	1.8	1.7	1.9
水力糙率							
n_{8m}	冰糙率	$s/m^{1/3}$	0.11	0.11	0.11	0.11	0.12
N_{bed}	河床糙率	$s/m^{1/3}$	0.05	0.05	0.05	0.045	0.055
强度特性							
$K1TAN$	水平：纵向应力	—	0.218	0.218	0.218	0.14	0.26
$K2$	纵向：垂向应力	—	7.52	7.52	7.52	7.3	7.7
边界条件							
Q	上游来水流量	m^3/s	3780	4300	4600	$=GEV$ 分布	
Q_{lat}	漫滩流量	m^3/s	100	500	700	$=f$（壅水水位）	
W	下游水位	m	0.4	1.0	1.8	$=$甘布尔分布	

9.9 随机模型运算结果

在对三次冰塞事件都完成校验后，模型已符合蒙特卡罗框架要求。此时，可以利用模型来计算冰塞事件的超越概率以及确定冰塞造成的可能最高壅水水位。蒙特卡罗框架允许模型进行数百次的模拟运算，但每次模拟都会从概率分布中随机提取一组不同的参数和边界条件。所有参数都是在表 9.1 提供的最小值和最大值范围内，从均匀分布中随机选择的。这些最小值/最大值是从大量前期开展的河流冰塞研究成果中得到的。

1）Lindenschmidt 等在 2011 年、2012 年发表的关于红河的研究成果以及在 2012 年、2013 年发表的关于位于马尼托巴省的多芬河的研究成果。

2）Lindenschmidt 在 2014 年以及 Lindenschmidt 和 Sereda 在 2014 年发表的关于位于萨斯喀彻温省的库阿佩勒河的研究成果。

3）Lindenschmidt 等在 2015 年、2016 年发表的关于位于阿尔伯塔省皮斯河镇的皮斯河的研究成果。

4）Lindenschmidt 在 2017 年发表的关于位于麦克默里堡镇的阿萨巴斯卡河的研究成果。

5）Warren 等在 2017 年发表的关于位于纽芬兰贝吉的开拓河的研究成果。

关于冰塞特性的指南也可在 Beltaos（1995）和 White（1999）的相关研究成果中找到。

9.9.1 冰厚分布

尽管在本研究中冰厚变化对壅水水位不太敏感（如图 9.18 所示，已在前一节中讨论），但在进行蒙特卡罗分析时，仍将冰厚作为一个随机参数来考虑。假定冰塞体下游冰盖厚度 h 的取值范围为 0.4～1.0m，该假设与图 9.19 中展示的梅尔维尔湖 1959 年以来历年最大冰厚模拟结果基本一致。由于冰盖破裂是发生在受边界处热效应影响开始变薄之前，因此，该假设不考虑在冰盖破裂时的热衰减。

冰盖破裂时的厚度应该略小于冬季结束时的冰厚。由于在冰盖快要破裂时进行冰厚测量存在安全问题，因此，冬季结束时的冰厚数据比冰盖破裂时的冰厚数据更容易获取。鉴于此，假设冬季结束时的最大冰厚和破裂时的冰厚之间的差异可以忽略不计。假定冰塞体前端的厚度 FT 和冰块厚度 ST 比冰塞体下游冰盖厚度 h 小 0.1m。由于水温比冰块自身的温度要略高，加之冰块的面积比体积更大，因此漂浮在水中的冰块消融速度更快。此外，由于冰盖前部受水流的直接冲击更多，这就使得冰盖前部的厚度更薄。然而，由于冰厚变化对壅水水位不敏感，因而冰厚数据对冰塞洪水水位概率分布的影响很小。

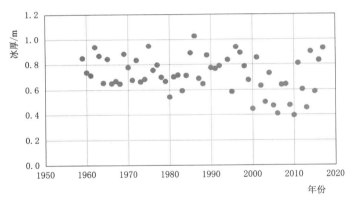

图 9.19　梅尔维尔湖最大冰厚模拟结果

（来源：Lindenschmidt，2017b）

9.9.2　作为上游边界条件的流量-频率分布

研究河段通常在 11 月至次年 5 月，至少有半年的时间是被冰覆盖。1972—2015 年间，首次使用雪地摩托在马德湖数据存储点和马德湖社区之间进行通行的最早时间通常是在河流结冰后 2 天左右，如图 9.20 所示。该图中还给出了首次使用渡船的时间通常是在春季冰凌全部消失后的次日。图 9.21 给出了马斯克拉特瀑布水位计记录的首次使用渡船日期的前 1 日的流量-频率曲线。广义极值（GEV）分布对格林戈顿点位绘图最适合。

9.9.3　作为下游边界条件的水位-频率分布

在估算作为下游边界条件的水位-频率分布时，采用的水位高程数据来自英式水位计。

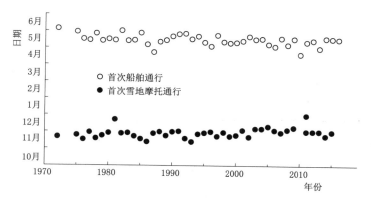

图 9.20 1972—2015 年，在河流封冻后首次使用雪地摩托通行的
时间以及在冰盖破裂后首次使用渡船通行的时间变化情况

然而，该水位计 2010 年才开始记录数据（2011—2017 年的时间范围内的数据见图 9.2），仅能提供 6 个春季冰盖破裂时的水位数据。通常采用均匀分布来处理观测数据点太少的问题，但是均匀分布可能导致估算的极端更高水位冰塞事件发生概率偏大。鉴于此，本书选择采用甘贝尔极值函数。但是，即便如此，使用如此之少的水位数据估算的水位-频率分布，也可能使得对极端壅水事件发生频率的估算过大，尤其是 2017 年 5 月 18 日发生的最严重冰塞事件。因此，通过仅保留一个最大的极值实例数据，并对其他 5 个水位数据进行多次重复处理，将分布的散点数量扩展到 42 个，即与上述流量-频率分布的点数相同，如图 9.22 左图所示。根据频率分布图，可以推求出最极端的冰塞事件（2017 年 5 月 18 日）的理论重现期约为 $T \approx 1:140$ 年（$1/p = 1/0.007$），数据点对应的重现期为 $T \approx 1:80$ 年（$1/p = 1/0.013$）。对当地上年纪的居民进行走访发现，他们也记不得在 2017 年 5 月冰塞事件期间，冰盖破裂时的水位是否和冰塞发生时的水位一样高。鉴于此，虽然这是一个非常简单的构建典型频率分布的方法，但从得到的分布来看，估算还是很合理的。

虽然，可用数据的时间范围较短，分布存在很大的不确定性，但该方法却为这类分析工作提供了一些方向和思路。为了确定输入的频率分布对产生的冰塞壅水水位-频率分布的敏感度，使用更为极端的水位-频率分布对除最大的 2 个极值水位外的其他水位数据进行重复计算，如图 9.22 中右图所示。图上位置最高的数据点代表了 2017 年 5 月 18 日冰塞事件的最高壅水水位，其对应的概率没有发生变化，但该水位对应的理论重现期 $T \approx 1:500$ 年（$1/p = 1/0.002$），变得更极端。图 9.23 给出了重复所有数据点、

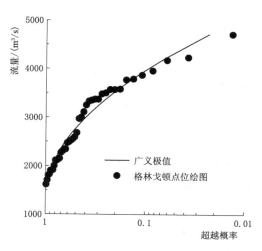

图 9.21 根据"马斯克拉特瀑布上游的丘吉尔河
水位计"记录的 1972—2014 年间冰盖末端的
流量数据进行格林戈顿点位绘图及
广义极值（GEV）分布适配线

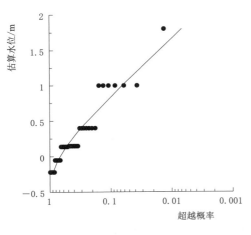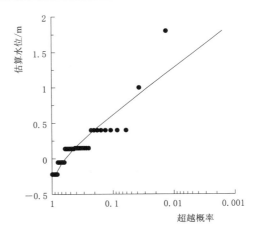

图 9.22　冰塞即将发生时的水位-频率分布

（左图：除 1 个最大极值点外重复其他数据点得到的甘贝尔分布；

右图，除 2 个最大极值点外重复其他数据点得到的甘贝尔分布）

重复除最极端值以外的所有数据点以及重复除两个最极端值以外的所有数据点三种情况下的频率分布对比。由于横向漫滩水流的缓冲作用，更大的极端壅水水位被更大的侧向流量抵消，因此分布函数的形状对壅水水位-频率分布的敏感度不高。更多细节内容将在后面的结果部分进行讨论。

9.9.4　漫滩流量

经校验，在 2012 年 5 月 16 日、2017 年 5 月 17 日和 2017 年 5 月 18 日 3 次冰塞事件中，漫滩流量分别为 100 $\mathrm{m^3/s}$、600 $\mathrm{m^3/s}$ 和 700 $\mathrm{m^3/s}$。上游来水流量与漫滩流量之间的关系如图 9.24 所示。

在位于马德湖附近的洪痕处观测的壅水水位与漫滩流量之间呈线性函数关系，如图 9.25 所示。蒙特卡罗模拟必须在同一数据集上进行两次。

1）在没有漫滩流量的情况下，进行第一次蒙特卡罗模拟，计算出最高壅水位；然后，根据图 9.25 中的线性关系，利用计算出的水位来推求漫滩流量。

2）将推求出的漫滩流量加入，其他数据不变，再次进行蒙特卡罗模拟。

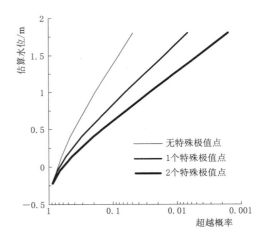

图 9.23　不同条件下的水位-频率 GEV 分布对比

（当所有数据点都参与重复计算时无特殊极值点；除最极端值外的其他所有数据参与重复计算时有 1 个特殊极值点；除两个最极端值外的其他所有数据点参与重复计算时有 2 个特殊极值点）

9.9.5　蒙特卡罗模拟

图 9.26 给出了一个集合 42 条壅水水位纵剖面线的示例。提取位于马德湖附近洪痕处的水位，构建模拟使用的水位-频率分布。

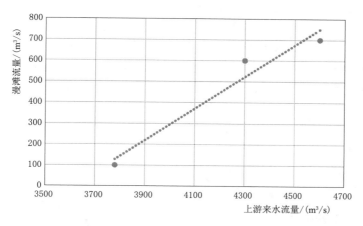

图 9.24　上游来水流量与和漫滩流量之间的线性关系

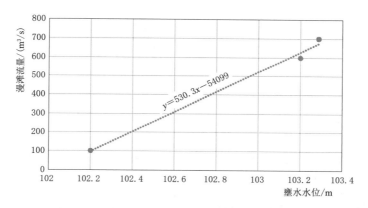

图 9.25　壅水水位与漫滩流量之间的线性关系

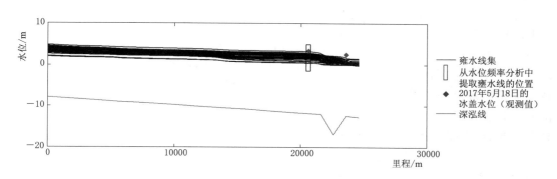

图 9.26　42 条壅水水位剖面线集合

[从马德湖高水位标志处提取水位，构建模拟使用的水位-频率分布（见图 9.27）；
提供了英式水位计的观测水位以及马德湖附近高水位标志处的观测水位作为参考]

　　利用多组 42 条壅水水位可创建一个广义极值（GEV）水位-频率分布集，如图 9.27
所示。使用图 9.22 中左、右两幅图展示的下游水位-频率分布作为输入，构建了两组

GEV集（分别如图9.27的左图和右图所示）。通过分析所有GEV分布，可给出GEV平均分布。根据GEV平均分布，可估算出2017年5月冰塞洪水的重现期约为$T = 1 : 100 \sim 1 : 140$年。虽然，根据两次不同的蒙特卡罗分析得到的两个下游水位-频率分布是不同的（见图9.22），但将这个水位-频率分布作为输入边界条件，推求的GEV分布域却差别不大。出现这样情况的原因是横向漫滩水流会对壅水水位产生缓冲影响，当壅水水位变得过高时，横向漫滩流量也随之增大，从而抑制壅水水位的持续抬升。

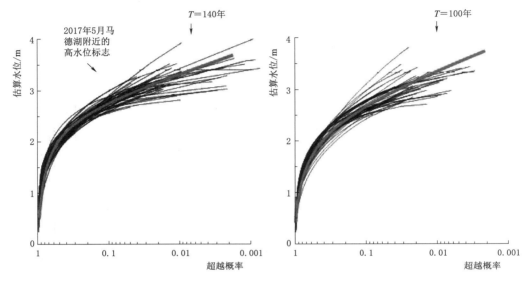

图9.27 从水位剖面线集提取的壅水水位形成的GEV分布集

（水位剖面线示例如图9.26所示；其中左图为将图9.22左图所示的水位-频率分布作为蒙特卡罗分析的下游水位边界条件时，生成的壅水水位的GEV分布；右图为将图9.22右图所示的水位-频率分布作为蒙特卡罗分析的下游水位边界条件时，生成的壅水水位的GEV分布）

将每次模拟的最高壅水水位提取出来，然后在图上点绘，可形成韦布尔分布，如图9.28所示。可能出现的最大冰塞洪水的最高水位约为4.1m，被认为是冰塞事件造成的可能最高水位，该水位比2017年5月冰塞事件中高水位标志处的最高洪水水位高约0.8m。图9.28所示韦布尔分布是基于大约3700次模型运算得到的，如果进行更多次的模型运算，得到的PMF_{ice}的最高水位可能会更高。

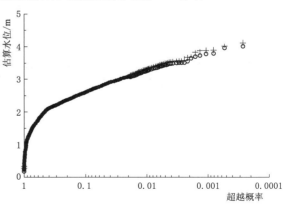

图9.28 基于马德湖附近高水位标志处所有壅水水位模拟结果的韦布尔分布

［图中最高的高程即为可能出现的最大冰塞洪水的水位。将图9.22中水位-频率分布作为下游边界条件得到两个模拟集：使用图9.22左图的结果用"＋"表示；使用图9.22右图的结果用"○"表示］

9.9.6 不确定性来源

模型采用的数据存在一些明显的不足，从而造成了模型的不确定性。

在建模时采用的观测水位的大地测量参考是近似值估算的，因此，为了降低建模结果的不确定性，需要进行地面测量，以便更准确地确定大地基准。由于模拟采用的边界条件不同，2017 年 5 月 17 日和 5 月 18 日发生的冰塞事件被看做是两个独立的独立事件而分别建模。然而，这两次冰塞事件是在连续两天内发生的，这可能会导致后一事件的发生概率的变化。考虑水力过程的持续性，第二个事件并非严格独立于第一个事件。在建立冰体积的极值分布时，由于可用的数据不足，因此，需假设冰体积的分布是均匀的。而该假设则可能会增大极值频谱范围的比重。鉴于英式水位计的水位记录非常短，因而，很难给出较为准确的冰盖破裂时的水位-频率分布。随着获取的与冰盖破裂相关的数据越来越多，频率分布参数的确定性将进一步提高。通过对各次冰塞事件进行模型率定，同时结合其他水文模型，不仅可以确定侧向漫滩水量，还可以确定漫滩流量与壅水水位之间的关系。水位仪器测量误差以及数据收集和数据处理误差通常为 5%，激光雷达测量的高程误差约为 40cm，这些误差的存在可能会对英式水位计的大地测量基准和洪痕水位的估计产生一定的影响。

自开展最大可能冰塞洪水分析以来，已采取多项措施以解决数据和模型存在的不确定性。在建模研究时，一个特别重要的事情就是需要将所有的水位计都设置为大地参考，这样做是为了更好地比较水位。一般根据地面测量和雷达测量，来设置水位计的大地参考。此外，为了更好地获取冰盖堆积和冰塞造成的壅水情况，沿河新设了一些水位计。

需要注意一个重要情况，当马斯克拉特瀑布发电站建成运行后，河流水力条件会随之发生改变。需要重新构建冰盖破裂时的边界条件，再次进行模拟分析。随着水电站的全面运行，尤其是当马斯克拉特瀑布大坝获得授权实施防洪运用时，丘吉尔河下游的水情和冰情将发生变化。

9.10　展望

本章展示了如何使用随机模型来确定位于拉布拉多的丘吉尔河下游河段冰塞洪水的可能超越概率和可能最高水位。由于在模型率定时需要对大地测量基准等数据以及横向漫滩流量等过程描述进行一些假定，从而产生模型不确定性。然而，正是由于这些不确定数据的存在，从而在建模练习时可以通过引入其他方法和采用其他工具来生成相关数据。虽然模型存在不确定性，但模拟结果确可为冰塞洪水重现期和冰塞期可能最高水位的确定提供参考依据。根据模型模拟结果，2017 年 5 月冰塞洪水重现期（T）约为 1∶100～1∶140 年，在河口上游 4km 断面处的冰塞最高壅水高程为 4.10m，比 2017 年 5 月的冰塞洪水高约 0.8m。

本书介绍的随机模型将被纳入丘吉尔河洪水预报系统（CRFFS），该系统由纽芬兰和拉布拉多省政府组织实施，研发团队由来自 KGS 公司（http：//kgsgroup.com/）、4DM 公司（http：//www.4dm-inc.com/）的一批水资源工程师和地理学家以及本书的作者组成，研发工作于 2018 年 7 月开始，预计将于 2019 年年底完成。该系统的一个关键功能是可将 HEC-HMS 模型、HEC-RAS 模型以及 RIVICE 模型整合到基于网络的河流洪水预报平台 HydrologiX 中。其中，HEC-HMS 模型是应用于丘吉尔河流域中部（见图 9.4）的水文模型；HEC-RAS 模型可用于畅流期的水力模拟；RIVICE 模型属于河冰水力学模型，可用于丘吉尔河下游河段封冻期的冰情模拟。上述章节介绍的冰塞洪水随机预报方法作为组件正在被纳入冰塞洪水预报系统。并将来自水文气象站、卫星影像以及冰厚测量等数据也集成到平台中，以对该系统进行补充完善。在丘吉尔河下游和梅尔维尔湖泊，新安装一些基于地理参考的水位计和水温探测器，以便为模型校准和验证提供更多的数据。作为项目的一部分，为了更新 RIVICE 模型中横断面数据和将模拟范围扩展到马斯克拉特瀑布更上游的区域，需要重新开展河段水深测量工作。

9.11　电子表格练习：形成可能出现的最大冰塞洪水的冰塞形态

为了对位于麦克默里堡下游的萨巴斯卡河水位计处可能出现的最大冰塞洪水进行计算，我们将继续开展冰塞模拟练习。登录该书网站，将"ice‐jam_staging4b. xlsm"文件从"第 9 章"文件夹复制到您的个人电脑上，并在 Microsoft®Excel® 中打开该文件，需要将工作表"Q_random"中的流量 Q 随机数由原来的 40 个扩充到 1000 个。一个比较简单的方法是：

1）首先，在 excel 工作表"Q_random"中，将光标向下滚动到 1001 行，使用组合键"Ctrl"＋"g"（代替组合菜单"Home"→"Find & Select"→"Go to..."），在弹出的"定位"窗口的引用位置文本框中输入"A1001"，点击"确定"关闭窗口。

2）通过点击第 1001 行的最左侧，选中整行，此时该行高亮显示。

3）向上滚动至第 41 行，按下"Shift"键，同时选中第 41 行，此时第 41～1001 行之间的所有行应当全部高亮显示，以表示都被选中。

4）使用组合键"Ctrl"＋"d"（代替组合菜单"Home"→"Fill"→"Down"），将第 41 行的内容复制到第 42～1001 行。

5）$\mu1$、$\sigma1$ 和 $\xi1$ 的数值分别位于 A 列、B 列和 C 列，第 3 行及以后的所有行的数值均等于前一个单元格的数值，因而可确保每列的数值都是相同的；D 列的数值引用了 A 列、B 列和 C 列中相应行的数值。

工作表中的"数值"现已完成扩展，那么计算也应扩展为 1000 行，而不仅仅是 40 行。因此，计算扩展可以通过将最后一行计算（第 41 行）复制到第 42～1001 行来实现。一个比较简单的方法是：

1）首先，使用组合键"Ctrl"＋"g"，在弹出的"定位"窗口中，将引用位置文本中的内容替换为"A1001"，点击"确定"关闭窗口，从而转到第 1001 行。

2）通过点击第 1001 行的最左侧，选中整行，此时该行高亮显示。

3）向上滚动至第 41 行，按下"Shift"键，同时选中第 41 行，此时第 41～1001 行之间的所有行都被选中。

4）使用组合键"Ctrl"＋"d"，将第 41 行的内容复制到第 42～1001 行。

5）选中单元格 U2，将公式编辑为 RANGK.EQ（V2，V＄2：V＄1001，0），从而对 V 列第 2～1001 行中的所有值进行排序。

6）选中单元格 U2，向下滚动至单元格 U1001，然后按"Shift"键，同时选中单元格 U1001，此时 U 列从第 2～1001 行中的所有单元格都被选中。

7）使用组合键"Ctrl"＋"d"，将单元格 U2 的内容复制到 U 列第 3～1001 行之间的所有单元格。

此时，将 U 列和 V 列分别作为 x 轴、y 轴，绘制散点图，如图 9.29 所示。选中 U 列和 V 列，然后通过选择组合菜单"Insert"→"Scatter"→"Scatter"来构建散点图。右键单击 x 轴标签，然后从弹出菜单中选择"设置坐标轴格式"。然后在位于右侧的"设置坐标轴格式"图中打开"坐标轴选项"，然后单击"对数刻度"前的复选框。绘制出的散点图应与图 9.29 所示类似。

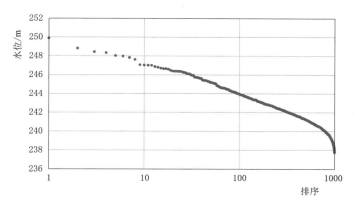

图 9.29　对平衡冰塞体或堆冰的最高水位进行 1000 次计算
得到的水位排序图（排第 1 的水位接近 250m）

通过重复多次按下"公式"菜单功能区中的"开始计算"按钮，来进行多次随机计算，直至获得的近似最大值略大于 250m 为止。计算得到最大值即为 PMF_{ice} 的相应水位。Microsoft®Excel®文件"ice‐jam_staging5.xlsm"中提供了此练习的答案解析。Lindenschmidt 和 Rokaya（已认可）利用随机模型 RIVICE，计算出可能出现的最大冰塞洪水的水位为 250.43 m。

如果在本练习中进行超过 1000 次计算，则可能得到的最高水位会更大。Microsoft®Excel®文件"ice‐jam_staging6.xlms"提供了一个进行 10000 次计算的示例，结果如图 9.30 所示，得到的可能出现的最大冰塞洪水的水位超过了 251m。

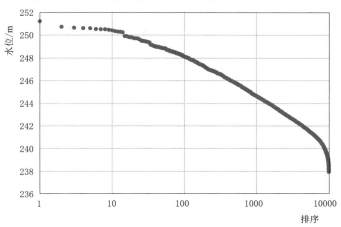

图 9.30　对平衡冰塞体或堆冰的最高水位进行 10000 次计算
得到的水位排序图（排第 1 的水位超过了 251m）

本章参考文献

Beltaos, S. (1995). *River ice jams*. Highlands Ranch: Water Resources Publications, LLC, ISBN 0 - 918334 - 97 - X, ISBN 978 - 091833487 - 9.

Beltaos, S. (2018). The 2014 ice - jam flood of the Peace - Athabasca Delta: Insights from numerical modelling. *Cold Regions Science and Technology*, 155, 367 - 380.

Hatch. (2007, October 17). *Appendix L - Available bathymetric information, ice dynamics of the Lower Churchill River, hydroelectric generation project environmental baseline report*, Newfoundland and Labrador Hydro - Lower Churchill.

Hatch. (2010, October). *MF*1330 - *Hydraulic modeling and studies* 2010 *update, report* 1 - *Hydraulic modeling of the river*. Report prepared for Nalcor Energy by Hatch Ltd. http://www.pub.nf.ca/applications/MuskratFalls2011/files/exhibits/abridged/CE - 22 - Public.pdf

Lindenschmidt, K. - E. (2014). *Winter flow testing of the Upper Qu' Appelle River*. Saarbrucken: Lambert Academic Publishing. ISBN 978 - 3 - 659 - 53427 - 0.

Lindenschmidt, K. - E. (2017a, July 9 - 12). *Modelling probabilities of ice jam flooding from artificial breakup of the Athabasca River ice cover at Fort McMurray*. CGU HS Committee on River Ice Processes and the Environment, 19th workshop on the Hydraulics of Ice Covered Rivers, Whitehorse, Yukon, Canada. http://cripe.ca/docs/proceedings/19/Lindenschmidt - 2017.pdf

Lindenschmidt, K. - E. (2017b). *Independent review of the 17 May 2017 Churchill River (Labrador) flood event*. Report submitted to the Government of Newfoundland & Labrador. http://www.mae.gov.nl.ca/waterres/flooding/Lindenschmidt_review_all.pdf

Lindenschmidt, K. - E., & Sereda, J. (2014). The impact of macrophytes on winter flows along the Upper Qu' Appelle River. *Canadian Water Resources Journal*, 39 (3), 342 - 355. https://doi.org/10.1080/07011784.2014.942165.

Lindenschmidt, K. - E., Sydor, M., & Carson, R. (2011, September). *Ice jam modelling of the Red River in Winnipeg*. 16th CRIPE workshop on the Hydraulics of Ice Covered Rivers, Winnipeg, pp. 274 - 290. http://cripe.ca/docs/proceedings/16/Lindenschmidt - et - al - 2011b.pdf

Lindenschmidt, K. - E., Sydor, M., & Carson, R. (2012). Modelling ice cover formation of a lak-eriver system with exceptionally high flows (Lake St. Martin and Dauphin River, Manitoba). *Cold Regions Science and Technology*, 82, 36 - 48. https://doi.org/10.1016/j.coldregions.2012.05.006.

Lindenschmidt, K. - E., Sydor, M., Carson, R. W., & Harrison, R. (2012). Ice jam modelling of the Lower Red River. *Journal of Water Resource and Protection*, 4, 1): 1 - 1): 11. http://www.scirp.org/journal/PaperInformation.aspx? paperID=16739.

Lindenschmidt, K. - E., Sydor, M., van der Sanden, J., Blais, E., & Carson, R. W. (2013, July 21 - 24). *Monitoring and modeling ice cover formation on highly flooded and hydraulically altered lakeriver systems*. 17th CRIPE workshop on the Hydraulics of Ice Covered Rivers, Edmonton, pp. 180 - 201. http://cripe.ca/docs/proceedings/17/Lindenschmidt - et - al - 2013.pdf

Lindenschmidt, K. - E., Das, A., Rokaya, P., Chun, K. P., & Chu, T. (2015, August 18 - 20). *Ice jam flood hazard assessment and mapping of the Peace River at the town of Peace River*. CRIPE 18th workshop on the Hydraulics of Ice Covered Rivers, Quebec City, QC, Canada. http://cripe.ca/docs/proceedings/18/23_Lindenschmidt_et_al_2015.pdf

Lindenschmidt, K. - E., Das, A., Rokaya, P., & Chu, T. (2016). Ice jam flood risk assessment and mapping. *Hydrological Processes*, 30, 3754 - 3769. https://doi.org/10.1002/hyp.10853.

NFLD. (2018). *Request for proposals：Climate change flood risk mapping study and the development of a flood forecasting service for Happy Valley – Goose Bay and Mud Lake.* https：//www. mae. gov. nl. ca/waterres/flooding/RFP_HVGB – ML. pdf

Ouranos, A. F. (2015). *Probable maximum floods and dam safety in the 21st century climate.* Report submitted to Climate Change Impacts and Adaptation Division，Natural Resources Canada，39 p. https：//www. ouranos. ca/publication – scientifique/RapportFrigonKoenig2015_EN. pdf

Rokaya，P.，Peters，D.，Bonsal，B.，Wheater，H.，& Lindenschmidt，K. – E. (2019a). Modelling the effects of flow regulation on ice – affected backwater staging in a large northern river. *River Research and Applications*，35 (6)，587 – 600. https：//doi. org/10. 1002/rra. 3436.

Rokaya，P.，Wheater，H. S.，& Lindenschmidt，K. – E. (2019b). Promoting sustainable ice – jam flood management along the Peace River and Peace – Athabasca Delta. *Journal of Water Resources Planning and Management*，145 (1)，04018085. https：//doi. org/10. 1061/ (ASCE) WR. 1943 – 5452. 0001021.

Warren，S.，Puestow，T.，Richard，M.，Khan，A. A.，Khayer，M.，& Lindenschmidt，K. – E. (2017，July 9 – 12). *Near Real – time ice – related flood hazard assessment of the Exploits River in Newfoundland，Canada.* CGU HS Committee on River Ice Processes and the Environment，19th workshop on the Hydraulics of Ice Covered Rivers，Whitehorse，Yukon，Canada. http：//cripe. ca/docs/proceedings/19/Warren – et – al – 2017. pdf

White，K. D. (1999，December). *Hydraulic and physical properties affecting ice jams* (Report 99 – 11). US Army Corps of Engineers' Cold Regions Research and Engineering Laboratory. https：//apps. dtic. mil/dtic/tr/fulltext/u2/a375289. pdf

Williams，B. S.，Luo，B.，& Lindenschmidt，K. – E. (2019，May 14 – 16). *Modeling overbank flows during ice – jam flood events on the Lower Red River.* CGU HS Committee on River Ice Processes and the Environment，20th workshop on the Hydraulics of Ice Covered Rivers，Ottawa，ON，Canada.

参 考 文 献

Ahopelto, L. , Huokuna, M. , Aaltonen, J. , & Koskela, J. J. (2015, August 18 – 20). *Flood frequencies in places prone to ice jams , case city of Tornio*. CGU HS Committee on River Ice Processes and the Environment, 18th workshop on the Hydraulics of Ice Covered Rivers, Quebec City, QC, Canada. http：// www. cripe. ca/docs/proceedings/18/22_Ahopelto_et_al_2015. pdf

Beltaos, S. (1983). River ice jams：Theory, case studies and application. *Journal of Hydraulic Engineering*, 109 (10), 1338 – 1359.

Beltaos, S. (1997). Onset of river ice breakup. *Cold Regions Science and Technology*, 25, 183 – 196.

Beltaos, S. (2010, June 14 – 18). *Assessing ice – jam flood risk：Methodology and limitations*. 20th IAHR international symposium on Ice, Lahti, Finland. http：//riverice. civil. ualberta. ca/IAHR％20Proc/20th％ 20Ice％20Symp％20Lahti％202010/Papers/036_Beltaos. pdf

Beltaos, S. (2011, September 18 – 22). *Alternative method for synthetic frequency analysis of breakup jam floods*. CGU HS Committee on River Ice Processes and the Environment, 16th workshop on River Ice Winnipeg, Manitoba, pp. 291 – 302. http：//www. cripe. ca/docs/proceedings/16/Beltaos – 2011. pdf

Beltaos, S. (2012). Distributed function analysis of ice jam flood frequency. *Cold Regions Science and Technology*, 71, 1 – 10.

Beltaos, S. , Tang, P. , & Rowsell, R. (2012). Ice jam modelling and field data collection for flood forecasting in the Saint John River, Canada. *Hydrological Processes*, 26, 2535 – 2545.

Brayall, M. , & Hicks, F. E. (2012). Applicability of 2 – D modelling for forecasting ice jam flood levels in the Hay River Delta, Canada. *Canadian Journal of Civil Engineering*, 39, 701 – 712.

Calkins, D. J. (1978). Physical measurements of river ice jams. *Water Resources Research*, 14 (4), 893 – 695.

Carr, M. , Vuyovich, C. M. , & Tuthill, A. M. (2017). Benefit analysis of ice control structures in Oil City, Pennsylvania. *Journal of Cold Regions Engineering*, 31 (2), 05016003.

CCRS. (2009). *Fundamentals of remote sensing*. Canada Centre for Remote Sensing, Natural Resources Canada. https：//www. nrcan. gc. ca/node/9309.

Ettema, R. (2008). Management of confluences. In S. P. Rice, A. G. Roy, & B. L. Rhoads (Eds.), *River confluences, tributaries and the fluvial network* (pp. 93 – 118). Chichester：John Wiley & Sons Ltd. .

FEMA. (2003). *Guidelines and specifications for flood hazard mapping partners – Appendix F：Guidance for ice – jam analyses and mapping*. Federal Emergency Management Agency, United States Government. https：// www. fema. gov/media – library – data/1387817214470 – 330037e96d0354fe43929ce041c5916e/Guidelines ＋ and ＋ Specifications＋for＋Flood＋Hazard＋Mapping＋Partners＋Appendix＋F – Guidance＋for＋Ice – Jam＋ Analyses＋and＋Mapping＋ (Apr＋2003). pdf

Guo, X. , Wang, T. , Fu, H. , Guo, Y. , & Li, J. (2018). Ice – jam forecasting during river breakup based on neural network theory. *Journal of Cold Regions Engineering*, 32 (3), 04018010.

Hatch. (2017, August 8). *Examination of 2017 ice jam event*. Report MFA – HE – CD – 2000 – CV – RP – 0011 – 01 submitted by Hatch Ltd. to Nalcor Energy. http：//muskratfalls. nalcorenergy. com/wp – content/uploads/2017/09/Hatch – Examination – of – 2017 – Ice – Jam – Event_Aug – 2017. pdf

Lindenschmidt, K. – E. (2013). Simulating the effects of dredging on ice jam flooding along the Lower Red

River. In *RIVICE—User's manual* （pp. 111 – 132）. Environment Canada. Available at: http: //giws. usask. ca/rivice/Manual/RIVICE_Manual_2013 – 01 – 11. pdf

Lindenschmidt, K. – E. , & Rokaya, P. (2019). A stochastic hydraulic modelling approach to determining the probable maximum staging of ice – jam floods. *Journal of Environmental Informatics*, 34 (1). https: //doi. org/10. 3808/jei. 201900416.

Lindenschmidt, K. – E. , Syrenne, G. , & Harrison, R. (2010). Measuring ice thicknesses along the Red River in Canada using RADARSAT – 2 satellite imagery. *Journal of Water Resource and Protection*, 2 (11), 923 – 933. https: //doi. org/10. 4236/jwarp. 2010. 211110.

Lindenschmidt, K. – E. , Carstensen, D. , Fröhlich, W. , Hentschel, B. , Iwicki, S. , Kögel, K. , Kubicki, M. , Kundzewicz, Z. W. , Lauschke, C. , Łazarów, A. , Łoś, H. , Marszelewski, W. , Niedzielski, T. , Nowak, M. , Pawłowski, B. , Roers, M. , Schlaffer, S. , & Weintrit, B. (2019). Development of an ice – jam flood forecasting system for the lower Oder River – Requirements for real – time predictions of water, ice and sediment transport. *Water*, 11, 95. https: //doi. org/10. 3390/w11010095.

Mahabir, C. , Hicks, F. , Robichaud, C. , & Fayek, A. R. (2006). Forecasting breakup water levels at Fort McMurray, Alberta, using multiple linear regression. *Canadian Journal of Civil Engineering*, 33 (9), 1227 – 1238.

Mahabir, C. , Robichaud, C. , Hicks, F. , & Fayek, A. R. (2008). Regression and fuzzy logic based ice jam flood forecasting. In M. Woo (Ed.), *Cold region atmospheric and hydrologic studies. The Mackenzie GEWEX experience. Volume 2: Hydrologic processes* (pp. 307 – 325). Berlin, Heidelberg: Springer Verlag. https: //doi. org/10. 1007/978 – 3 – 540 – 75136 – 6.

Masterson, D. M. (1997). Interpretation of in situ borehole ice strength measurement tests. *Canadian Journal of Civil Engineering*, 23, 165 – 179.

Masterson, D. M. , & Graham, W. (1996). Development of the original ice borehole jack. *Canadian Journal of Civil Engineering*, 23, 186 – 192.

MDA. (2009). RADARSAT – 2 *product description*. MacDonald, Dettwiler and Associates Ltd. https: //mdacorporation. com/docs/default – source/technical – documents/geospatial – services/52 – 1238_rs2_product_description. pdf? sfvrsn=10

Morales – Marín, L. A. , Sanyal, P. R. , Kadowaki, H. , Li, Z. , Rokaya, P. , & Lindenschmidt, K. – E. (2019). A hydrological and water temperature modelling framework to simulate the timing of river freeze – up and ice – cover breakup in large – scale catchments. *Environmental Modeling and Software*, 114, 49 – 63.

Moreira, A. , Prats – Iraola, P. , Younis, M. , Krieger, G. , Hajnsek, I. , & Papathanassiou, K. P. (2013). *A tutorial on synthetic aperture radar*. Institute of the German Aerospace Center (DLR), Germany. https: //doi. org/10. 1109/MGRS. 2013. 2248301

NRCan. (2019). Federal hydrologic and hydraulic procedures for flood hazard delineation (version 1. 0) Natural Resources Canada. http: //ftp. maps. canada. ca/pub/nrcan_rncan/publications/ess_sst/299/299808/gip_113_en. pdf

Prigogine, I. , & Stengers, I. (1984). *Order out of chaos – Man's new dialogue with nature*. Toronto/New York: Bantam Books.

Raney, R. K. (1998). Radar fundamentals: Technical perspective. In F. M. Henderson & A. J. Lewis (Eds.), *Principles and applications of imaging radar* (3rd ed. , pp. 9 – 130). New York: John Wiley & Sons Inc.

Shaw, J. K. E. , Lavender, S. T. , Stephen, D. , & Jamieson, K. (2013, July 21 – 24). *Ice jam flood risk forecasting at the Kashechewan FN community on the North Albany River*. CGU HS Committee on

River Ice Processes and the Environment, 17th workshop on River Ice Edmonton, Alberta, pp. 395 – 414. http: //cripe. ca/docs/proceedings/17/Shaw – et – al – 2013. pdf

Stanley, S. , & Gerard, R. (1992). Probability analysis of historical ice jam flood data for a complex reach: A case study. *Canadian Journal of Civil Engineering*, 19 (5), 875 – 885.

Sun, W. (2018). River ice breakup timing prediction through stacking multi – type model trees. *Science of the Total Environment*, 644, 1190 – 1200.

Sun, W. , & Trevor, B. (2015). *A comparison of fuzzy logic models for breakup forecasting of the Athabasca River*. CGU HS Committee on River Ice Processes and the Environment, 18th workshop on the Hydraulics of Ice Covered Rivers, Quebec City, QC, Canada.

Sun, W. , & Trevor, B. (2017). Combining k – nearest – neighbor models for annual peak breakup flow forecasting. *Cold Regions Science and Technology*, 143, 59 – 69.

Sun, W. , & Trevor, B. (2018a). Multiple model combination methods for annual maximum water level prediction during river ice breakup. *Hydrological Processes*, 32, 421 – 435.

Sun, W. , & Trevor, B. (2018b). A stacking ensemble learning framework for annual river ice breakup dates. *Journal of Hydrology*, 561, 636 – 650.

Turcotte, B. (2015). *Ice – induced flood risk in Canada*. Presentation on 17 November 2015 in Ottawa, ON, Canada.

Tuthill, A. M. , Wuebben, J. L. , Daly, S. F. , & White, K. (1996). Probability distributions for peak stage on rivers affected by ice jams. *Journal of Cold Regions Engineering*, 10 (1), 36 – 57.

Unterschultz, K. D. , van der Sanden, J. , & Hicks, F. E. (2009). Potential of RADARSAT – 1 for the monitoring of river ice. *Cold Regions Science and Technology*, 55, 238 – 248.

USACE. (2011). *Ice – affected stage frequency* (Technical Letter No. 1110 – 2 – 576). U. S. Army Corps of Engineers. https: //www. publications. usace. army. mil/Portals/76/Publications/EngineerTechnicalLetters/ ETL_1110 – 2 – 576. pdf

Wang, T. , Yang, K. L. , & Guo, Y. X. (2008). Application of artificial neural networks to forecasting ice conditions of the Yellow River in the Inner Mongolia reach. *Journal of Hydrological Engineering*, 13 (9), 811 – 816.

White, K. D. (2003). Review of prediction methods for breakup ice jams. *Canadian Journal of Civil Engineering*, 30 (1), 89 – 100.

White, K. D. (2008). Breakup ice jam forecasting (Chapter 10). In S. Beltaos (Ed.), *River Ice Breakup* (pp. 327 – 348). Highlands Ranch: Water Resources Publications, LLC.

White, K. , & Beltaos, S. (2008). Development of ice – affected stage frequency curves (Chapter 9). In S. Beltaos (Ed.), *River ice breakup*. Highlands Ranch: Water Resources Publications, LLC.

Zhao, L. , Hicks, F. E. , & Robinson Fayek, A. (2015). Long lead forecasting of spring peak runoff using Mamdani – type fuzzy logic systems at Hay River, NWT. *Canadian Journal of Civil Engineering*, 42, 665 – 674.